高职高专建筑类专业"十二五"规划教材

建筑施工组织

主 编　刘　萍

副主编　刘永前

西安电子科技大学出版社

内 容 简 介

　　本书是按照高职院校建筑施工组织课程教学大纲要求编写的。在参照最新的施工及验收规范，保证理论知识系统性的前提下，突出了实践性，力求优化结构，满足学生对理论知识的实际应用。

　　本书共分 4 个模块，内容包括：施工组织概论、流水施工基本原理、网络计划技术、单位工程施工组织设计。每个模块都详细地论述了本模块内容并提出学习目标，以便学生有的放矢。在每个模块末都配有能力训练题，以便学生巩固所学知识。

　　本书可作为高等职业学校、职业技术学院、成人高等学校土木工程、建筑工程、工程管理、工程造价管理、工程监理等相关专业的教材，也可作为广大建筑企业专业管理人员自学、培训、进修的参考书。

图书在版编目(CIP)数据

建筑施工组织/刘萍主编. —西安：西安电子科技大学出版社，2014.12
高职高专建筑类专业"十二五"规划教材
ISBN 978–7–5606–3493–7

Ⅰ. ①建⋯　　Ⅱ. ①刘⋯　　Ⅲ. ①建筑工程—施工组织—高等职业教育—教材　　Ⅳ. ①TU721

中国版本图书馆 CIP 数据核字(2014)第 251335 号

策　　划　马乐惠
责任编辑　阎　彬　韩春荣
出版发行　西安电子科技大学出版社(西安市太白南路 2 号)
电　　话　(029)88242885　88201467　　　　邮　　编　710071
网　　址　www.xduph.com　　　　　　电子邮箱　xdupfxb001@163.com
经　　销　新华书店
印刷单位　陕西天意印务有限责任公司
版　　次　2014 年 12 月第 1 版　　2014 年 12 月第 1 次印刷
开　　本　787 毫米×1092 毫米　1/16　　　印　　张　12.5
字　　数　295 千字
印　　数　1～3000 册
定　　价　20.00 元

ISBN 978 – 7 – 5606 – 3493 – 7/TU

XDUP 3785001-1

＊＊＊ 如有印装问题可调换 ＊＊＊

本社图书封面为激光防伪覆膜，谨防盗版。

前　　言

　　建筑施工组织是高职高专建筑工程技术专业、工程监理专业及工程管理类专业的一门核心专业课程。

　　本书注重高职高专教育的特点，在编排上强调理论与实践的结合。书中的知识点在保证基础知识够用的前提下，也为学生考取建造师证书提供了一些帮助。本书最后一章的内容与工程实际紧密结合，学生学习后就能编制施工组织设计文件。本书引用了典型的工程实例，内容深入浅出、通俗易懂，力求体现高等职业教育的特色，实现教学与工作岗位的零距离对接，达到培养高等技术应用型专门人才的目标。

　　本书通过 4 个模块，分别阐述了施工组织设计的概念、作用、分类、编制原则；流水施工技术的理论、方法和应用；网络计划的理论、绘图、计算和应用；单位工程施工组织设计编制的内容、方法和实际应用案例。

　　辽宁建筑职业学院刘萍任本书主编，刘永前任副主编，刘洪亮、张雨薇参编。编写分工如下：模块 1 由刘洪亮编写；模块 2 由张雨薇编写；模块 3 由刘永前编写；模块 4 由刘萍编写。全书由刘萍和张雨薇统稿。

　　在编写过程中，本书参考了国内高职教育部分同类教材、有关专业论著和相关单位的施工组织设计资料，引用了与此相关的标准、规范、专业书籍等，在此对原作者表示诚挚的谢意！

　　由于时间仓促，编者水平有限，书中不妥之处在所难免，恳请同行和读者批评指正。

编者

2014 年 5 月

目　录

模块 1 施工组织概论

【模块概述】 本模块讲述的主要内容是基本建设程序和施工组织设计，重点论述了工程施工组织设计的概念、作用、分类及编制原则。

【学习目标】 熟悉我国的基本建设程序；掌握工程施工组织设计的内容；掌握工程施工方案的基本知识。

1.1 施工组织研究的对象和任务

建筑工程施工组织设计，是施工企业用来指导工程施工全过程中各项活动的一个经济、技术、管理等方面的综合性文件。它既要体现施工使用的要求，又要符合施工的客观规律，是做好施工准备工作的主要依据。因此，在编制工程施工组织设计文件的过程中，应根据工程的特点、施工的条件和组织管理的要求，选择合理的施工方案，制定切实可行的施工进度计划，合理地规划布置施工现场，科学地组织施工物资供应，拟定降低工程成本、确保工程质量、保证施工进度和安全施工的措施。

单位工程施工组织设计依据工程的具体特点、施工要求、施工条件和管理水平，确定主要施工项目的施工顺序和施工流向，选择主要的施工方法和先进的技术措施，科学地规划进度计划、资源计划，计算主要的技术经济指标，绘制施工平面图，并提出保证工程质量和施工安全的措施等。

1.1.1 施工组织的任务

施工组织设计的主要任务是把工程项目在整个施工过程中所需用的人力、材料、机械、资金和时间等因素，按照客观的经济技术规律，科学地做出合理安排，使之达到耗工少、速度快、质量高、成本低、安全性好、利润大的要求，即从施工的全局出发，根据具体的条件，以最优的方式解决施工组织的问题，对施工的各项活动做出全面的、科学的规划和部署，使人力、物力、财力、技术资源得以充分利用，以优质、低耗、高速地完成工程施工的任务。

1.1.2 施工组织的基本原则

根据建筑施工的特点和以往积累的经验，在组织施工时应遵循以下几个原则：

(1) 认真贯彻基本建设工作中的各项有关方针、政策，严格执行基本建设程序和施工程序的要求。

(2) 严格遵守合同规定的工程竣工和交付使用的期限。

(3) 合理地安排施工程序。

(4) 在采用先进、适用的技术和经济合理的前提下，在多方案比较的基础上，选择最优的施工方案。

(5) 组织流水施工，以保证施工连续的、均衡的、有节奏的进行。

(6) 恰当地安排冬、雨季施工项目，增加全年的施工日数，提高施工的连续性和均衡性。

(7) 减少暂设工程和临时性设施，合理布置施工平面图，节约施工用地。

(8) 贯彻工厂预制和现场预制相结合的方针，扩大预制范围，提高预制装配程度。

(9) 充分利用机械设备并扩大机械化施工范围，以提高机械化程度，减轻劳动强度，从而提高劳动生产率。

(10) 制定技术、组织、质量、安全、节约等保证措施，避免质量和安全事故，降低工程成本，提高工程经济效益。

为了使施工组织设计更好地起到组织和指导施工的作用，在编制内容上必须简明扼要、突出重点。在编制方法上必须紧密结合现场施工的实际情况，进行不断的调整和补充，并严格按照施工组织设计组织施工。要编制出高质量的施工组织设计文件，必须注意以下几个问题。

首先，在编制施工组织设计文件时，对施工现场的具体情况，要进行充分的调查了解和仔细的推敲研究。召开基层技术和施工人员参加的技术交流会，并邀请建设单位、设计单位进行设计交底。根据合同工期与技术条件，发动现场各专业技术人员和工人提意见、定措施，并进行反复讨论，提出初稿，最后由承担施工的项目经理、技术负责人参加审定，以保证施工组织设计的顺利实施。

其次，对施工内容多而复杂，施工难度大及采用新材料、新技术、新工艺的项目，应组织专业性的讨论和必要的专题考察，并邀请有经验的专业技术人员和技术工人参加，使编制的施工组织设计内容更加符合实际，便于执行。

再次，在施工组织设计编制过程中，还要充分地发挥其他职能部门(如设备、材料、预算、劳资、行政等)的作用，吸收他们参与编制或参加审定会议，以求编制的施工组织设计更全面、更广泛、更完善。

这里需要指出的是：建筑工程施工组织设计涉及的专业多、施工工种多，在编制时千万不能只追求形式，造成主次不清，脱离工程实际，起不到真正的指导、督促和控制作用的后果，那样就失去了施工组织设计的实际意义。

1.1.3　施工程序

施工的总体安排应遵循"先地下后地上"、"先深后浅"、"先结构，后安装"、"先主后辅"、"先土建，后设备"的施工原则。在满足施工工艺的前提下，尽量利用一切工作面，实行平面流水交叉作业，使各项工作有序地穿插进行。具体的施工程序如下：

(1) 进行施工场地规划，搭建临时设施，铺设临时道路，组织施工人员和施工设备进场；

(2) 对埋深较大的送水泵房、排泥泵房、反冲洗调节池、清水池等进行基坑开挖支护，完成后开始池体施工，同时开始地基换填处理；

(3) 主体完工后，进入装饰施工和管道设备安装阶段；

(4) 管道设备安装到一定阶段，即开始电气安装，同时进行相关配套工程施工；

(5) 工艺设备单机调试和联机调试；

(6) 竣工验收。

1.2　基本建设程序

1.2.1　基本建设活动内容

基本建设程序是指基本建设全过程中各项工作必须遵循的先后顺序，即基本建设全过程中各环节、各步骤之间客观存在的不可破坏的先后顺序，它是由基本建设项目本身的特点和客观规律决定的。进行基本建设，坚持按科学的基本建设程序办事，就是要求基本建设工作必须按照符合客观规律要求的一定顺序进行，正确处理基本建设工作中从制定建设规划、确定建设项目、勘察、定点、设计、建筑、安装、试车，直到竣工验收交付使用等各个阶段、各个环节之间的关系，达到提高投资效益的目的。这是关系基本建设工作全局的一个重要问题，也是按照自然规律和经济规律管理基本建设的一个根本原则。工程建设是一项很复杂的工作，它具有复杂性和特殊性。正是由于建设项目的复杂性和特殊性，要求必须按照建设项目发展的内在规律和过程，将建设程序分成若干阶段，这些阶段有严格的先后次序，不能任意颠倒，必须共同遵守，这个先后次序就是通常说的建设程序。

1.2.2　基本建设项目划分

建设项目是投资行为与建设行为相结合的投资项目。投资是项目建设的起点和保证，没有投资就没有建设；反之，没有建设行为，投资的目的就不可能实现。建设的过程就是投资目的实现的过程，是把投入的货币转换成资产的过程。

建设项目是投资项目中最重要的一类。一个建设项目就是一个固定资产投资项目，固定资产投资项目又包括基本建设项目(新建、扩建)和技术改造项目(以改进技术增加产品品种、提高产品质量、治理"三废"、节约资源为主要目的的项目)。前者属于固定资产外延、扩大再生产的范畴，后者属于固定资产内涵、扩大再生产的范畴，但这两者都包括设备更新的简单再生产及部分扩大再生产的成分。

总之，建设项目是指需要投入一定的资本、实物资产，有预期的经济社会目标，在一定的约束条件下，经过研究决策和实施(设计与施工)等一系列程序，形成固定资产的一次性事业。从管理的角度讲，一个建设项目应是在一个总体设计及总体规划的范围内，由若干个互相有内在联系的单项工程组成的，在建设中实行统一核算、统一管理的建设工程。

一个建设项目一般可按单项工程、单位工程、分部工程和分项工程逐级分解，便于工程管理。

1. 单项工程

单项工程是建设项目的组成部分，它具有独立的设计工作，竣工后可以独立发挥生产能力或效益。一个建设项目可以由一个单项工程组成，也可由若干个单项工程组成。如工业建设项目中的生产车间、实验大楼等，民用建设项目中的教学楼、宿舍楼等，都可以称为一个单项工程。

2. 单位工程

单位工程是单项工程的组成部分，它单独设计，可以独立施工，但完工后不能独立发挥生产能力或效益。一个单项工程一般由若干个单位工程组成。例如一个生产车间的建设一般由土建工程、工业管道工程、设备安装工程、电气照明和给水排水等单位工程组成。

3. 分部工程

分部工程是单位工程的组成部分，它是按照建设部位或施工工种的不同来划分的。例如：一幢建筑物的土建工程，按其结构或构造组成可划分为基础、主体、屋面、装修等分部工程，按其工种可划分为土方、砌筑、混凝土、防水、装饰工程等。分部工程是编制建设计划和概预算、组织施工、进行成本核算的基本单位，也是检验和评定建筑安装工程质量的基础。

4. 分项工程

分项工程是分部工程的组成部分。例如：砖混结构的基础可以划分为挖土、混凝土垫层、砖砌基础、填土等分项工程；现浇钢筋混凝土框架结构的主体可划分为支设模板、绑扎钢筋、浇筑混凝土等分项工程；装修工程可划分为墙面和顶棚粉刷、吊顶安装、地面装修、油漆、电气、卫生洁具安装等分项工程。

1.2.3　基本建设程序的各阶段

我国现行的基本建设程序一般分为八个阶段：项目建议书阶段、可行性研究阶段、设计工作阶段、建设准备阶段、建设实施阶段、生产准备阶段、竣工验收阶段和后评价阶段。

1. 项目建议书阶段

项目建议书是业主向国家提出要求建设某一具体工程项目的建议文件，是基本建设程序中最初阶段的工作，是投资决策前对拟建工程项目轮廓的设想。它主要从宏观上来衡量分析项目建设的必要性，确定是否符合国家长远规划，是否符合部门、行业和地区规划的要求，是否具备建设的条件，是否值得投资。

项目建议书的内容应根据项目的不同情况而有繁有简。在一般情况下项目建议书应包括以下几方面内容：

(1) 建设项目提出的必要性。

(2) 产品方案、产品标准、拟建规模和建设地点的初步设想。

(3) 资源情况、建设条件、协作关系等方面的初步设想。

(4) 投资估算和资金筹措的设想。

(5) 经济效益和社会效益的分析论证。

项目建议书按要求编制完成后，应按照我国建设总规模和限额划分审批权限，报批项目建议书。

2. 可行性研究阶段

项目建议书经批准后，即可着手进行可行性研究。可行性研究是对建设项目在技术上是否可行、经济上是否合理进行的科学的分析和论证，为建设项目决策提供依据。我国从20 世纪 80 年代初将可行性研究正式纳入建设程序和前期工作计划，规定大中型建设项目、利用外资项目、引进技术和设备进口项目，都必须进行可行性研究，其他建设项目在有条件时也要进行可行性研究。通过对建设项目在技术上、经济上的合理性进行全面分析和多方案比较，提出评价性意见，推荐最佳方案，写出可行性报告。

各类建设项目的情况不同，其可行性研究的内容也不尽相同。对大中型项目，可行性研究主要包括以下内容：

(1) 项目提出的背景、必要性、经济意义、依据与范围。

(2) 建设规模、产品方案、市场预测和确立的依据。

(3) 技术工艺、主要设备、建设标准。

(4) 资源、原材料、燃料供应、动力、运输、供水等协作配合条件。

(5) 建厂条件和厂址方案、环境保护、防震等。

(6) 劳动定员和人员培训。

(7) 建设工期和实施进度。

(8) 投资结算和资金筹措方式。

(9) 经济效益和社会效益分析。

应在可行性研究的基础上编制可行性研究报告。可行性研究报告是确立建设项目、编制设计文件的重要依据。所有的建设项目都要编制可行性研究报告。被批准后的可行性研究报告是初步设计的依据，不得随意修改和变更。如果在建设规模、产品方案、建设地区、主要协作关系等方面有所变动以及突破投资控制数，应经原批准单位复审同意。按现行规定，大中型和限额以上项目可行性研究报告经批准后项目立项，可根据实际需要设立项目法人，即组织建设单位。对一般改扩建项目不单独设筹建机构，仍由原企业负责建设。

3. 设计工作阶段

对于可行性研究报告经批准的建设项目，一般由建设单位(业主)通过招标来选择具备相应资质的设计单位进行设计。

设计是一项综合的、复杂的技术工作，设计前和设计中都要进行大量的勘测调查。应在此基础上，按照批准的可行性研究报告的内容和要求进行设计，并编制设计文件。

设计是分阶段进行的。对大中型项目，一般采用两阶段设计，即初步设计和施工图设计；对重大项目和技术复杂项目，可根据不同行业的特点和需要，采用三阶段设计，即初步设计、技术设计和施工图设计。

(1) 初步设计阶段。初步设计是根据可行性研究报告的要求所做的具体实施方案，目的是进一步论证建设项目中指定的地点、时间和投资控制数额在技术上的可行性和经济上的合理性，解决工程建设中重要的技术和经济问题，确定拟建工程的内容、位置、主要建筑的结构形式。对于大型复杂项目，还需要绘制建筑透视图或制作模型，编制施工组织设计和总概算。

(2) 技术设计阶段。技术设计是在初步设计的基础上，进一步解决初步设计中的重大技术问题，如工艺流程、建筑结构、设备选型及数量确定，同时还包括防火、防震的技术要求等，从而使建设项目的设计更具体、更完善，技术经济指标更好。

初步设计由建设单位组织审查后，按国家规定的权限向主管部门申报审批。初步设计文件经批准后，其主要内容不得随意修改、变更，如有重要修改、变更，须经原审批机关复审同意。

(3) 施工图设计阶段。施工图设计阶段要完成建筑结构、水、电、气、空调等的设计图，结构计算书，设计概预算等。

4. 建设准备阶段

建设项目在实施前必须做好各项准备工作，其目的在于为项目施工创造有利的条件，从技术、物资和组织等方面做好必要的准备，使建设项目能够连续、均衡、有节奏地进行。搞好建设项目的准备工作，能够对提高工程质量，降低工程成本，加快施工进度起到有效的保证作用。

建设项目的准备工作包括以下内容：

(1) 征地、拆迁工作。

(2) 接通施工用水、电、通讯和道路及场地平整。

(3) 组织工程地质勘察。

(4) 安排建设必需的生产、生活临时设施满足要求。

(5) 组织设备、材料订货。

(6) 准备施工图纸。

(7) 组织建设监理和主体工程招标、投标，择优选定监理单位和施工承建单位。

需要指出的是：在建设项目准备工作开始之前，建设单位(项目法人或业主)的代理机构应向主管部门办理报建手续。工程项目进行报建登记后，方可组织施工准备工作。

5. 建设实施阶段

建设项目经批准开工建设，项目便进入了建设实施阶段，这是项目决策实施、建成投产、发挥投资效益的关键环节。建设实施阶段是建设程序中时间最长、工作量最大、资源消耗最多的阶段，是对工程全过程进行组织与管理的重要阶段。施工过程中应按设计要求和施工规范，对建设项目的质量、进度、投资、安全、协作配合等进行指挥、控制和协调，以达到竣工标准要求。在建设实施阶段，执行工程备案制，按照"政府监督、项目法人或业主负责、社会监理、企业保证"的要求，建立健全质量保证体系，确保工程质量。

建设实施阶段是根据设计图纸进行建筑、安装施工。建筑施工是建设程序中的重要环节。要做到计划、设计、施工三个环节的互相衔接，投资、工程内容、施工图纸、设备材料、施工力量五个方面的确切落实，以保证建设计划的全面完成。施工前要认真做好图纸的会审，编制施工图预算和施工组织设计，明确投资、进度、质量的控制要求。施工中严格按照施工图施工，如需要变更，应征得设计单位同意。要遵循合理的施工程序和顺序，严格执行施工验收规范，按照质量检验评定标准进行工程质量验收，实行工程备案制，以确保工程质量。对质量不合格的工程要及时采取措施，不留隐患。施工单位必须按合同规定的内容全面完成施工任务，达到竣工标准要求，并经过验收后，移交给建设单位。

6. 生产准备阶段

生产准备阶段是项目投产前所要进行的重要工作，是衔接建设和生产的桥梁，是建设阶段转入生产经营的必要条件，建设单位(业主)应适时组成专门机构，做好生产准备工作。生产准备根据工程类型的不同要求来确定，一般应包括以下几个方面：

(1) 生产组织准备。建立生产经营的管理机构及相应的管理制度。

(2) 招收并培训生产人员。按照生产运营的要求，配备生产管理人员，并通过培训提高人员的综合素质，使其能满足生产运营的要求。

(3) 生产技术准备。主要包括技术咨询汇总、运营方案的制定、岗位操作规程的制定和新技术的培训。

(4) 生产物资准备。主要是落实投产运营所需要的原材料、协作产品、燃料、水、电等供应及运输条件的准备。

(5) 及时做好产品销售合同协议的签订，以提高生产经营效益。

7. 竣工验收阶段

建设项目按批准的设计文件和工程合同所规定的内容全部完成并满足质量要求后，要及时组织有关单位进行验收，这是投资成果转入生产或使用的标志，是全面考核建设成果、检验设计和施工质量的重要环节，是一项严肃认真、细致的技术工作。竣工验收合格的项目，即可转入生产或使用。

对于规模较大、技术复杂的建设项目，可组织有关人员进行初步验收，不合格的工程不予验收，有遗留问题的项目，必须提出具体的处理意见，指定责任人限期进行整改，整改符合设计要求后重新组织验收。

8. 后评价阶段

建设项目的后评价阶段，是我国建设程序中新增加的一项内容。建设项目竣工投产或使用后，经过1～2年的生产运营，对其目标、执行过程、效益和影响进行系统的、客观的分析，并以此确定目标是否达到，检验项目是否合理和有效。总之，后评价是指建设项目已实施完成并且发挥一定效益时所进行的评价。

建设项目后评价的主要内容包括以下几个方面：

(1) 目标评价。目标评价是通过对项目实际产生的经济技术指标与项目审批决策时所确定的目标进行比较，检查建设项目是否达到了预期的目标，从而判断项目是否成功。

(2) 效益评价。效益评价是对项目投资、国民经济效益、技术进步、可行性研究深度等进行评价。

(3) 影响评价。影响评价是对项目及其周边地区在经济、环境和社会三个方面所产生的作用和影响进行评价。

(4) 项目过程评价。项目的过程评价是根据项目的结果和作用，对项目周期的各个环节进行回顾和检查，即对项目的立项、勘测设计、施工管理、竣工投产、生产运营等全过程进行评价。

1.3　施工组织设计概述

施工组织设计是根据国家或业主对拟建工程的要求、设计图纸和编制施工组织设计的基本原则，从拟建工程施工全过程中的人力、物力和空间等三个要素着手，在人力与物力、主体与辅助、供应与消耗、生产与储存、专业与协作、使用与维修和空间布置与时间排列等方面进行科学、合理的部署，为建筑产品生产的节奏性、均衡性和连续性提供最优方案，从而以最少的资源消耗取得最大的经济效果，以便最终建筑产品的生产在时间上达到速度快和工期短，在质量上达到精度高和功能好，在经济上达到消耗少、成本低和利润高的目的。

施工组织设计是对拟建工程施工的全过程实行科学管理的重要手段。通过施工组织设计的编制，可以全面考虑拟建工程的各种具体施工条件，扬长避短，拟定合理的施工方案，确定施工顺序、施工方法、劳动组织和技术经济的组织措施，合理地统筹安排拟定施工进度计划，保证拟建工程按期投产或交付使用，也为拟建工程的设计方案在经济上的合理性，在技术上的科学性和在实施工程上的可能性进行的论证提供依据，还在为建设单位编制基本建设计划和施工企业编制施工计划提供依据。这样施工企业不仅可以提前掌握人力、材料和机具在使用上的先后顺序，全面安排资源的供应与消耗，还可以合理地确定临时设施的数量、规模和用途，以及临时设施、材料和机具在施工场地上的布置方案。

通过施工组织设计的编制，可以预计施工过程中可能发生的各种情况，事先做好准备、预防，为施工企业实施施工准备工作计划提供依据；可以把拟建工程的设计与施工、技术与经济、前方与后方和施工企业的全部施工安排与具体工程的施工组织工作更紧密地结合起来；还可以把直接参加的施工单位与协作单位、部门与部门、阶段与阶段、过程与过程之间的关系更好地协调起来。根据实践经验，对于一个拟建工程来说，如果施工组织设计编制得合理，不仅能正确地反映客观实际，符合建设单位和设计单位的要求，而且在施工过程中能认真地贯彻执行，就可以保证拟建工程施工的顺利进行，取得好、快、省和安全的效果，早日发挥基本建设投资的经济效益和社会效益。

1.3.1　施工组织设计的作用

工程的施工组织设计是一个非常重要的、不可缺少的技术经济文件，是合理组织施工和加强施工管理的一项重要措施。它对保质、保量、按时完成整个建筑工程的施工任务具有决定性作用。

具体而言，建筑工程施工组织设计的作用主要表现在以下几个方面：

(1) 施工组织设计作为投标书的核心内容和合同文件的一部分，可用于指导工程投标与签订施工合同。

(2) 施工组织设计不仅是施工准备工作的重要组成部分，同时又是做好施工准备工作的依据，进而保证各施工阶段的准备工作及时地进行。

(3) 施工组织设计是根据工程的各种具体条件拟定的施工方案、施工顺序、劳动组织和技术组织措施等，是指导开展紧凑、有序施工活动的技术依据。只有明确施工重点和影响工期进度的关键施工过程，并提出相应的技术、质量、安全、文明等各项目标及技术组织措施，才能提高综合效益。

(4) 施工组织设计中所提出的各项资源需要量计划，可直接为组织材料、机具、设备、劳动力需要量的供应和使用提供数据，协调各总包单位与分包单位、各工种、各类资源、资金、时间等方面在施工程序、现场布置和使用上的相应关系。

(5) 通过编制施工组织设计，可以合理地利用和安排为施工服务的各项临时设施，可以合理地部署施工现场，确保文明施工和安全施工。

(6) 通过编制施工组织设计，可以将工程的设计与施工、技术与经济、施工全局性规律和局部性规律、土建施工与设备安装、各部门和各专业之间有机地结合在一起，统一协调。

(7) 通过编制施工组织设计，可分析施工中的风险和矛盾，及时提出解决问题的对策、措施，从而提高了施工的预见性，减少了施工的盲目性。

1.3.2 施工组织设计的分类

施工组织设计按设计阶段的不同、编制对象范围的不同和编制内容的繁简程度的不同，可进行如下分类：

1. 按设计阶段的不同分类

施工组织设计的编制一般同设计阶段相配合。

(1) 设计按两个阶段进行时：施工组织设计分为施工组织总设计(扩大初步施工组织设计)和单位工程施工组织设计两种。

(2) 设计按三个阶段进行时：施工组织设计分为施工组织设计大纲(初步施工组织条件设计)、施工组织总设计和单位工程施工组织设计三种。

2. 按编制对象范围的不同分类

工程施工组织设计是一个总的概念。根据工程的规模大小、结构类型、技术复杂程度和施工条件的不同，工程施工组织设计通常又分为三大类，即施工组织总设计、单位工程施工组织设计、分部(分项)工程施工组织设计。

(1) 施工组织总设计是以一个建设项目或一个建筑群为对象编制的，对整个建设工程中的各项施工活动进行全面规划、统筹安排和战略部署，是全局性施工的技术经济文件。施工组织总设计最主要的作用是为施工单位进行全场性的施工准备和组织人员、物质供应等提供依据。施工组织总设计的主要内容有工程概况、施工部署和施工方案、施工准备工作计划、各项资源需要量计划、施工总进度计划、施工总平面图、技术经济指标分析。

(2) 单位工程施工组织设计是以一个单位工程为对象编制的，是用于直接指导其施工全过程的各项施工活动的技术经济文件，是指导施工的具体文件，是施工组织总设计的具体化。由于它是以单位工程为对象编制的，因此可以在施工方法、人员、材料、机械设备、资金、时间、空间等方面进行科学合理的规划，使施工在一定的时间、空间和资源供应条件下有组织、有计划、有秩序地进行，实现质量好、工期短、资金省、消耗少、成本低的良好效果。单位工程施工组织设计的主要内容有工程概况、施工方案、施工进度计划、施工准备工作计划、各项资源需要量计划、施工平面图、技术经济指标、安全文明施工措施。

(3) 分部(分项)工程施工组织设计或作业计划是针对某些较重要的、技术复杂、施工难度大或采用新工艺、新材料、新技术施工的分部(分项)工程。它是用来具体指导这些工程的施工，如深基础、无粘结预应力混凝土、大型安装、高级装修工程等，其内容具体详细，可操作性强，可直接指导分部(分项)工程施工的技术计划，包括施工方案、进度计划、技术组织措施等，一般在单位工程施工组织设计确定施工方案后，由项目部技术负责人编制。

施工组织总设计、单位工程施工组织设计和分部(分项)工程施工组织设计之间有以下关系：施工组织总设计是对整个建设项目的全局性战略部署，其内容和范围比较概括；单位工程施工组织设计是在施工组织总设计的控制下，以施工组织总设计和企业施工计划为依据编制的，针对具体的单位工程，把施工组织总设计的内容具体化；分部(分项)工程施工组织设计是以施工组织总设计、单位工程施工组织设计和企业施工计划为依据编制的，针对具体的分部(分项)工程，把单位工程施工组织设计进一步具体化，它是具体组织专业工程施工的设计。

3. 按编制内容的繁简程度的不同分类

施工组织设计按编制内容的繁简程度的不同，可分为完整的施工组织设计和简单的施工组织设计两种。

(1) 完整的施工组织设计。对于工程规模大、结构复杂、技术要求高和采用新结构、新技术、新材料和新工艺的拟建工程项目，必须编制内容详尽的、完整的施工组织设计。

(2) 简单的施工组织设计。对于工程规模小、结构简单、技术要求和工艺方法不复杂的拟建工程项目，可以编制一般仅包括施工方案、施工进度计划和施工总平面布置图等内容的粗略的、简单的施工组织设计。

1.3.3   施工组织设计的基本内容与动态管理

1. 施工组织设计的基本内容

工程施工组织设计编制内容的深度和广度，应根据工程规模大小、技术复杂程度和现场施工条件而确定。施工组织设计的内容要结合工程对象的实际特点、施工条件和技术水平进行综合考虑，一般包括以下基本内容：

1) 工程概况

(1) 本项目的性质、规模、建设地点、结构特点、建设期限、分批交付使用的条件、合同条件；

(2) 本地区地形、地质、水文和气象情况；

(3) 施工力量和劳动力、机具、材料、构件等资源供应情况；

(4) 施工环境及施工条件等。

2) 施工部署及施工方案

(1) 根据工程情况，结合人力、材料、机械设备、资金、施工方法等条件，全面部署施工任务，合理安排施工顺序，确定主要工程的施工方案；

(2) 对拟建工程可能采用的几个施工方案进行定性、定量的分析，通过技术经济评价，选择最佳方案。

3) 施工进度计划

(1) 施工进度计划反映了最佳施工方案在时间上的安排，采用计划的形式，使工期、成本、资源等方面，通过计算和调整达到优化配置，符合项目目标的要求；

(2) 施工进度计划使工序有序地进行，使工期、成本、资源等通过优化调整达到既定目标，并在此基础上编制相应的人力和时间安排计划、资源需求计划和施工准备计划。

4) 施工平面图

施工平面图是施工方案及施工进度计划在空间上的全面安排。它把投入的各种资源、材料、构件、机械、道路、水电供应网络、生产、生活活动场地及各种临时工程设施合理地布置在施工现场，使整个现场能有组织地进行文明施工。

5) 主要技术经济指标

技术经济指标用以衡量组织施工的水平，它是对施工组织设计文件的技术经济效益进行全面的评价。

2. 动态管理

动态管理(Dynamic Management)就是企业在经营管理过程中，通过对外部环境的预测、内部数据的分析，对经营策略、管理手段进行适时调整和对计划进行修改及补充的一种管理模式。也就是说，要根据内外部环境的变化及时调整经营思路，在管理上要快速适应环境的不断变化。动态管理的实施要注意以下几个方面：

1) 成立发现与解决问题的管理机构

(1) 成立组织机构。成立以总经理为首的实施问题动态管理的工作委员会，对问题动态管理的实施过程进行组织领导，并在委员会下设提案审查小组和职能办公室。提案审查小组会由公司各部门选派负责人及有关专家参加，并应设立技术类和管理类两个审查小组，定期对问题提案和实施结果进行评价鉴定；职能办公室设在全质部，负责该项工作的具体管理，包括提案的汇总、初审、业务指导以及检查、监督、评比和奖励工作。各部门主要负责人为本部门问题动态管理活动的组织者和辅导员，全面负责本部门实施问题动态管理工作。

(2) 落实工作责任。问题动态管理工作能否推得开，能否持久地坚持下去，关键在领导。公司规定各部门负责人是实施问题动态管理的第一责任人，车间、科室负责人是本车间、科室的直接责任人，部门领导带头学习有关实施问题管理的相关文件和制度，对所在部门的员工加强危机管理、问题管理的教育，做到依靠广大员工群策群力，确保实施问题动态管理取得实效。

(3) 强化部门协作。各部门围绕提升企业核心竞争能力这个目标，立足本部门，认真查找问题，分析原因，对问题的提案迅速组织实施。对非本部门的问题和提案，在实施过程中相互支持，密切配合。

2) 广泛寻找问题

企业在逆境中的问题会很多，容易引起人们的注意，但在顺境中能否发现问题、分析问题是实施问题动态管理的关键。问题的存在具有系统性和层次性，在解决主要问题的同时，会产生一系列的关联问题，这些问题必须及时被发现。

3) 建立预警系统

在解决显性问题的过程中，往往存在许多隐性问题，这些隐性问题如不能及时发现并得到解决，将会给组织带来重大损失和资源浪费。因此，应建立问题预警系统，对各系统监控的指标设立警界值，根据岗位职责由责任人员定期报告监测情况，对接近或达到警界值的指标随时报告，通过对预警指标的监控，及时发现问题、分析问题，为解决问题铺平道路。

4) 制订问题提案的管理办法

(1) 提案审查和处理。根据提案的内容可分为技术类和管理类两种提案。技术类提案由技术开发中心牵头组成审查委员会进行审查；管理类提案由全质部牵头组成审查委员会进行审查。审查结果分为采用、不采用、保留三种。对采用的提案，应明确改善方法、整改时间和验收标准，并及时通知责任部门组织实施。对无法明确责任部门的提案，采取公布招标。对不采用和保留的提案，书面通知提案人，说明不采用或保留的理由。如提案人申诉理由，发现有价值时，由原提案人提出，按规定程序重审，经提案委员会审查通过后，予以采纳。

(2) 提案实施与验证。提案实施结果，由实施单位填写报告单，重大提案实施后应形成书面报告。实施结果报送全质部，由全质部组织验证。提案实施后要进行总结，对在实施过程中已证明的有效措施，应纳入有关制度和标准。

(3) 提案奖励和评比。提案实施并通过验证后，应奖励提案人节约费用或新增效益的5%～10%。采用招标方式实施的提案，应奖励节约费用或新增效益的10%～20%。

(4) 开展提案竞赛。通过提案竞赛活动，比谁的问题找得准，哪个部门提案多，实施效果好。根据各部门和员工个人提案数和被采用情况，年终进行评比，为受表彰者颁发一、二、三等奖、提案鼓励奖和组织奖，并将评比结果作为员工奖励和晋升的条件之一。

1.3.4 主要施工管理计划

1. 进度管理计划

1) 施工准备工作的内容

(1) 建立工程管理组织。它包括：组建管理机构，确定各部门职能，确定岗位职责分工，选聘岗位人员，以及确定部门之间和岗位之间的相互关系。

(2) 施工技术准备。

① 编制施工进度控制实施细则。它包括：分解工程进度控制目标，编制施工作业计划；认真落实施工资源供应计划，严格控制工程进度目标；协调各施工部门之间关系，做好组织协调工作；收集工程进度控制信息，做好工程进度跟踪监控工作；采取有效的控制措施，保证工程进度控制目标。

② 编制施工质量控制实施细则。它包括：分解施工质量控制目标，建立健全施工质量体系；认真确定分项工程质量控制点，落实其质量控制措施；跟踪监控施工质量，分析施

工质量变化状况；采取有效的质量控制措施，保证工程质量控制目标。

③ 编制施工成本控制实施细则。它包括：分解施工成本控制目标，确定分项工程施工成本控制标准；采取有效成本控制措施，跟踪监控施工成本；全面履行承包合同，减少业主索赔机会；按时结算工程价款，加快工程资金周转；收集工程施工成本控制信息，保证施工成本控制目标。

④ 做好工程技术交底工作。它包括：单项(位)工程施工组织设计、工程施工实施细则和施工技术标准交底。技术交底方式有书面交底、口头交底和现场示范操作交底三种，通常采用自上而下逐级进行交底。

(3) 劳动组织准备。

① 建立工作队组。根据施工方案、施工进度和劳动力需要量计划要求，确定工作队形式，并建立队组领导体系。在队组内部工人技术等级比例要合理，要满足劳动组合优化要求。

② 做好劳动力培训工作。根据劳动力需要量计划，组织劳动力进场，组建好工作队组，并安排好工人进场后的生活，然后按工作队组编制并组织上岗前培训。培训内容包括规章制度、安全施工、操作技术和精神文明教育四个方面。

(4) 施工物资准备。

① 建筑材料准备；

② 预制加工品准备；

③ 施工机具准备；

④ 生产工艺设备准备。

(5) 施工现场准备。

① 清除现场障碍物，实现"七通一平"；

② 测量现场控制网；

③ 建造各项施工设施；

④ 做好冬、雨期施工准备；

⑤ 组织施工物资和施工机具进场。

2) 编制施工准备工作计划

为落实各项施工准备工作，加强对施工准备工作的监督和检查，通常施工准备工作计划采用表格形式，如表1-1所示。

表 1-1　施工准备工作计划表

序号	准备工作名称	准备工作内容	主办单位	协办单位	完成时间	负责人

2. 施工进度计划

1) 编制施工进度计划依据

(1) 单项(位)工程承包合同和全部施工图纸；

(2) 建设地区原始资料；

(3) 施工总进度计划对本工程的有关要求;

(4) 单项(位)工程设计概算和预算资料;

(5) 主要施工资源供应条件。

2) 施工进度计划编制步骤

(1) 施工网络进度计划编制步骤。

① 熟悉审查施工图纸,研究原始资料;

② 确定施工起点流向,划分施工段和施工层;

③ 分解施工过程,确定施工顺序和工作名称;

④ 选择施工方法和施工机械,确定施工方案;

⑤ 计算工程量,确定劳动量或机械台班数量;

⑥ 计算各项工作持续时间;

⑦ 绘制施工网络图;

⑧ 计算网络图各项时间参数;

⑨ 按照项目进度控制目标要求,调整和优化施工网络计划。

(2) 施工横道进度计划编制步骤。

① 熟悉审查施工图纸,研究原始资料;

② 确定施工起点流向,划分施工段和施工层;

③ 分解施工过程,确定工程项目名称和施工顺序;

④ 选择施工方法和施工机械,确定施工方案;

⑤ 计算工程量,确定劳动量或机械台班数量;

⑥ 计算工程项目持续时间,确定各项流水参数;

⑦ 绘制施工横道图;

⑧ 按项目进度控制目标要求,调整和优化施工横道计划。

3) 施工进度计划编制要点

(1) 确定施工起点流向和划分施工段。

(2) 计算工程量。如果工程项目划分与施工图预算一致,就可以采用施工图预算的工程量数据。工程量计算要与所采用的施工方法一致,其计算单位要与所采用的定额单位一致。

(3) 确定分项工程劳动量或机械台班数量。

(4) 确定分项工程持续时间。

(5) 安排施工进度。同一性质的主导分项工程尽可能连续施工;非同一性质的穿插分项工程,要最大限度地搭接起来。计划工期要满足合同工期的要求;要满足均衡施工要求;要充分发挥主导机械和辅助机械的生产效率。

(6) 调整施工进度。如果工期不符合要求,应改变某些分项工程的施工方法,调整和优化工期,使其满足进度控制目标的要求。如果资源消耗不均衡,应对进度计划初始方案进行资源调整,如网络计划的资源优化和施工横道计划的资源动态曲线调整。

4) 制订施工进度控制实施细则

(1) 编制月、旬和周施工作业计划;

(2) 落实劳动力、原材料和施工机具供应计划;

(3) 协调同设计单位和分包单位的关系,以便取得其配合和支持;

(4) 协调同业主的关系,保证其供应的材料、设备和图纸及时到位;

(5) 跟踪监控施工进度,以保证目标实现。

3. 质量管理计划

1) 编制施工质量计划的依据

(1) 工程承包合同中与工程造价、工期和质量有关的规定;

(2) 施工图纸和有关设计文件;

(3) 设计概算和施工图预算文件;

(4) 国家现行施工验收规范和有关规定;

(5) 劳动力素质、材料和施工机械质量以及现场施工作业环境状况。

2) 施工质量计划内容

(1) 设计图纸对施工质量的要求和特点;

(2) 施工质量控制目标及其分解;

(3) 确定施工质量控制点;

(4) 制订施工质量控制实施细则;

(5) 建立施工质量体系。

3) 编制施工质量计划步骤

(1) 施工质量的要求和特点。根据工程建筑结构特点、工程承包合同和工程设计要求,认真分析影响施工质量的各项因素,明确施工质量特点及其质量控制重点。

(2) 施工质量控制目标及其分解。根据施工质量要求和特点分析,确定单项(位)工程施工质量控制目标为"优良"或"合格",然后将该目标逐级分解为分部工程、分项工程和工序质量控制子目标的"优良"或"合格",并将其作为确定施工质量控制点的依据。

(3) 确定施工质量控制点。根据单项(位)工程、分部(项)工程施工质量目标要求,对影响施工质量的关键环节、部位和工序设置质量控制点。

(4) 制订施工质量控制实施细则。它包括建筑材料、预制加工品和工艺设备质量检查、验收措施,分部工程、分项工程质量控制措施以及施工质量控制点的跟踪监控办法。

4. 安全管理计划、各项安全管理措施

1) 施工安全计划内容

(1) 工程概况。它包括工程性质和作用、建筑结构特征、建造地点特征以及施工特征。

(2) 确定安全控制程序。它包括确定施工安全目标、编制施工安全计划、安全计划实施、安全计划验证以及安全持续改进和兑现合同承诺。

(3) 确定安全控制目标。它包括单项工程、单位工程和分部工程施工安全目标。

(4) 确定安全组织机构。它包括安全组织机构形式、安全组织管理层次、安全职责和权限、安全管理人员组成以及安全管理规章制度的建立。

(5) 确保安全资源配置。它包括安全资源名称、规格、数量和使用地点及部位,并列入资源需要量计划。

(6) 制订安全技术措施。它包括防火、防毒、防爆、防洪、防尘、防雷击、防坍塌、防物体打击、防溜车、防机械伤害、防高空坠落和防交通事故，以及防寒、防暑、防疫和防环境污染等项措施。

(7) 落实安全检查评价和奖励。它包括确定安全检查时间、安全检查人员的组成、安全检查事项和方法、安全检查记录要求和结果评价、编写安全检查报告以及兑现安全施工优胜者的奖励制度。

2) 基坑支护安全管理措施

(1) 基坑施工临边防护措施采用的钢管栏杆高度为 1.2 m，双栏杆第一根离地 30 cm，第二根离地 1.2 m，并且用 1.2 m×6 m 的密目式安全网封闭。

(2) 施工机械必须经设备部门验收合格后才能进场，并且司机要持有效的操作证。

(3) 挖土机作业位置必须牢固、稳定。

(4) 严格按规定程序挖土并且预留人工挖土层，严禁超挖。

3) 模板工程安全管理措施

(1) 施工方案。模板工程要严格按审批的施工方案进行施工。采用泵送混凝土输送的方法，泵送管道要设置单独的支撑安全措施。

(2) 支撑系统。现浇混凝土模板的支撑系统要严格遵守施工方案的要求。

(3) 立杆稳定。支撑模板的立柱采用钢管，间距为 80～100 cm。立柱底部混凝土楼板上应用木垫板垫。

(4) 施工荷载。在模板上施工要严格控制荷载模板上的堆料，且堆料必须均匀，严禁超过规定堆放。

(5) 模板存放。存放大模板时，应有防倾倒措施。各种模板存放必须整齐，堆放高度上限为 1.2 m，确保安全要求。

(6) 支拆模板。在 2 m 以上高处作业必须铺设跳板，如无法铺设跳板，下方必须兜安全平网。模板拆除区域必须设置警戒线且有专人监护，严禁留有未拆除的悬空模板。

(7) 模板验收。模板支拆前要有木工长和安全员进行安全技术交底。模板拆除前木工长必须提交书面拆模申请，经技术主办和安全员批准同意，并且混凝土强度必须达到拆模强度，在安全措施和监护人到位后才能拆模。模板工程支拆模板完成后，先经班组自检互检合格后，再由工长、质安、班长进行验收，验收合格后，报请监理复查，在复查合格后才可进行下一道工序的施工。

(8) 混凝土强度。模板拆除前混凝土强度报告必须达到拆模强度的要求，严禁混凝土强度未达拆模强度规定的要求而提前拆模。

5. 施工用电安全措施

采用 PE 黄/绿双色专用保护零线，保护零线必须做重复接地，而工作零线禁止做重复接地。施工现场的电力系统严禁利用大地作为相线或零线，严禁保护零线与工作零线混接。

6. 环保管理计划

1) 施工环保计划内容

(1) 施工环保目标；

(2) 施工环保组织机构；

(3) 施工环保事项内容和措施。

2）施工环保计划编制步骤

(1) 确定施工环保目标。它包括单项工程、单位工程和分部工程施工环保目标。

(2) 确定环保组织机构。它包括施工环保组织机构形式、环保组织管理层次、环保职责和权限、环保管理人员组成以及环保管理规章制度的建立。

(3) 明确施工环保事项内容和措施。它包括现场泥浆、污水和排水，现场爆破危害防止，现场打桩震害防止，现场防尘和防噪声，现场地下旧有管线或文物的保护，现场熔化沥青及其防护，现场及周边交通环境保护以及现场卫生防疫和绿化工作。

7. 文明施工措施

(1) 加强工地治安综合治理，做到目标管理，制度落实，责任到人，施工现场治安防范措施有力，重点要害部位防范设施有效到位。

(2) 现场施工人员按不同单位佩戴不同颜色的安全帽。现场施工人员均佩戴胸卡，胸卡以工作部门、单位为依据，根据一定规则统一编号。

(3) 了解施工现场的外包队伍人员组织，建立其档案卡片，并与分包队伍签订治安防火协议书，对分包队伍人员加强法制教育。

(4) 混凝土浇捣时，混凝土搅拌车必须在场内清理干净，否则不准出场。对场内所散落的砂浆应做到随落随清理。

(5) 混凝土浇灌施工时，在商品混凝土搅拌车出入口应组织专人负责指挥，并组织其合理停靠，防止堵塞交通，同时做好与交通部门的协商工作，争取其支持，维护好交通安全。

(6) 做好社区服务工作，工地有专人负责协调与周围居民、所在地居委会、市政交通、环卫等单位横向关系，定期主动召开会议，听取他们对工程建设的有关意见，保证工程文明施工，使工程成为爱民工程、便民工程。

1.4 原始施工资料的收集和整理

1.4.1 原始资料的收集

对建筑工程所涉及的自然条件和技术经济条件等施工所需的原始资料进行调查研究与收集整理，是施工准备工作的一项重要内容，也是编制施工组织设计的重要依据。尤其是当施工单位进入一个新的城市或地区时，对建设地区的技术经济条件、场地特征和社会情况等不太熟悉，此项工作就显得尤为重要。调查研究与收集资料的工作要有计划、有目的地进行，要求我们事先拟订详细的调查提纲，根据拟建工程的规模、性质、复杂程度、工期要求以及对当地的了解程度来确定调查的范围、内容要求。调查时除向建设单位、设计单位、监理单位及有关部门和单位收集资料外，还必须到实地勘察，并向项目所在地的居民询问了解情况。对调查、收集到的资料应注意整理归纳、分析研究，对其中特别重要的资料，必须复查其数据的真实性和可靠性。

1.4.2　相关信息与资料的收集

1. 社会经济资料

对当地能源资料的调查收集，包括水、电、气、燃油等的供应情况与市场价格；对当地交通运输资料的调查收集，包括运输的主要方式、市场价格、运输能力是否充足等；对当地主要材料资料的调查收集，主要是材料的规格、市场价格、供应方式等；对当地半成品、成品资料的调查收集，主要是半成品、成品的规格、市场价格、供应方式等；对当地劳动力资料的调查收集，主要是人员的素质、劳动力价格、劳动力数量等。此外，还包括对当地的台班产量、工日产量、工期指标等经验数据的调查收集。水、电、气条件调查表见表1-2。

表 1-2　水、电、气条件调查表

序号	项目	调查内容	调查目的
1	给排水	(1) 工地用水与当地现有水源连接的可能性，可供水量、接管地点、管径材料、埋深、水压、水质及水费，当地水源至工地的距离，沿途的地形、地物状况 (2) 自选临时江河水源的水质、水量、取水方式及至工地的距离，沿途地形、地物状况。自选临时水井的位置、深度、管径出水量和水质 (3) 利用永久性排水设施的可能性，施工排水的去向、距离和坡度，有无洪水影响，防洪设施状况	(1) 确定生活、生产供水方案 (2) 确定工地排水方案和防洪设施 (3) 拟订给排水设施的施工进度计划
2	供电与电信	(1) 当地电源位置，引入的可能性，可供电的容量、电压、导线截面和电费，引入方向，接线地点及其至工地的距离，沿途地形、地物状况 (2) 建设单位和施工单位自有的发、变电设备的型号，台数和容量 (3) 利用邻近电信设施的可能性，电话、邮局等至工地的距离，可能增设的电信设备、线路的情况	(1) 确定供电方案 (2) 确定通信方案 (3) 拟订供电、通信设施的施工进度计划
3	供气	(1) 蒸汽来源、可供蒸汽量，接管地点、管径，埋深及至工地的距离，沿途地形、地物状况，蒸汽价格 (2) 施工单位自有锅炉的型号、台数和能力，所需燃料及水质标准 (3) 当地或建设单位可能提供的压缩空气、氧气的能力及至工地的距离	(1) 确定生产、生活用气的方案 (2) 确定压缩空气、氧气的供应计划

2. 社会文化资料

社会文化资料主要是对当地的风土人情、风俗习惯、社会禁忌与民族禁忌等资料的调查收集。

3. 当地技术资料

当地技术资料主要是对当地执行的技术标准与图集、当地的施工定额、当地常用的施工方法、类似工程的技术资料及平时施工实践活动中所积累的经验等资料的调查收集。

4. 建设场地资料

建设场地资料主要是对当地气象资料、拟建建筑物的实际情况、建设场地的周边环境、现场地形、现场"七通一平"情况等资料的调查收集。自然条件调查表见表1-3。

表1-3　自然条件调查表

序号	项　目	调查内容	调查目的
1	气温	(1) 年平均、最高、最低、最冷、最热月份的逐月平均温度 (2) 冬、夏季室外计算的温度 (3) ≤-3℃、≤0℃、≤5℃的天数、起止时间	(1) 确定防暑降温的措施 (2) 确定冬季施工措施 (3) 估计混凝土、砂浆强度
2	雨、雪	(1) 雨季起止时间 (2) 月平均降雨(雪)量、最大降雨(雪)量、一天最大降雨(雪)量 (3) 全年雷暴天数	(1) 确定雨季施工措施 (2) 确定排水、防洪方案 (3) 确定防雷设施
3	风	(1) 主导风向及频率(风玫瑰图) (2) ≥8级风的全年天数、时间	(1) 确定临时设施布置方案 (2) 确定高空作业及吊装的技术安全措施
4	地形	(1) 区域地形图 (2) 工程位置地形图 (3) 该地区城市规划图 (4) 经纬坐标桩、水准基桩的位置	(1) 选择施工用地 (2) 布置施工总平面图 (3) 场地平整及土方量计算 (4) 了解障碍物及其数量
5	工程地质	(1) 钻孔布置图 (2) 地质剖面图：土层类别、厚度 (3) 物理力学指标：天然含水率、孔隙比、塑性指数、渗透系数、压缩试验及地基土强度 (4) 地层的稳定性：断层滑块、流砂 (5) 最大冻结深度 (6) 地基土破坏情况：枯井、古墓、防空洞及地下构筑物	(1) 土方施工方法的选择 (2) 地基土的处理方法 (3) 基础施工方法 (4) 复核地基基础设计 (5) 拟订障碍物拆除计划
6	地震	地震等级、烈度大小	确定对施工的影响、注意事项
7	地下水	(1) 最高、最低水位及时间 (2) 水的流向、流速及流量 (3) 水质分析：水的化学成分 (4) 抽水试验	(1) 基础施工方案选择 (2) 降低地下水的方法 (3) 拟订防止侵蚀性介质的措施
8	地面水	(1) 临近江、河、湖泊距工地的距离 (2) 洪水、平水、枯水期的水位、流量及航道深度 (3) 水质分析 (4) 最大、最小冻结深度及冻结时间	(1) 确定临时给水方案 (2) 确定运输方式 (3) 确定工程施工方案 (4) 确定防洪方案

5. 协作单位资料

协作单位资料就是对建设单位、设计单位、监理单位、分包单位、行政主管部门等单位在资金、工作方式、需协调内容等资料的调查收集。参加施工单位情况调查表见表 1-4。

表 1-4　参加施工单位情况调查表

序号	项目	调查内容	调查目的
1	工人	(1) 工人的总数、各专业工种的人数、能投入本工程施工的人数 (2) 专业分工及一专多能的情况 (3) 定额完成情况	
2	管理人员	(1) 管理人员总数、各种人员比例及其人数 (2) 工程技术人员的人数及专业构成情况	
3	施工机械	(1) 名称、型号、规格、台数、机械新旧程度(列表) (2) 总装备程度,包括技术装备率和动力装备率 (3) 拟增购的施工机械明细表	(1) 了解总、分包单位的技术、管理水平 (2) 选择分包单位 (3) 为编制施工组织设计提供依据
4	施工经验	(1) 历史上曾经施工过的主要工程项目 (2) 习惯采用的施工方法,曾采用过的先进施工方法 (3) 科研成果和技术更新情况	
5	主要指标	(1) 劳动生产率指标:建安劳动生产率 (2) 质量指标:产品优良率及合格率 (3) 安全指标:安全事故频率 (4) 降低成本指标:成本计划及实际降低率 (5) 机械化施工程度 (6) 机械设备完好率、利用率	

1.5　施 工 准 备

施工准备是完成单位工程施工任务的重要环节,也是施工组织设计中的一项重要内容。施工人员必须在开工前,根据施工任务、施工进度和施工工期的要求做好各方面的准备工作。

1.5.1　技术资料准备

技术资料准备是施工准备的核心,指导着现场施工准备工作,对保证建筑产品质量,实现安全生产,加快工程进度,提高工程经济效益都具有十分重要的意义。任何技术差错和隐患都可能引起人身安全和质量事故，造成生命财产和经济的巨大损失，因此，必须重视并做好技术资料准备。其主要内容包括：熟悉和会审图纸，编制中标后施工组织设计，编制施工预算等。

1. 熟悉和会审图纸

在施工图全部(或分阶段)出图以后，施工单位首先要组织项目经理部有关工程技术人员认真熟悉图纸，了解设计意图与建设单位要求以及施工应达到的技术标准，明确工程流程。然后由施工单位该项目经理部组织各工种人员对本工种的有关图纸进行审查，掌握和了解图纸中的细节。在此基础上，由总承包单位内部的土建与水、暖、电等专业人员，共同核对图纸，消除差错，协商施工配合事项。最后，总承包单位与外分包单位(如桩基施工、装饰工程施工、设备安装施工等)在各自审查图纸的基础上，共同核对图纸中的差错及协商有关施工配合问题。完成这些后由建设单位组织并主持会议，邀请施工单位、监理单位参加，由设计单位做设计交底。重点工程或规模较大及结构、装修较复杂的工程，如有必要可邀请各主管部门、消防、防疫与协作单位参加。会审的程序是：设计单位做设计交底，施工单位对图纸提出问题，有关单位发表意见，与会者讨论、研究、协商，逐条解决问题达成共识，组织会审的单位汇总会议内容并成文，由各单位会签，形成图纸会审纪要，会审纪要作为与施工图纸具有同等法律效力的技术文件使用。

1) 熟悉图纸的要求

(1) 先粗后细：就是先看平面图、立面图、剖面图，对整个工程的概貌有一个了解，对总的长和宽尺寸、轴线尺寸、标高、层高、总高有一个大体的印象。然后再看细部做法，核对总尺寸与细部尺寸、位置、标高是否相符，门窗表中的门窗型号、规格、形状、数量是否与结构相符等。

(2) 先小后大：就是先看小样图，后看大样图。核对在平面图、立面图、剖面图中标注的细部做法与大样图的做法是否相符，所采用的标准构件图集编号、类型、型号与设计图纸有无矛盾，索引符号有无漏标之处，大样图是否齐全等。

(3) 先建筑后结构：就是先看建筑图，后看结构图。把建筑图与结构图互相对照，核对其轴线尺寸、标高是否相符，有无矛盾，查对有无遗漏尺寸，有无构造不合理之处。

(4) 先一般后特殊：就是先看一般的部位和要求，后看特殊的部位和要求。特殊部位一般包括地基处理方法、变形缝的设置、防水处理要求和抗震、防火、保温、隔热、防尘、特殊装修等技术要求。

(5) 图纸与说明结合：就是要在看图时对照设计总说明和图中的细部说明，核对图纸和说明有无矛盾，规定是否明确，要求是否可行，做法是否合理等。

(6) 土建与安装结合：就是在看土建图时，要有针对性地看一些安装图，核对与土建有关的安装图有无矛盾，预埋件、预留洞、槽的位置、尺寸是否一致，了解安装对土建的要求，以便考虑在施工中的协作配合。

(7) 图纸要求与实际情况结合：就是核对图纸有无不符合施工实际之处，如建筑物相对位置、场地标高、地质情况等是否与设计图纸相符；对一些特殊的施工工艺，施工单位能否做到等。

2) 自审图纸的要求

(1) 审查拟建工程的地点，查看建筑总平面图同国家、城市或地区规划是否一致，以及建筑物或构筑物的设计功能和使用要求是否符合环卫、防火及美化城市方面的要求。

(2) 审查设计图纸是否完整齐全，以及设计图纸和资料是否符合国家有关技术规范要求。

(3) 审查建筑、结构、设备安装与图纸是否相符，有无"错、漏、碰、缺"，内部结构和工艺设备有无矛盾。

(4) 审查地基处理与基础设计同拟建工程地点的工程地质和水文地质等条件是否一致，建筑物或构筑物与原地下构筑物及管线之间有无矛盾，深基础的防水方案是否可靠，材料、设备能否解决。

(5) 明确拟建工程的结构形式和特点，复核主要承重结构的承载力、刚度和稳定性是否满足要求，审查设计图纸中形体复杂、施工难度大和技术要求高的分部、分项工程或新结构、新材料、新工艺在施工技术和管理水平上能否满足质量和工期要求，以及选用的材料、构配件、设备等能否解决。

(6) 明确建设期限和分期、分批投产或交付使用的顺序和时间，以及工程所用的主要材料、设备的数量、规格、来源和供货日期。

(7) 明确建设单位、设计单位和施工单位等之间的协作、配合关系，以及建设单位可以提供的施工条件。

(8) 审查设计是否考虑了施工的需要，以及各种结构的承载力、刚度和稳定性是否满足设置内爬、附着、固定式塔式起重机等的使用要求。

3) 图纸会审的要求

(1) 设计是否符合国家有关方针、政策和规定。

(2) 设计规模、内容是否符合国家有关的技术规范要求，尤其是强制性标准的要求，是否符合环境保护和消防安全的要求。

(3) 建筑设计是否符合国家有关的技术规范要求，尤其是强制性标准的要求，是否符合环境保护和消防安全的要求。

(4) 建筑平面布置是否符合核准的按建筑红线划定的详图和现场实际情况，是否能提供符合要求的永久水准点或临时水准点位置。

(5) 图纸及说明是否齐全、清楚、明确。

(6) 结构、建筑、设备等图纸本身及相互之间是否有错误和矛盾，图纸与说明之间有无矛盾。

(7) 有无特殊材料(包括新材料)要求，其品种、规格、数量能否满足需要。

(8) 设计是否符合施工技术装备条件，需采取特殊技术措施时，技术上有无困难，能否保证安全施工。

(9) 地基处理及基础设计有无问题，建筑物与地下构筑物、管线之间有无矛盾。

(10) 建(构)筑物及设备的各部位尺寸、轴线位置、标高、预留孔洞及预埋件、大样图及做法说明有无错误和矛盾。

2. 编制中标后施工组织设计

中标后施工组织设计是施工单位在施工准备阶段编制的，指导拟建工程从施工准备到竣工验收乃至保修回访的技术经济、组织的综合性文件，也是编制施工预算、实行项目管理的依据，是施工准备工作的主要文件。它是在投标书施工组织设计的基础上，结合所收集的原始资料和相关信息资料，根据图纸及会审纪要，按照编制施工组织设计的基本原则，综合建设单位、监理单位、设计意图的具体要求进行编制的，以保证工程好、快、省、安全、顺利地完成。

施工单位必须在约定的时间内完成中标后施工组织设计的编制与自审工作，并填写施工组织设计报审表，报送项目监理机构。总监理工程师应在约定的时间内，组织专业监理工程师进行审查。在提出审查意见后，由总监理工程师审定批准，需要施工单位修改时，由总监理工程师签发书面意见，退回施工单位修改后再报审，总监理工程师应重新审定，已审定的施工组织设计由项目监理机构报送建设单位。施工单位应按审定的施工组织设计文件组织施工，如需对其内容做较大变更，应在实施前将变更的书面内容报送项目监理机构重新审定。对规模大、结构复杂或属新结构、特种结构的工程，在专业监理工程师提出审查意见后，由总监理工程师签发审查意见，必要时与建设单位协商，并组织有关专家会审。

3. 编制施工预算

施工预算是施工单位根据施工合同价款、施工图纸、施工组织设计或施工方案、施工定额等文件进行编制的企业内部经济文件，它直接受施工合同中合同价款的控制，是施工前的一项重要准备工作。它是施工企业内部控制各项成本支出、考核用工、签发施工任务书、限额领料的指标，也是基层进行经济核算、经济活动分析的依据。在施工过程中，要按施工预算严格控制各项指标，以促进降低工程成本和提高施工管理水平。

1.5.2 施工现场人员的准备

1. 建设项目组织机构

对于实行项目管理的工程，建立项目组织机构就是建立项目经理部。高效率的项目组织机构的建立，是为建设单位服务的，也是为项目管理目标服务的。这项工作实施的合理与否很大程度上关系到拟建工程能否顺利进行。施工企业在建立项目经理部时，要针对工程特点和建设单位要求，并根据有关规定进行精心的组织安排，认真地抓实、抓细、抓好。

项目组织机构的设置应遵循用户满意原则、全能配套原则、精干高效原则、管理跨度原则、系统化管理原则。一般大中型项目宜按矩阵式项目管理组织设置项目经理部，小型项目宜按直线职能式项目管理组织设置项目经理部。

项目经理部应根据企业批准的"项目管理规划大纲"，确定项目经理部的管理任务和组织形式；确定项目经理的层次，设立职能部门与工作岗位；确定人员、职责、权限；由项目经理根据"项目管理目标责任书"进行目标分解；组织有关人员制定规章制度和目标责任考核、奖惩制度。

2. 建立精干的施工队伍

建立施工队伍，要认真考虑专业工程的合理配合，技工和普工的比例要满足合理的劳动组织要求。按组织施工方式的要求，确定建立混合施工队组或专业施工队组及其数量。组建施工队组，要坚持合理、精干的原则，同时制定出该工程的劳动力需用量计划，并按照开工日期和劳动力需要量计划组织劳动力进场。

3. 施工队伍的培训和技术交底

针对工程施工要求，强化各工种的技术培训，优化劳动组合，主要抓好以下几个方面的工作：针对工程施工难点，组织工程技术人员和工人队组中的骨干力量，进行类似工程的考察学习；做好专业工程技术培训，提高对新工艺、新材料使用操作的适应能力；强化质量意识，抓好质量教育，增强质量观念；工人队组实行优化组合、双向选择、动态管理，最大限度地调动职工的积极性；认真全面地进行施工组织设计的落实和技术交底工作。施工组织设计、计划和技术交底的目的是把施工项目的设计内容、施工计划和施工技术等要求详尽地向施工队组和工人讲解交待。

施工组织设计、计划和技术交底应在单位工程或分部(项)工程开工前及时进行，以保证项目严格地按照设计图纸、施工组织设计、安全操作规程和施工验收规范等要求进行施工。

施工组织设计、计划和技术交底的内容有：项目的施工进度计划、月(旬)作业计划；施工组织设计，尤其是施工工艺、质量标准、安全技术措施、降低成本措施和施工验收规范的要求；新结构、新材料、新技术和新工艺的实施方案和保证措施；图纸会审中所确定的有关部位的设计变更和技术核定等事项。交底工作应该按照管理系统逐级进行，由上而下直到工人队组。交底的方式有书面形式、口头形式和现场示范形式等。

4. 建立健全各项管理制度

工地的各项管理制度是否建立、健全，直接影响其各项施工活动的顺利进行。有章不循，其后果是严重的，而无章可循更是危险的。为此必须建立、健全工地的各项管理制度。通常，其内容包括：项目管理人员岗位责任制度，项目技术管理制度，项目质量管理制度，项目安全管理制度，项目计划、统计与进度管理制度，项目成本核算制度，项目材料、机械设备管理制度，项目现场管理制度，项目分配与奖励制度，项目例会及施工日志制度，项目分包及劳务管理制度，项目组织协调制度，项目信息管理制度。当项目经理部自行制定的规章制度与企业现行的有关规定不一致时，应报送企业或其授权的职能部门批准。

5. 做好施工人员的生活后勤保障

对施工人员的衣、食、住、行、医、文化生活等，应在施工队伍集结前就做好充分的准备。这是稳定职工队伍、保障生活供给、调动职工生活和工作积极性，使他们劳动好、休息好的一项极为重要的准备工作。

1.5.3　施工物资准备

施工物资准备是指施工中必须有的劳动手段(施工机械、工具)和劳动对象(材料、配件、构件)等的准备，它是保证施工顺利进行的物质基础。

1. 材料准备

(1) 根据施工方案中的施工进度计划和施工预算中的工料分析，编制工程所需材料用量计划，以此作为备料、供料和确定仓库、堆场面积及组织运输的依据；

(2) 根据材料需用量计划，做好材料的申请、订货和采购工作，使计划得到落实；

(3) 组织材料按计划进场，按施工平面图和相应位置堆放，并做好合理储备、保管工作；

(4) 严格验收、检查、核对材料的数量和规格，做好材料试验和检验工作，保证施工质量。

2. 构配件及设备加工订货准备

(1) 根据施工进度计划及施工预算所提供的各种构配件及设备数量，做好加工翻样工作，并编制相应的需用量计划；

(2) 根据需用计划，向有关厂家提出加工订货计划要求，并签订订货合同；

(3) 组织构配件和设备按计划进场，按施工平面布置图做好存放及保管工作。

3. 施工机具准备

(1) 各种土方机械，混凝土、砂浆搅拌设备，垂直及水平运输机械、钢筋加工设备、木工机械、焊接设备、打夯机、排水设备等应根据施工方案，以及对施工机具配备的要求、数量和施工进度的安排，编制施工机具需用量计划；

(2) 拟由本企业内部解决的施工机具，应根据需用量计划组织落实，确保按期供应；

(3) 对施工企业缺少且需要的施工机具，应与有关方面签订订购或租赁合同，以保证施工需要；

(4) 对于大型施工机械(如塔式起重机、挖土机、桩基设备等)的需求量和时间，应向有关方面(如专业分包单位)联系，提出使用要求，在落实后签订有关分包合同，为大型机械按期进场做好现场有关准备工作；

(5) 安装、调试施工机具，按照施工机具需要量计划，组织施工机具进场，根据施工总平面图将施工机具安置在规定的地方或仓库。对进场的施工机具要进行就位、搭棚、接电源、保养、调试工作。所有的施工机具在使用前都必须进行检查和试运转。

4. 生产工艺设备准备

订购生产用的生产工艺设备，要注意交货时间与土建进度密切配合。因为，某些庞大设备的安装往往要与土建施工穿插进行，如果土建全部完成或封顶后，安装会有困难。各种设备的交货时间要与安装时间密切配合，否则将直接影响建设工期。生产工艺设备准备时应按照施工项目工艺流程及工艺设备的布置图，提出工艺设备的名称、型号、生产能力和需要量，确定分期、分批进场的时间和保管方式，并编制工艺设备需要量计划，为组织运输、确定堆场面积提供依据。

5. 运输准备

(1) 根据上述材料、施工机具、构配件及设备和生产工艺设备这四项需用量计划，编制运输需用量计划，并组织落实运输工具；

(2) 按照材料、施工机具、构配件及设备和生产工艺设备这四项需用量计划及明确的进场日期，联系和调配所需的运输工具，确保材料、构配件和机具设备按期进场。

1.5.4　施工现场准备

施工现场是施工的全体参加者为了夺取优质、高速、低耗的目标，而有节奏、均衡、连续地进行战术决战的活动空间。施工现场的准备工作，主要是为了给施工项目创造有利的施工条件，是保证工程按计划开工和顺利进行的重要环节。

1. "七通一平"

"七通一平"包括在工程用地范围内，接通施工用水、用电、道路、电信及燃气，施工现场排水及排污畅通和平整场地的工作。

(1) 平整场地。首先要拆除场地内的旧建筑物、构筑物以及地上的障碍物。清除后，即可进行场地平整工作，按照建筑施工总平面图、勘测地形图和场地平整施工方案等技术文件的要求，通过测量，计算出填、挖土方工程量，设计土方调配方案，确定平整场地的施工方案，组织人力和机械进行平整场地的工作。应尽量做到挖、填方量趋于平衡，总运输量最小，便于机械施工和充分利用建筑物挖方填土，并应防止利用地表土、软润土层、草皮、建筑垃圾等做填方。

(2) 路通。施工现场的道路是组织物资进场的动脉，拟建工程开工前，必须按照施工总平面图的要求，修建必要的临时性道路，为节约临时工程费用，缩短施工准备工作时间，应尽量利用原有的道路设施或拟建永久性道路解决现场道路问题，形成畅通的运输网络，确保现场施工运输和消防用车等的行驶畅通(临时道路的等级，可依据交通流量和所用车确定)。

(3) 给水通。施工用水包括生产、生活与消防用水，应按施工总平面图的规划进行安排，施工给水尽可能与永久性的给水系统结合起来。临时管线的铺设，既要满足施工用水的需用量，又要使施工方便，并且尽量缩短管线的长度，以降低工程的成本。

(4) 排水通。施工现场的排水也十分重要，特别在雨期，如场地排水不畅，会影响到施工和运输的顺利进行。高层建筑的基坑深、面积大，施工往往要经过雨期，应做好基坑周围的挡土支护工作，防止坑外雨水向坑内汇流，并做好基坑底部雨水的排放工作。

(5) 排污通。施工现场的污水排放，直接影响到城市的环境卫生。由于环境保护的要求，有些污水不能直接排放，而需进行处理以后方可排放。因此，现场的排污也是一项重要的工作。

(6) 电及电信通。电是施工现场的主要动力来源，施工现场中的电包括施工生产用电和生活用电。由于建筑工程施工供电面积大、起动电流大、负荷变化多和手持式用电机具多，施工现场临时用电要考虑安全和节能措施。开工前，要按照施工组织设计的要求，接通电力和电信设施。电源首先应考虑从建设单位给定的电源上获得，如其供电能力不能满足施工用电需要，则应考虑在现场建立自备发电系统，以确保施工现场动力设备和通信设备的正常运行。

(7) 蒸汽及燃气通。施工中如需要通蒸汽、燃气，应按施工组织设计的要求进行安排，以保证施工的顺利进行。

2. 建立测量控制网

建筑施工工期长，现场情况变化大，因此，保证控制网点的稳定、正确，是确保建筑施工质量的先决条件，特别是在城区建设，障碍多、通视条件差，给测量工作带来了一定的难度，施工时应根据建设单位提供的由规划部门给定的永久性坐标和高程，按建筑总图上的要求，进行现场控制网点的测量，妥善设立现场永久性标桩，为施工全过程的投测创造条件。

控制网一般采用方格网，这些网点的位置应视工程范围的大小和控制精度而定。建筑方格网多由 100～200 m 的正方形或矩形组成，如果土方工程需要，还应测绘地形图。通常这项工作由专业测量队完成，但施工单位还需根据施工的具体需要做一些加密网点等补充工作。

在测量放线时，应校验和校正经纬仪、水准仪、钢尺等测量仪器，校核结线桩与水准点，制定切实可行的测量方案，包括平面控制、标高控制、沉降观测和竣工测量等工作。

建筑物定位放线，一般通过设计图中平面控制轴线来确定建筑物位置，在测定并经自检合格后提交有关部门和建设单位或监理人员验线，以保证定位的准确性。沿红线的建筑物放线后，还要由城市规划部门验线以防止建筑物压红线或超红线，为正常顺利地施工创造条件。

3. 搭设临时设施

现场生活和生产用的临时设施，应按照施工平面布置图的要求进行，临时建筑平面图及主要房屋结构图都应报请城市规划、市政、消防、交通、环境保护等有关部门审查批准。为了施工方便和行人的安全及文明施工，应用围墙将施工用地围护起来，围墙的形式、材料和高度应符合市容管理的有关规定和要求，并在主要出入口设置标牌挂图，标明工程项目名称、施工单位、项目负责人等。

所有生产及生活用临时设施，包括各种仓库、搅拌站、加工厂作业棚、宿舍、办公用房、食堂、文化生活设施等，均应按批准的施工组织设计要求组织搭设，并尽量利用施工现场或附近原有的设施(包括要拆迁但可暂时利用的建筑物)和在建工程本身供施工使用的部分用房，尽可能减少临时设施的数量，以便节约用地、节省投资。

1.5.5 季节性施工准备

建筑工程施工绝大部分工作是露天作业，受气候影响比较大。因此，在冬季、雨期及夏季施工时，必须从具体条件出发，正确选择施工方法，做好季节性施工的准备工作，以保证按期、保质、安全地完成施工任务，取得较好的技术经济效果。

1. 冬季施工准备

(1) 合理地安排施工进度计划。冬季施工条件差，技术要求高，费用增加，因此，要合理地安排施工进度计划，尽量安排保证施工质量且费用增加不多的项目在冬季施工，如吊装、打桩、室内装饰装修等工程。对费用增加较多又不容易保证质量的项目则不宜安排在冬季施工，如土方、基础、外装修、屋面防水等工程。

(2) 进行冬季施工的工程项目，在入冬前应组织编制冬季施工方案，并结合工程实际及施工经验等进行。

(3) 组织人员培训。进入冬期施工前，对掺外加剂人员、测温保温人员、锅炉司炉工和火炉管理人员，应专门组织技术业务培训，使其学习本工作范围内的有关知识，明确职责，经考试合格后，方准上岗工作。

(4) 与当地气象台站保持联系，及时接收天气预报，防止寒流突然袭击。安排专人测量施工期间的室外气温、暖棚内气温、砂浆温度、混凝土的温度并做好记录。

(5) 根据实物工程量提前组织有关机具、外加剂和保温材料、测温材料进场；搭建加热用的锅炉房、搅拌站、敷设管道，对锅炉进行试火试压，对各种加热的材料、设备要检查其安全可靠性。

2. 雨期施工准备

(1) 合理安排雨期施工。为避免雨期窝工造成的损失，一般情况下，在雨期到来之前，应多安排完成基础、地下工程、土方工程、室外及屋面工程等不宜在雨期施工的项目，多留些室内工作在雨期施工。

(2) 加强施工管理，做好雨期施工的安全教育。要认真编制雨期施工技术措施(如雨期前后的沉降观测措施，保证防水层雨期施工质量的措施，保证混凝土配合比、浇筑质量的措施，钢筋除锈的措施等)，认真组织贯彻实施，加强对职工的安全教育，防止各种事故发生。

(3) 防洪排涝，做好现场排水工作。工程地点若在河流附近，上游有大面积山地丘陵，应有防洪排涝准备。施工现场雨期来临前，应做好排水沟渠的开挖，准备好抽水设备，防止场地积水和地沟、基槽、地下室等浸水，对工程施工造成损失。

(4) 做好道路维护，保证运输畅通。雨期前应检查道路、边坡排水，并适当提高路面，防止路面凹陷，保证运输畅通。

(5) 做好物资的储存。雨期到来前，应多储存物资，减少雨期运输量，以节约费用。要准备必要的防雨器材，库房四周要有排水沟渠，防止物资因淋雨、浸水而变质，仓库要做好地面防潮和屋面防漏雨工作。

(6) 做好机具设备等防护。雨期施工，对现场的各种设施、机具要加强检查，特别是脚手架、垂直运输设施等，要采取防倒塌、防雷击、防漏电等一系列技术措施，现场机具设备(焊机、闸箱等)要有防雨措施。

3. 夏季施工准备

(1) 编制夏季施工项目的施工方案。针对夏季施工条件差、气温高、干燥这一特点，在安排夏季施工的项目时，应编制夏季施工的施工方案及采取的技术措施。如对于大体积混凝土在夏季施工时，必须合理地选择浇筑时间，并做好测温和养护工作，以保证大体积混凝土的施工质量。

(2) 现场防雷装置的准备。夏季经常有雷雨，工地现场应有防雷装置。特别是高层建筑和脚手架等要按规定设临时避雷装置，并确保工地现场用电设备的安全运行。

(3) 施工人员防暑降温工作的准备。夏季施工，还必须做好施工人员的防暑降温工作，调整作息时间。对从事高温工作的场所及通风不良的地方应加强通风和降温措施，做到安全施工。

📖 能 力 训 练 📖

问答题：

1-1 施工组织的任务是什么？

1-2 组织施工的基本原则有哪些？

1-3 什么是建设项目？建设项目如何划分？

1-4 施工组织设计的概念是什么？

1-5 项目建议书包括哪些内容？

1-6 建设项目的准备工作包括哪些内容？

1-7 施工组织设计的作用是什么？

1-8 施工组织设计的基本内容有哪些？

1-9 编制施工质量计划的依据有哪些？

1-10 施工安全计划内容有哪些？

1-11 原始施工资料的调查与收集包括哪些方面？

1-12 技术资料准备包括哪些方面？

1-13 施工现场准备包括哪些内容？

实训题：

1-14 用流程图整理基本建设程序。

1-15 施工管理计划所包含的内容如何编写？

1-16 试填写图纸会审记录(见表 1-5)。

表 1-5　图纸会审记录

工程名称			
建设单位		设计单位	
施工单位		监理单位	
图纸名称及图号	主 要 内 容		结 论 意 见
建设单位签章 项目负责人：　　年　　月　　日		设计单位签章 项目负责人：　　年　　月　　日	
施工单位签章 技术负责人：　　年　　月　　日		监理单位签章 总监理工程师：　　年　　月　　日	

模块 2　流水施工基本原理

【模块概述】　本模块的内容包括流水施工的基本概念；流水施工的时间参数、工艺参数和空间参数；流水施工的有节奏施工、无节奏施工的特点和计算方法。

【学习目标】　了解流水施工的基本概念；掌握流水施工的时间参数、工艺参数和空间参数及其确定方法；熟悉流水施工的有节奏施工、无节奏施工的特点，掌握其计算方法。

2.1　流水施工的基本概念

在所有的生产领域中，流水作业法是组织产品生产的理想方法。流水施工也是建筑安装工程施工的最有效的科学组织方法，它建立在分工协作的基础上。但是，由于建筑产品及其生产的特点不同，流水施工的概念、特点和效果与其他产品的流水作业也有所不同。

2.1.1　组织施工的基本方式

建筑工程施工中常用的组织方式有三种：依次施工、平行施工和流水施工。通过对这三种施工组织方式的比较，可以更清楚地看到流水施工的科学性所在。

1. 依次施工组织方式

依次施工组织方式是先将拟建工程项目的整个建造过程分解成若干个施工过程，然后再按照一定的施工顺序，前一个施工过程完成后，后一个施工过程才开始施工或前一个工程完成后，后一个工程才开始施工。它是一种最基本的、最原始的施工组织方式。

【例 2-1】拟兴建四幢相同的建筑物，整个建造过程划分为基槽挖土、混凝土垫层、砖砌基础和基槽回填土等四个施工过程。每个施工过程安排一组施工队伍，一班制施工。其中，每幢楼基槽挖土时，工作队由 16 人组成，2 天完成；混凝土垫层时，工作队由 30 人组成，1 天完成；砖砌基础时，工作队由 20 人组成，3 天完成；基槽回填土时，工作队由 10 人组成，1 天完成。

按照依次施工组织方式施工，进度计划如图 2-1、图 2-2 所示。

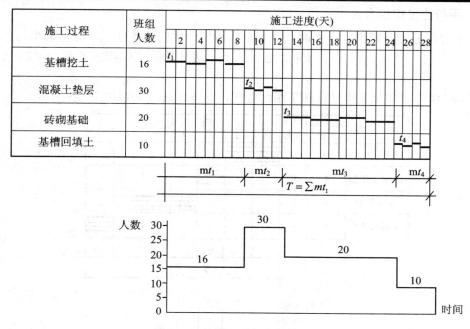

图 2-1　按施工过程依次施工

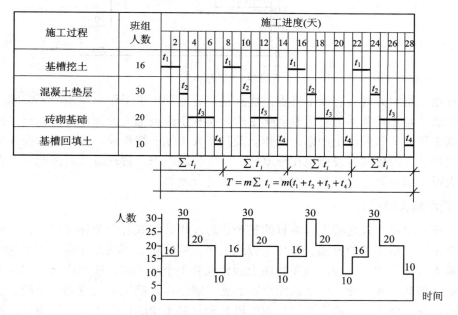

图 2-2　按幢(或施工段)依次施工

依次施工组织方式具有以下特点:优点是同时投入的劳动资源较少,机具使用不集中,材料供应单一,施工现场的组织、管理比较简单。缺点是没有充分地利用工作面去争取时间,工期长,不利于提高工程质量和劳动生产率,工作队及工人不能连续作业,易窝工。因此依次施工难以在短期内提供较多的产品,不能适应大型工程的施工。当规模比较小,施工作业面又有限时,依次施工是适用的,也是常见的。

2. 平行施工组织方式

在工程任务十分紧迫、工作面允许以及资源保证供应的条件下，可以组织几个相同的工作队，在同一时间、不同的空间上进行施工，这样的施工组织方式称为平行施工组织方式。

在例2-1中，如果采用平行施工组织方式，其施工进度计划如图2-3所示。

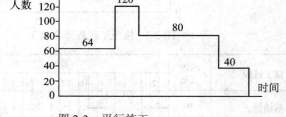

施工过程	施工班组数	班组人数	施工进度(天)						
			1	2	3	4	5	6	7
基槽挖土	4	16							
混凝土垫层	4	30							
砖砌基础	4	20							
基槽回填土	4	10							

$$T = \sum t_i$$

图2-3 平行施工

平行施工组织方式具有以下特点：优点是充分地利用了工作面，争取了时间，可以缩短工期。缺点是工作队不能实现专业化生产，不利于改进工人的操作方法和施工机具，不利于提高工程质量和劳动生产率，工作队及其工人不能连续作业，单位时间投入施工的资源量成倍增长，现场临时设施也相应增加，施工现场组织、管理复杂。因此，只有在工程规模较大或工期较紧的情况下采用平行施工才是合理的。

3. 流水施工组织方式

流水施工组织方式是将工程项目的整个建造过程分解成若干个施工过程，也就是划分成若干个工作性质相同的分部、分项工程或工序，同时将工程项目先在平面上划分成若干个劳动量大致相等的施工段，再在竖向上划分成若干个施工层。按照施工过程分别建立相应的专业工作队，各专业工作队按照一定的施工顺序投入施工，完成第一个施工段上的施工任务后，在专业工作队的人数、使用的机具和材料不变的情况下，依次地、连续地投入到第二、第三……直到最后一个施工段的施工，在规定的时间内，完成同样的施工任务。不同的专业工作队在工作时间上最大限度地、合理地搭接起来，当第一施工层各个施工段上的相应施工任务全部完成后，专业工作队依次地、连续地投入到第二、第三……施工层，保证拟建工程项目的施工全过程在时间上、空间上，有节奏、连续、均衡地进行下去，直到完成全部施工任务。

在例2-1中，如果采用流水施工组织方式，其施工进度计划如图2-4所示。

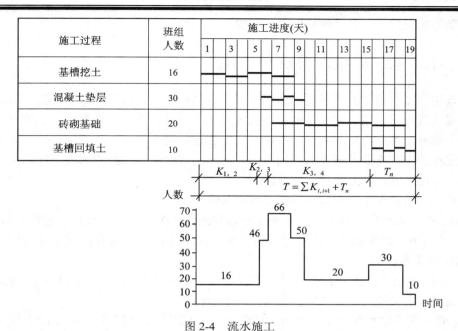

施工过程	班组人数	施工进度(天)									
		1	3	5	7	9	11	13	15	17	19
基槽挖土	16										
混凝土垫层	30										
砖砌基础	20										
基槽回填土	10										

图 2-4　流水施工

与依次施工、平行施工相比较，流水施工组织方式具有以下特点：科学地利用了工作面，争取了时间，工期比较合理，工作队及其工人实现了专业化施工，可使工人的操作技术熟练，更好地保证工程质量，提高劳动生产率。专业工作队及其工人能够连续作业，使相邻的专业工作队之间实现了最大限度地、合理地搭接，单位时间投入施工的资源量较为均衡，有利于资源供应的组织工作，为文明施工和进行现场的科学管理创造了有利条件。

因此流水施工的工期介于依次施工和平行施工之间，一般工程项目均可适用。

2.1.2　流水施工的技术经济效果

流水施工的连续性和均衡性方便了各种生产资源的组织，使施工企业的生产能力可以得到充分的发挥，劳动力、机械设备可以得到合理的安排和使用，进而提高了生产的经济效率，流水施工的技术经济效果具体可归纳为以下几点：

(1) 便于施工中的组织与管理。由于流水施工的均衡性，因此避免了施工期间劳动力和其他资源使用过分集中，有利于资源的组织。

(2) 施工工期比较理想。由于流水施工的连续性，保证了各专业队伍连续施工，减少了间歇，充分利用了工作面，缩短了工期。

(3) 有利于提高劳动生产率。由于流水施工实现了专业化的生产，为工人提高技术水平、改进操作方法以及革新生产工具创造了有利条件，因而改善了工作的劳动条件，促进了劳动生产率的不断提高。

(4) 有利于提高工程质量。专业化的施工提高了工人的专业技术水平和熟练程度，为推行全面质量管理创造了条件，有利于保证和提高工程质量。

(5) 有效降低工程成本。由于工期缩短、劳动生产率提高、资源供应均衡，各专业施工队连续均衡作业，减少了临时设施数量，从而节约了人工费、机械使用费、材料费和施工管理费等相关费用，有效地降低了工程成本。

2.1.3　流水施工的组织要点和条件

建筑生产流水施工的实质是：由配备了一定的机械设备的生产作业队伍，沿着建筑物的水平或垂直方向，用一定数量的材料在各施工段上进行生产，使最后完成的产品成为建筑物的一部分，然后再转移到另一个施工段上去进行同样的工作，所空出的工作面，由下一施工过程的生产作业队伍采用相同的形式继续进行生产。如此不断地进行确保了各施工过程生产的连续性、均衡性和节奏性。

建筑生产的流水施工有如下组织要点和条件：

(1) 生产工人和生产设备从一个施工段转移到另一个施工段，代替了建筑产品的流动。

(2) 建筑生产的流水施工既沿建筑物的水平方向流动(平面流水)，又沿建筑物的垂直方向流动(层间流水)。

(3) 在同一施工段上，各施工过程不仅保持了顺序施工的特点，而且不同施工过程在不同的施工段上又最大限度地保持了平行施工的特点。

(4) 同一施工过程保持了连续施工的特点，不同施工过程在同一施工段上尽可能保持连续。

(5) 单位时间内生产资源的供应和消耗基本均衡。

2.1.4　流水施工的表达方式

流水施工的表示方法有三种：水平图表(横道图)、垂直图表(斜线图)和网络图。网络图表示方法可参看本书后面的有关章节。这里仅介绍前两种方法。

1. 水平图表

水平图表由纵、横坐标两个方向的内容组成，图表左侧的纵坐标用以表示施工过程，图表的横坐标用以表示施工进度。施工进度的单位可根据施工项目的具体情况和图表的应用范围来确定，可以是日、周、月、旬、季或年等。日期可以按自然数的顺序排列，也可以采用奇数或偶数的顺序排列，还可以采用扩大的单位数来表示，比如以 5 天或 10 天为基数进行编排，总之应以简洁、清晰为标准。用标明施工段的横线段来表示具体的施工进度。水平图表具有绘制简单，形象直观的特点。流水施工水平图表示法如图 2-5 所示。

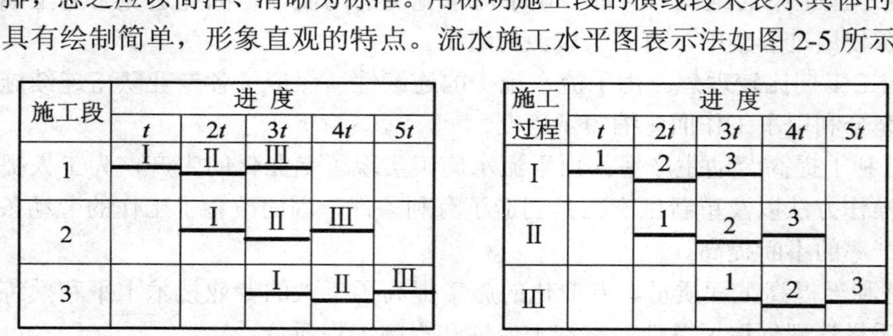

施工段	进度				
	t	$2t$	$3t$	$4t$	$5t$
1	I	II	III		
2		I	II	III	
3			I	II	III

(a)

施工过程	进度				
	t	$2t$	$3t$	$4t$	$5t$
I	1	2	3		
II		1	2	3	
III			1	2	3

(b)

图 2-5　流水施工水平图表示法

2. 垂直图表

垂直图表以纵坐标表示出施工段数，以横坐标表示各施工过程在各施工段上的施工持续时间，以若干条斜线段表示施工过程。垂直图表可以直观地从施工段的角度反映出各施工过程的先后顺序以及时空状况。通过比较各条斜线的斜率可以看出各施工过程的施工速度。垂直图表的实际应用不及水平图表普遍。流水施工垂直图表示法如图 2-6 所示。

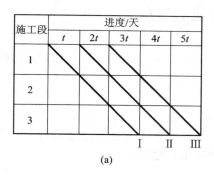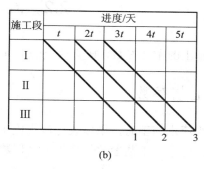

图 2-6　流水施工垂直图表示法

2.1.5　流水施工的分类

流水施工的分类是组织流水施工的基础，其分类方法是按不同的流水特征进行划分的。

1. 按流水施工组织范围(组织方法)划分

根据组织流水施工的工程对象的范围大小，流水施工可以划分为分项工程流水施工、分部工程流水施工、单位工程流水施工和群体工程流水施工。其中，最重要的是分部工程流水施工，又称专业流水，它是组织流水施工的基本方法。单位工程或群体工程的流水施工常采用分别流水法，它是组织单位工程或群体工程流水施工的重要方法。

(1) 分项工程流水施工。分项工程流水施工又叫施工过程流水或细部流水。它是在一个专业施工队伍内部组织起来的流水施工。在施工进度计划表上，它是一条标有施工段或施工队编号的水平或斜向进度指示线段。它是组织流水施工的基本单元。

(2) 分部工程流水施工。分部工程流水施工又称专业流水。它是在一个分部工程内部由各分项工程(施工过程)之间组织起来的流水施工。在施工进度计划表上，它是一组标有施工段或施工队伍编号的水平或斜向进度指示线段。它是组织流水施工的基本方法。

(3) 单位工程流水施工。单位工程流水施工是在一个单位工程内部组织起来的流水施工。它一般由若干个分部工程流水组成。

(4) 群体工程流水施工。群体工程流水施工是在单位工程之间组织起来的流水施工。一般首先是针对其分部工程来组织专业大流水。

(5) 分别流水法。分别流水法是指将若干个分别组织的分部工程流水(专业流水或专业大流水)，按照施工工艺的顺序和要求最大限度地搭接起来，组成一个单位工程或群体工程的流水施工。在实际工程中，分别流水法是在单位工程或群体工程流水施工的重要方法。

2. 按流水施工节奏特征划分(针对专业流水或专业大流水)

根据流水施工的节奏特征,流水施工(主要指专业流水或专业大流水)可以划分为有节奏流水和无节奏流水,其中有节奏流水又可分为等节奏流水和异节奏流水,具体叙述详见后面的内容。

2.2　流水施工参数

流水施工的主要参数,按其性质的不同,一般可分为工艺参数、时间参数和空间参数。

2.2.1　工艺参数

在组织流水施工时,用以表达流水施工在施工工艺上开展顺序及其特征的参数,称为工艺参数。通常,工艺参数包括施工过程数和流水强度两种。

1. 施工过程数

施工过程数是指参与一组流水的施工过程数目,以符号"n"表示。

1) 施工过程的分类

(1) 制备类施工过程。为了提高建筑产品的装配化、工厂化、机械化和生产能力而形成的施工过程称为制备类施工过程。它一般不占施工对象的空间,不影响项目总工期,因此在项目施工进度表上不表示。只有当其占有施工对象的空间并影响项目总工期时,才在项目施工进度表上列入。如砂浆、混凝土、构配件、门窗框扇等的制备过程。

(2) 运输类施工过程。将建筑材料、构配件、(半)成品、制品和设备等运到项目工地的仓库或现场操作使用地点而形成的施工过程称为运输类施工过程。它一般不占施工对象的空间,不影响项目总工期,通常不列入施工进度计划中。只有当其占有施工对象的空间并影响项目总工期时,才被列入进度计划中。

(3) 安装砌筑类施工过程。在施工对象空间上直接进行加工,最终形成建筑产品的施工过程称为安装砌筑类施工过程。它占有施工空间,同时影响项目总工期,必须列入施工进度计划中。

安装砌筑类施工过程按其在项目生产中的作用不同可分为主导施工过程和穿插施工过程;按其工艺性质不同可分为连续施工过程和间断施工过程;按其复杂程度可分为简单施工过程和复杂施工过程。

2) 施工过程划分的影响因素

施工过程划分数目的多少、粗细程度一般与下列因素有关:

(1) 施工计划的性质和作用。对长期计划及建筑群体、规模大、结构复杂、工期长的工程施工控制性进度计划,其施工过程的划分可粗些,综合性大些。对中、小型单位工程及工期不长的工程施工实施性计划,其施工过程的划分可细些、具体些,一般划分至分项工程。对月度作业性计划,有些施工过程还可分解为工序,如安装模板、绑扎钢筋等。

(2) 施工方案及工程结构。厂房的柱基础与设备基础挖土,如同时施工,可合并为一个施工过程；如先后施工，可分为两个施工过程。承重墙与非承重墙的砌筑，也是如此。砖混结构、大墙板结构、装配式框架与现浇钢筋混凝土框架等不同结构体系，其施工工程的划分及内容也各不相同。

(3) 劳动组织及劳动量大小。施工过程的划分与施工习惯有关。例如，安装玻璃、油漆施工可合也可分，因为有的是混合班组，有的是单一工种的班组。施工过程的划分还与劳动量大小有关。劳动量小的施工过程，当组织流水施工有困难时，可与其他施工过程合并。例如，垫层劳动量较小时可与挖土合并为一个施工过程，这样可以使各个施工过程的劳动量大致相等，便于组织流水施工。

(4) 劳动内容和范围。施工过程的划分与其劳动内容和范围有关。如直接在工程对象上进行的劳动过程，可以划入流水施工过程，而场外劳动内容(如预制加工、运输等)可以不划入流水施工过程。

综上所述，施工过程的划分既不能太多、过细，那样将给计算增添麻烦，重点不突出。也不能太少、过粗，那样将过于笼统，失去指导作用。

2. 流水强度

流水强度是指某施工过程在单位时间内所完成的工程量，一般以 V_i 表示。

(1) 机械施工过程的流水强度按下式确定。

$$V_i = \sum_{i=1}^{X} R_i S_i \tag{2-1}$$

式中：V_i——某施工过程 i 的机械操作流水强度；

R_i——投入施工过程 i 的某种施工机械台数；

S_i——投入施工过程 i 的某种施工机械产量定额；

X——投入施工过程 i 的施工机械种类数。

(2) 人工施工过程的流水强度按下式确定。

$$V_i = R_i S_i \tag{2-2}$$

式中：R_i——投入施工过程 i 的工作队人数；

S_i——投入施工过程 i 的工作队平均产量定额；

V_i——某施工过程 i 的人工操作流水强度。

2.2.2 空间参数

空间参数一般包括施工段数、施工层数和工作面。

1. 工作面

某专业工种的工人在从事建筑产品施工生产过程中，所必须具备的活动空间，这个活动空间称为工作面。它的大小是根据相应工种单位时间内的产量定额、工程操作规程和安全规程等的要求确定的。工作面确定的合理与否，直接影响专业工种工人的劳动生产率，对此应认真对待，合理确定。有关主要工种工作面参考数据见表 2-1。

表 2-1 主要工种工作面参考数据表

工作项目	每个技工的工作面	说 明
砖基础	7.6 m/人	以 1 砖半计, 2 砖乘以 0.8, 3 砖乘以 0.55
砌砖墙	8.5 m/人	以 1 砖计, 1 砖半乘以 0.7, 2 砖乘以 0.57
毛石墙基	3 m/人	以 60 cm 计
毛石墙	3.3 m/人	以 40 cm 计
混凝土柱、墙基础	8 m³/人	机拌、机捣
混凝土设备基础	7 m³/人	机拌、机捣
现浇钢筋混凝土柱	2.45 m³/人	机拌、机捣
现浇钢筋混凝土梁	3.20 m³/人	机拌、机捣
现浇钢筋混凝土墙	5 m³/人	机拌、机捣
现浇钢筋混凝土楼板	5.3 m³/人	机拌、机捣
预制钢筋混凝土柱	3.6 m³/人	机拌、机捣
预制钢筋混凝土梁	3.6 m³/人	机拌、机捣
预制钢筋混凝土屋架	2.7 m³/人	机拌、机捣
预制钢筋混凝土平板、空心板	1.91 m³/人	机拌、机捣
预制钢筋混凝土大型屋面板	2.62 m³/人	机拌、机捣
混凝土地坪及面层	40 m²/人	机拌、机捣
外墙抹灰	16 m²/人	
内墙抹灰	18.5 m²/人	
卷材屋面	18.5 m²/人	
防水水泥砂浆屋面	16 m²/人	
门窗安装	11 m²/人	

2. 施工段数

组织流水施工时，拟建工程在平面上划分的若干个劳动量大致相等的施工区段，称为施工段，它的数目一般以"m"表示。

划分施工段的目的是为了组织流水施工，保证不同的施工班组能在不同的施工段上同时进行施工，并使各施工班组能按一定的时间间隔转移到另一个施工段进行连续施工，这样既消除了等待、停歇现象，又互不干扰。

1) 划分施工段的基本要求

(1) 施工段的数目要合理。施工段过多，不仅会增加总的施工持续时间，而且工作面还不能充分利用；施工段过少，则会引起劳动力、机械和材料供应的过分集中，有时还会造成"断流"的现象。

(2) 各施工段的劳动量(或工程量)一般应大致相等(相差宜在 15% 以内)，以保证各施工班组连续、均衡地施工。

(3) 施工段的划分界限要以保证施工质量且不违反操作规程要求为前提。例如，结构上不允许留施工缝的部位不能作为划分施工段的界限。

(4) 当组织楼层结构的流水施工时，为使各施工班组能连续施工，上一层的施工必须在下一层对应部位完成后才能开始。即各施工班组做完第一段后，能立即转入第二段；做完第一层的最后一段后，能立即转入第二层的第一段。因此，每一层的施工段数目"m"必须大于或等于其施工过程数目"n"。即：

$$m \geqslant n$$

【例2-2】 某二层现浇钢筋混凝土工程，结构主体施工中对进度起控制性作用的有支模板、绑钢筋和浇混凝土三个施工过程。每个施工过程在一个施工段上的持续时间均为2天，当施工段数目不同时，流水施工的组织情况也有所不同。

(1) 取施工段数目 $m=4$，$n=3$，$m>n$；施工进度表如图2-7所示。

施工层	施工过程	施工进度(天)									
		2	4	6	8	10	12	14	16	18	20
一	绑钢筋	①	②	③	④						
	支模板		①	②	③	④					
	浇混凝土			①	②	③	④				
二	绑钢筋					①	②	③	④		
	支模板						①	②	③	④	
	浇混凝土							①	②	③	④

图2-7 $m>n$ 的施工进度表图

当 $m>n$ 时，流水施工呈现出的特点是：各专业工作队均能连续施工，虽然施工段有闲置，但这种情况并不一定有害，它可以用于技术间歇和组织间歇时间。如利用停歇的时间做养护、备料、弹线等工作。

(2) 取施工段数目 $m=3$，$n=3$，$m=n$；施工进度表如图2-8所示。

施工层	施工过程	施工进度(天)							
		2	4	6	8	10	12	14	16
一	绑钢筋	①	②	③					
	支模板		①	②	③				
	浇混凝土			①	②	③			
二	绑钢筋				①	②	③		
	支模板					①	②	③	
	浇混凝土						①	②	③

图2-8 $m=n$ 的施工进度表图

当 $m=n$ 时，施工班组能连续施工，施工段上始终有施工班组，工作面能充分利用。无停歇现象，也不会产生窝工现象，比较理想。

(3) 取施工段数目 $m = 2$，$n = 3$，$m < n$；施工进度表如图 2-9 所示。

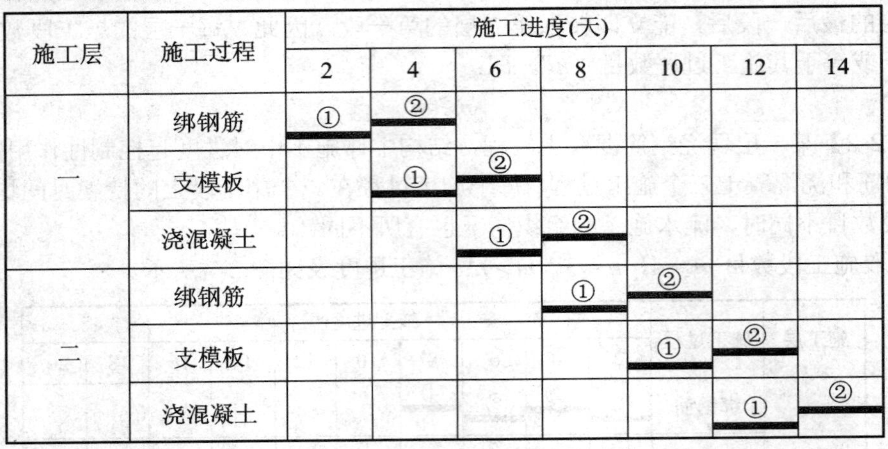

施工层	施工过程	施工进度(天)						
		2	4	6	8	10	12	14
一	绑钢筋	①	②					
	支模板		①	②				
	浇混凝土			①	②			
二	绑钢筋				①	②		
	支模板					①	②	
	浇混凝土						①	②

图 2-9 $m < n$ 的施工进度表图

当 $m < n$ 时，施工班组因不能连续施工而窝工。因此，这对一个建筑物组织流水施工是不适宜的。但是，在建筑群中可与另一些建筑物组织大流水。

2) 施工段划分的一般部位

施工段划分的部位要有利于结构的整体性，应考虑到施工工程对象的轮廓形状、平面组成及结构构造上的特点。在满足施工段划分基本要求的前提下，可按下述情况划分施工段的部位：

(1) 设置有伸缩缝、沉降缝的建筑工程，可按此缝为界划分施工段。

(2) 单元式的住宅工程，可按单元为界分段，必要时以半个单元处为界分段。

(3) 道路、管线等按长度方向延伸的工程，可按一定长度作为一个施工段。

(4) 多栋同类型建筑，可以一栋房屋作为一个施工段。

3. 施工层数

所谓施工层是指为满足竖向流水施工的需要，在建筑物垂直方向上划分的施工区段，常用"j"表示。施工层的划分视工程对象的具体情况而定，一般以建筑物的结构层作为施工层。例如，一个五层砖混结构的房屋，其结构层数就是施工层数，即 $j = 5$。如果该房屋每层划分为三个施工段，那么其总的施工段数：$m = 5 \times 3 = 15$。

2.2.3   时间参数

时间参数一般有流水节拍、流水步距、平行搭接时间、技术和组织间歇时间以及工期等。

1. 流水节拍

流水节拍是指从事某一施工过程的施工班组在一个施工段上完成施工任务所需的时间，用符号 t_i 表示($i = 1$，2，3，…)。

1) 流水节拍的确定

流水节拍的大小直接关系到投入的劳动力、材料和机械的多少，决定着施工进度和施工的节奏性。因此，合理地确定流水节拍，具有重要意义。通常有三种确定方法：定额计算法、经验估算法、工期计算法。

(1) 定额计算法。根据现有能够投入的资源(劳动力、机械台班和材料量)确定流水节拍，但须满足最小工作面的要求。流水节拍的计算式为

$$t_i = \frac{Q_i}{S_i R_i N_i} = \frac{P_i}{R_i N_i} \tag{2-3}$$

$$t_i = \frac{Q_i H_i}{R_i N_i} = \frac{P_i}{R_i N_i} \tag{2-4}$$

式中：t_i——某施工过程的流水节拍；

Q_i——某施工过程在某流水段上的工作量；

S_i——某施工过程的每工日(或每台班)产量定额；

R_i——某施工过程的施工班组人数或机械台班；

N_i——流水施工划分的施工段数；

H_i——某施工过程采用的时间定额；

P_i——在一个施工段上完成某施工过程所需的劳动量(工日数)或机械台班量(台班数)。

(2) 经验估算法。经验估算表达式为

$$t = \frac{a + 4c + b}{6} \tag{2-5}$$

式中：t——某施工过程在某施工段上的流水节拍；

a——某施工过程在某施工段上的最短估算时间；

b——某施工过程在某施工段上的正常估算时间；

c——某施工过程在某施工段上的最长估算时间。

这种方法多适用于采用新工艺、新方法和新材料等没有时间定额可循的工程项目。

(3) 工期计算法。对某些施工任务在规定日期内必须完成的工程项目，往往采用倒排进度法计算流水节拍，具体步骤如下：

第一步　根据工期倒排进度，确定某施工过程的工作持续时间。

第二步　确定某施工过程在某施工段上的流水节拍。

若同一施工过程的流水节拍不相等，则用经验估算法进行计算；若流水节拍相等，则按公式(2-6)进行计算。

$$t = \frac{T}{m} \tag{2-6}$$

式中：t——流水节拍；

T——某施工过程的工作持续时间；

m——某施工过程划分的施工段数。

若流水节拍根据工期要求来确定，则必须检查劳动力和机械供应的可能性，以及物资供应能否与之相适应。

2) 确定流水节拍的要点

(1) 施工班组人数应符合施工过程最少劳动组合人数的要求。例如，现浇钢筋混凝土施工过程，它包括上料、搅拌、运输、浇捣等施工操作环节，如果人数太少，则无法组织施工。

(2) 要考虑工作面的大小或某种条件的限制。施工班组人数也不能太多，每个工人的工作面要符合最小工作面的要求。否则，就不能发挥正常的施工效率或不利于安全生产。工作面是表明施工对象上可能安置多少工人操作或布置施工机械场所的大小。主要工种的最小工作面可参考表 2-1 的有关数据。

(3) 要考虑各种机械台班的效率(吊装次数)或机械台班产量的大小。

(4) 要考虑各种材料、构件等施工现场堆放量、供应能力及其他有关条件的制约。

(5) 要考虑施工及技术条件的要求。例如，不能留施工缝必须连续浇筑的钢筋混凝土工程，有时要按三班制工作的条件决定流水节拍，以确保工程质量。

(6) 确定一个分部工程各施工过程的流水节拍时，首先应考虑主要的、工程量大的施工过程的节拍(它的节拍最大，对工程起主要作用)，其次确定其他施工过程的节拍值。

(7) 节拍值一般取整数，必要时可保留 0.5 天(台班)的小数值。

2. 流水步距

流水施工中，相邻两个施工班组先后开始进入施工的时间间隔，称为流水步距，通常以"$K_{i, i+1}$"表示(i 表示前一个施工过程，$i+1$ 表示后一个施工过程)。

流水步距的大小，对工期有着较大的影响。一般来说，在施工段不变的条件下，流水步距越大，工期越长；流水步距越小，则工期越短。

若参加流水施工的施工过程数为 n，则流水步距的数目为 $n-1$。

1) 确定流水步距时，一般要满足以下基本要求

(1) 流水步距要满足相邻两个专业工作队在施工顺序上的制约关系。

(2) 流水步距要保证相邻两个专业工作队在各施工段上能够连续作业。

(3) 流水步距要保证相邻两个专业工作队在开工时间上实现最大限度和最合理地搭接。

2) 确定流水步距的方法

确定流水步距的方法很多，比较简洁实用的方法有图上分析计算法和累加数列法。其中累加数列法适用于各种形式的流水施工且较为简洁、准确。计算步骤如下：

第一步：将每个施工过程的流水节拍逐段累加，求出累加数列；

第二步：根据施工顺序，对所求的相邻两累加数列错位相减；

第三步：根据错位相减的结果，确定相邻专业工作队之间的流水步距，即相减结果中数值最大者为流水步距。

【例 2-3】某一分部工程划分为五个施工段组织流水施工，包括Ⅰ、Ⅱ、Ⅲ、Ⅳ四个施工过程，分别由四个专业工作队负责施工，每个施工过程在各个施工段上的流水节拍见表2-2，试确定流水步距。

表 2-2　流水节拍表

施工段 施工过程	①	②	③	④	⑤
Ⅰ	2	2	3	2	2
Ⅱ	1	3	2	2	2
Ⅲ	2	2	3	1	4
Ⅳ	3	2	2	3	2

解：(1) 计算各施工过程流水节拍的累加数列

Ⅰ：2,　4,　7,　9,　11

Ⅱ：1,　4,　6,　8,　10

Ⅲ：2,　4,　7,　8,　12

Ⅳ：3,　5,　7,　10,　12

(2) 求两个相邻累加数列的差数列即错位相减

Ⅰ 与 Ⅱ

```
        2,   4,   7,   9,   11
  一)        1,   4,   6,   8,   10
  ────────────────────────────────
        2,   3,   3,   3,   3,  -10
```

Ⅱ 与 Ⅲ：

```
        1,   4,   6,   8,   10
  一)        2,   4,   7,   8,   12
  ────────────────────────────────
        1,   2,   2,   1,   2,  -12
```

Ⅲ 与 Ⅳ：

```
        2,   4,   7,   8,   12
  一)        3,   5,   7,   10,  12
  ────────────────────────────────
        2,   1,   2,   1,   2,  -12
```

(3) 确定流水步距

$K_{Ⅰ,Ⅱ} = \max\{2, 3, 3, 3, 3, -10\} = 3$

$K_{Ⅱ,Ⅲ} = \max\{1, 2, 2, 1, 2, -12\} = 2$

$K_{Ⅲ,Ⅳ} = \max\{2, 1, 2, 1, 2, -12\} = 2$

3. 平行搭接时间

组织流水施工时，在某些情况下，如果工作面允许，为了缩短工期，前一个专业工作队在完成部分作业后，空出一定的工作面，使得后一个专业工作队能够提前进入这一施工段，在空出的工作面上进行作业，形成两个专业工作队在同一个施工段的不同空间上同时搭接施工。后一个专业工作队提前进入前一个施工段的时间间隔即为搭接时间，一般用 $C_{i, i+1}$ 表示。

4. 技术间歇

有些施工过程完成后，后续施工过程不能立即投入作业，必须有足够的时间间歇，用 $Z_{i,\,i+1}$ 表示。例如，钢筋混凝土的养护、油漆的干燥等。

5. 组织间歇

组织间歇是指由于考虑组织技术因素，两相邻施工过程在规定流水步距之外所增加的必要时间间歇，以便对前道工序进行检查验收，对下道工序做必要的准备工作，用 $Z_{i,\,i+1}$ 表示。

6. 工期

工期是指完成一项工程任务或一个流水组施工所需的时间。一般可采用下式计算：

$$T = \sum K_{i,i+1} + T_n + \sum Z_{i,i+1} - \sum C_{i,i+1} \tag{2-7}$$

式中：T——流水施工工期

T_n——最后一个施工过程的施工持续时间；

$\sum K_{i,\,i+1}$——流水施工中各流水步距之和；

$Z_{i,\,i+1}$——第 i 个施工过程与第 $i+1$ 个施工过程之间的间歇时间；

$C_{i,\,i+1}$——第 $i+1$ 个施工过程与第 i 个施工过程之间的搭接时间。

2.3　流水施工的基本方式

流水施工的前提是节奏，没有节奏就无法组织流水施工，而节奏是由流水施工的节拍决定的。由于建筑工程的多样性，使得各分项工程的数量差异很大，因此要把施工过程在各施工段的工作持续时间都调整到一样是不可能的。经常遇到的大部分是施工过程流水节拍不相等，甚至一个施工过程在各流水段上流水节拍都不一样，因此形成了各种不同形式的流水施工。通常根据各施工过程流水节拍的不同，可将流水施工分为有节奏流水施工和无节奏流水施工，具体的流水施工组织方式分类见图 2-10。虽然有的也将其分为等节拍、异节拍、无节奏流水施工，也只是分类方法不同而已。

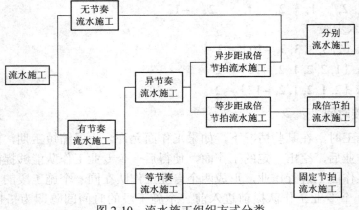

图 2-10　流水施工组织方式分类

流水施工总的可分为无节奏和有节奏流水施工两大类，而建筑工程流水施工中，常见的组织方式基本上可归纳为：全等节拍流水施工、异节拍流水施工、成倍节拍流水施工和分别流水施工。

2.3.1　有节奏流水施工

有节奏流水施工分为等节奏流水施工和异节奏流水施工两种类型。

1. 全等节拍流水施工

等节奏流水施工指全等节拍流水施工，又称固定节拍流水施工。它是指所有施工过程在各施工段上的流水节拍全相等的一种流水方式。它是一种比较理想的、简单的流水组织方式，但并不普遍。为此在划分施工过程时，先确定主要施工过程的专业施工队的人数，进而计算出流水节拍。然后对劳动量较小的施工过程进行合并，使各施工过程的劳动量尽量接近，其他施工过程则据此流水节拍确定专业队的人数。同时在进行上述调整时，还要考虑施工段的工作面和施工专业队的合理劳动组合，并适当加以调整，使其更加合理。

1) 全等节拍流水施工的特点

(1) 各施工过程的流水节拍均相等，有 $t_1 = t_2 = t_3 = \cdots = t_n = $ 常数。

(2) 施工过程的专业施工队数等于施工过程数，因为每一施工段只有一个专业施工队。

(3) 各施工过程之间的流水步距彼此相等，且等于流水节拍，即 $K_{i,\,i+1} = K = t$。

(4) 专业施工队能够连续施工，没有闲置的施工段，使得施工在时间和空间上都是连续的。

(5) 各施工过程的施工速度相等，均等于 mt。

2) 主要流水参数的确定

(1) 流水步距等于流水节拍，这里不再赘述。

(2) 施工段数 m 的划分如下。

① 以一层建筑为对象时，宜 $m = n$。

② 多层建筑，有层间关系时：

a. 若无间歇时间，宜 $m = n$；

b. 若有间歇时间，为保证各施工过程的专业施工队都能连续施工，必须使 $m \geqslant n$。当 $m < n$ 时每施工层内施工过程窝工数为 $m - n$，若施工过程持续时间为 t，则每层的窝工时间为

$$(m - n) \cdot t = (m - n) \cdot K \tag{2-8}$$

若同一层楼内的各施工过程的技术和组织间歇时间之和为 $\sum Z_1$，楼层间的技术和组织间歇时间为 Z_2，为保证施工专业队能连续施工，则必须使：

$$(m - n)K = \sum Z_1 + Z_2$$

由此可得出每层的施工段数的最小值，即：

$$m = n + \frac{\sum Z_1}{K} + \frac{Z_2}{K} \tag{2-9}$$

式中：m——施工段数；

n——施工过程数；

$\sum Z_1$——一个楼层内的各施工过程的技术和组织间歇时间之和；

Z_2——楼层间的技术和组织间歇时间；

K——流水步距。

(3) 流水段工期计算。

① 不分施工层时可按公式(2-10)计算。

$$\sum K_{i,i+1} = (n-1)t$$

$$T_n = mt$$

$$T = (n-1)K + mK + \sum Z_{i,i+1} - \sum C_{i,i+1}$$

$$T = (m+n-1)t + \sum Z_{i,i+1} - \sum C_{i,i+1} \tag{2-10}$$

式中：T——流水施工总工期；

m——施工段数；

n——施工过程数；

t——流水节拍；

$Z_{i,i+1}$——第 i 个施工过程与第 $i+1$ 个施工过程之间的技术和组织间歇时间；

$C_{i,i+1}$——第 i 个施工过程与第 $i+1$ 个施工过程之间的平行搭接时间。

② 分施工层时可按公式(2-11)计算。

$$T = (m \cdot r + n - 1)t + \sum Z_1 - \sum C_1 \tag{2-11}$$

式中：$\sum Z_1$——同一楼层内的各施工过程的技术和组织间歇时间之和；

$\sum C_1$——同一楼层内的各施工过程的平行搭接时间之和。

3) 全等节拍流水施工实例

【例2-4】某分部工程组织流水施工，由Ⅰ、Ⅱ、Ⅲ、Ⅳ四个施工过程来完成，划分为两个施工层(即二层楼层)组织流水施工，因施工过程Ⅰ为混凝土浇筑，完成后需养护1天，且需层间组织间歇时间1天，流水节拍为2天。试确定施工段数，计算流水施工工期并绘制流水施工进度横道图。

解 (1) 确定流水步距，由全等节拍流水施工特点可知。

$$t = K = 2(天)$$

(2) 确定施工段数目。

利用公式(2-9)代入已知数据得

$$m = n + \frac{\sum Z_1}{K} + \frac{Z_2}{K}$$

$$m = 4 + (1 + 1)/2 = 5$$

(3) 计算流水施工工期。

利用公式(2-11)代入已知数据得

$$T = (m \cdot r + n - 1)t + \sum Z_1 - \sum C_1$$

$$T = (5 \times 2 + 4 - 1) \times 2 + 1 - 0 = 27(\text{天})$$

(4) 绘制流水施工进度横道图，见图 2-11。

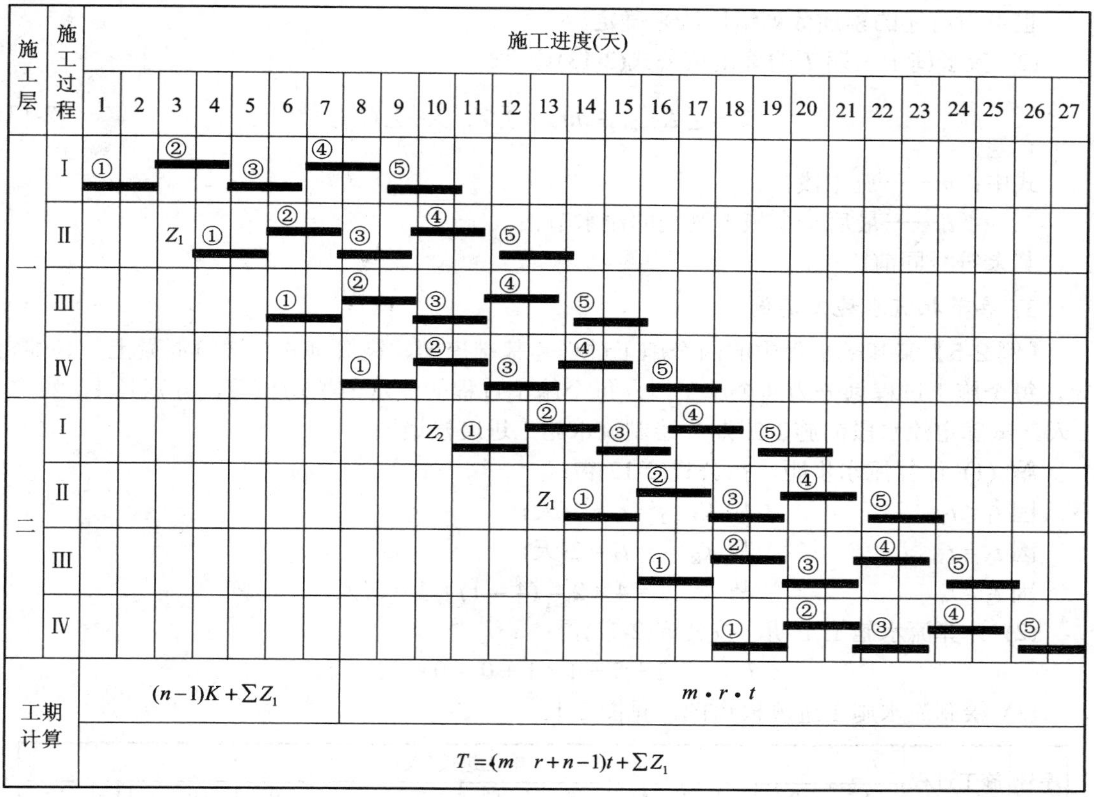

施工层	施工过程	施工进度(天)																										
		1	2	3	4	5	6	7	8	9	10	11	12	13	14	15	16	17	18	19	20	21	22	23	24	25	26	27
一	Ⅰ																											
	Ⅱ																											
	Ⅲ																											
	Ⅳ																											
二	Ⅰ																											
	Ⅱ																											
	Ⅲ																											
	Ⅳ																											
工期计算		$(n-1)K + \sum Z_1$						$m \cdot r \cdot t$																				
		$T = (m \cdot r + n - 1)t + \sum Z_1$																										

图 2-11 流水施工进度横道图

2. 异节拍流水施工

异节拍流水施工指同一施工过程在各施工段上的流水节拍相等，但不同施工过程的流水节拍不完全相等的一种流水施工的方式。

1) 异节拍流水施工的特点

(1) 同一施工过程在各施工段上的流水节拍相等，而不同施工过程的流水节拍不完全相等。

(2) 一般流水步距因流水节拍的不同而不同，它们之间有一定的函数关系。

(3) 施工过程数就是专业施工队数。

2) 主要流水参数的确定

(1) 流水步距 K_{i-j} 的确定。按公式(2-12)计算

$$K_{i,i+1} = \begin{cases} t_i & （当 t_i \leqslant t_{i+1}） \\ mt_i - (m-1)t_{i+1} & （当 t_i > t_{i+1}） \end{cases} \tag{2-12}$$

式中：t_i——第 i 个施工过程的流水节拍；

$\quad\quad t_{i+1}$——第 $i+1$ 个施工过程的流水节拍。

也可由前述的累加数列错位法来确定。

(2) 流水施工工期 T 的确定按公式(2-13)计算。

$$T = \sum K_{i,i+1} + mt_n + \sum Z_{i,i+1} - \sum C_{i,i+1} \tag{2-13}$$

式中：m——施工段数；

$\quad\quad t_n$——最后一个施工过程的流水节拍。

其余符号同前。

3) 异节拍流水施工实例

【例 2-5】某基础工程中的四个施工过程为基础挖槽、钢筋绑扎、浇筑混凝土、基础砌筑，每个施工过程划分为四个施工段，每个施工过程的流水节拍均相等，分别是 1、2、2、1 天。试确定流水段的施工工期并绘制流水施工进度横道图。

解　(1) 计算流水步距，按公式(2-12)得：

因 $t_1 < t_2$　　　　　　故 $K_{1-2} = t_1 = 1$(天)

因 $t_2 = t_3$　　　　　　故 $K_{2-3} = t_2 = 2$(天)

因 $t_3 > t_4$　　　　　　故 $K_{3-4} = 4 \times 2 - (4-1) \times 1 = 5$(天)

(2) 计算流水施工工期，按公式(2-13)得：

$$T = 1 + 2 + 5 + 4 \times 1 + 0 - 0 = 12(天)$$

(3) 绘制流水施工进度横道图，见图 2-12。

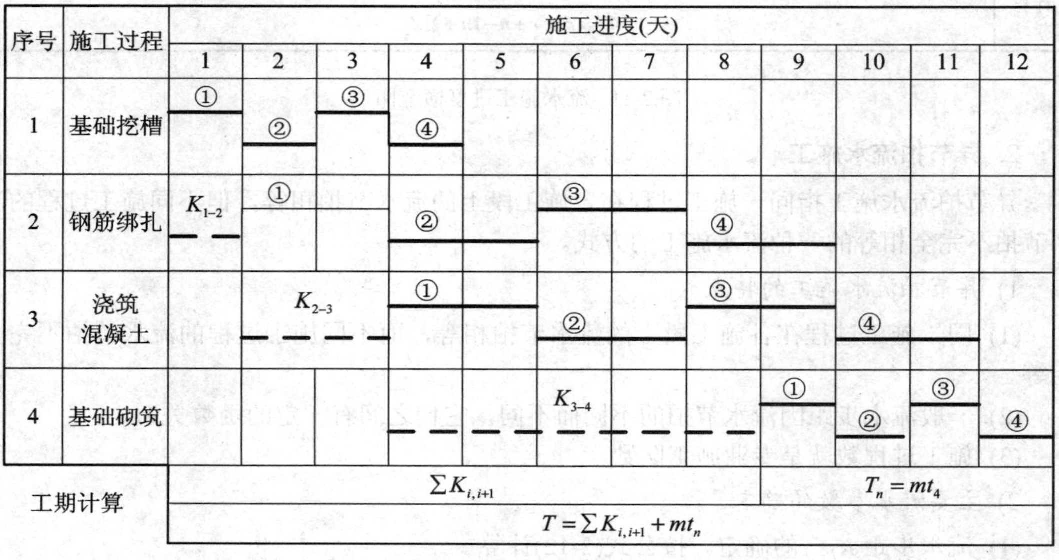

图 2-12　例 2-5 的流水施工进度横道图

3. 成倍节拍流水施工

成倍节拍流水施工是固定节拍流水施工的一个特例，在组织固定节拍流水施工时，可能遇到非主导施工过程所需的劳动力、施工机械超过了施工段上工作面所能容纳的数量的情况，这时非主导施工过程只能按施工段所能容纳的劳动力或机械的数量来确定流水节拍，这样可能会出现某些施工过程的流水节拍为其他施工过程的流水节拍的倍数，即形成有两个或两个以上的专业施工队在同一施工段内流水作业，从而形成成倍节拍流水的情况。

1) 成倍节拍流水施工的特点

(1) 同一施工过程在各施工段上的流水节拍均相等。不同施工过程在同一施工段上的流水节拍之间存在一个最大公约数，即各流水节拍等于该最大公约数的不同整倍数。

(2) 各专业施工队伍之间的流水步距彼此相等，且等于流水节拍的最大公约数。

(3) 专业施工队总数大于施工过程数 n。

(4) 能够连续作业，施工段也没有空置，使得流水施工在时间和空间上都是连续的。

(5) 各施工过程的持续时间之间亦存在公约数 K。

(6) 成倍流水施工因增加了专业施工队的数量，故加快了施工过程的速度，从而缩短了总工期。

2) 主要流水参数的确定

(1) 流水步距的确定按式(2-14)计算。

$$K_{i,i+1} = K_b \tag{2-14}$$

(2) 计算每个施工过程的专业施工队数目，即：

$$b_i = \frac{t_i}{K_b} \tag{2-15}$$

$$n_i = \sum b_i \tag{2-16}$$

式中：b_i——某个施工过程的专业施工队数目；

n_i——专业工作队总数目；

K_b——最大公约数。

(3) 施工段数目的确定。

① 无层间关系时，可按划分施工段的基本要求确定施工段数目，一般取 $m = n$。

② 有层间关系时，每层最少施工段数目可按式(2-17)确定。

$$m = n_1 + \frac{\sum Z_1}{K_b} + \frac{Z_2}{K_b} \tag{2-17}$$

式中：$\sum Z_1$——一个楼层内的各施工过程的技术和组织间歇时间之和；

Z_2——楼层间的技术和组织间歇时间。

(4) 流水施工工期。

无层间关系时，流水施工工期的计算以下式确定：

$$T = (m + n_1 - 1) + K_b + \sum Z_{i,i+1} - \sum C_{i,i+1} \tag{2-18}$$

有层间关系时，流水施工工期的计算以下式确定：

$$T = (m \cdot r + n_1 - 1)K_b + \sum Z_1 - \sum C_1 \tag{2-19}$$

式中：r——施工层数。

3) 成倍节拍流水施工的工期计算实例

【例 2-6】某工程项目的分项工程由支模板、绑扎钢筋、浇筑混凝土三个施工过程组成，其流水节拍分别为 9 天、6 天、3 天，在平面上划分为六个施工段，采用成倍节拍流水施工组织方式。确定该工程成倍节拍流水施工工期，并绘制其流水施工横道图。

解　(1) 流水步距的确定。

K = 最大公约数(9, 6, 3) = 3(天)

(2) 计算每个施工过程的专业施工队数目。

应用公式(2-15)可得：

支模板　　　　　　　$b_1 = 9/3 = 3$(个)

绑钢筋　　　　　　　$b_2 = 6/3 = 2$(个)

浇混凝土　　　　　　$b_3 = 3/3 = 1$(个)

(3) 确定专业施工队数目。

因为无层间关系时，所以 $n_1 = 3 + 2 + 1 = 6$(个)

(4) 流水施工工期。

应用公式(2-18)可得：

$$T = (6 + 6 - 1) \times 3 + 0 - 0 = 33(天)$$

(5) 绘制该工程流水施工横道计划图，具体见图 2-13。

序号	施工过程	专业队伍	施工进度(天)											
			3	6	9	12	15	18	21	24	27	30	33
1	支模板	Ⅰ		1			4						
		Ⅱ			2			5					
		Ⅲ				3			6				
2	绑钢筋	Ⅰ				1		3		5			
		Ⅱ					2		4		6		
3	浇筑混凝土	Ⅰ							1	2	3	4	5	6

图 2-13　例 2-6 的流水施工横道计划图

2.3.2　无节奏流水施工

无节奏流水施工又称分别流水施工，各施工过程在各施工段上的流水节拍无特定规律。由于没有固定节拍、成倍节拍的时间约束，所以在进度安排上既灵活又自由，它是在工程实践中最常见、应用较普遍的一种流水施工组织方式。

1. 无节奏流水施工的特点

(1) 无固定规律，各施工过程在各施工段上的流水节拍完全自由。

(2) 施工过程之间的流水步距一般均不相等，流水步距与流水节拍的大小及相邻施工过程在相应施工段的流水节拍之差有关。

(3) 每个施工过程在每个施工段上均由一个专业施工队独立进行施工，就是说施工队数 n' 等于施工过程数 n。

(4) 专业施工队能连续施工，但施工段可能空置。

由上述特点可以看出，无节奏流水施工不像固定节拍流水施工和成倍节拍流水施工那样受到很大约束。因它既允许流水节拍自由，又允许空间(施工段)的空置，从而决定了流水步距也较自由。因此它能适应各种规模、各种结构形式、各种复杂工程的工程对象，所以也成了人们组织单位工程流水施工的最常用的方式。

2. 无节奏流水施工主要参数的确定

(1) 流水步距的确定。无节奏流水步距通常采用"累加数列法"确定。

(2) 无节奏流水施工工期的计算，按公式(2-20)确定。

$$T = \sum K_{i,i+1} + \sum t_n + \sum Z_{i,i+1} - \sum C_{i,i+1} \tag{2-20}$$

式中： $\sum K_{i,i+1}$ ——所有流水步距之和；

$\sum t_n$ ——最后一个施工过程的流水节拍之和。

3. 无节奏流水施工的工期计算实例

【例2-7】某现浇混凝土基础工程由支模板、绑钢筋、浇筑混凝土、拆模板和回填土五个分项工程组成。划分为四个施工段，各个分项工程在各个施工段上的持续时间见表2-3，施工流向为按施工段一至四顺序进行。混凝土浇筑后到拆模板至少要养护2天。

(1) 根据该工程项目流水节拍的特点，应按何种流水施工方式组织施工？

(2) 试确定该基础工程流水施工的流水步距、流水施工工期，并绘制其流水施工横道计划图。

表 2-3　各施工过程的持续时间

施工段　　　施工过程	①	②	③	④
Ⅰ 支模板	3	3	3	3
Ⅱ 绑钢筋	3	3	4	4
Ⅲ 浇筑混凝土	2	1	2	2
Ⅳ 拆模板	1	2	1	1
Ⅴ 回填土	2	1	2	2

解　本例属于无节奏流水施工。流水施工的工期计算，有间歇时间、无搭接时间。根据该工程项目流水节拍的特点，可按分别流水施工方式组织施工。

(1) 计算各施工过程流水节拍的累加数列。

Ⅰ：　3，　6，　9，　12

Ⅱ：　3，　6，　10，　14

Ⅲ：　2，　3，　5，　7

Ⅳ：　1，　3，　4，　5

Ⅴ：　2，　3，　5，　7

(2) 求两个相邻累加数列的差数列即错位相减。

Ⅰ与Ⅱ

$$
\begin{array}{rrrrr}
3, & 6, & 9, & 12 & \\
-)\quad & 3, & 6, & 10, & 14 \\
\hline
3, & 3, & 3, & 2, & -14
\end{array}
$$

Ⅱ与Ⅲ：

$$
\begin{array}{rrrrr}
3, & 6, & 10, & 14 & \\
-)\quad & 2, & 3, & 5, & 7 \\
\hline
3, & 4, & 7, & 9 & -7
\end{array}
$$

Ⅲ与Ⅳ：

$$
\begin{array}{rrrrr}
2, & 3, & 5, & 7 & \\
-)\quad & 1, & 3, & 4, & 5 \\
\hline
2, & 2, & 2, & 3, & -5
\end{array}
$$

Ⅳ与Ⅴ

$$
\begin{array}{rrrrr}
1, & 3, & 4, & 5 & \\
-)\quad & 2, & 3, & 5, & 7 \\
\hline
1, & 1, & 1, & 0, & -7
\end{array}
$$

(3) 确定流水步距。

$K_{\text{Ⅰ, Ⅱ}} = \max\{3, 3, 3, 2, -14\} = 3$

$K_{\text{Ⅱ, Ⅲ}} = \max\{3, 4, 7, 9, -7\} = 9$

$K_{\text{Ⅲ, Ⅳ}} = \max\{2, 2, 2, 3, -5\} = 3$

$K_{\text{Ⅳ, Ⅴ}} = \max\{1, 1, 1, 0, -7\} = 1$

(4) 该工程的流水施工工期。

因为：

$$T = \sum K_{i,i+1} + \sum t_n + \sum Z_{i,i+1} - \sum C_{i,i+1}$$

故：
$$T = (3 + 9 + 3 + 1) + (2 + 1 + 2 + 2) + 2 - 0 = 25(\text{天})$$

(5) 绘制该工程的分别流水施工横道计划图，如图 2-14 所示。

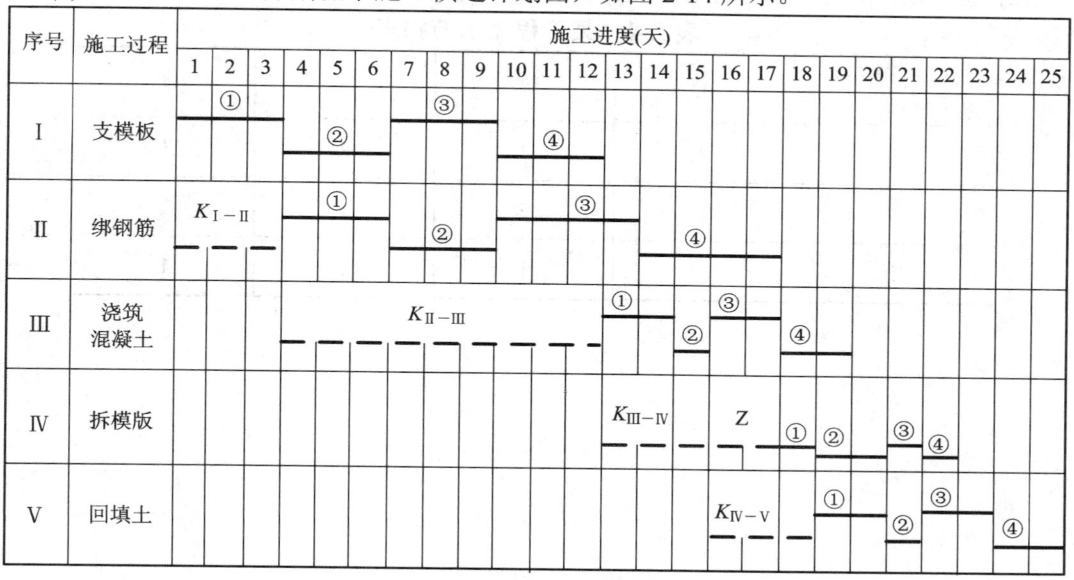

序号	施工过程	施工进度(天)																								
		1	2	3	4	5	6	7	8	9	10	11	12	13	14	15	16	17	18	19	20	21	22	23	24	25
I	支模板		①			②			③			④														
II	绑钢筋	K_{I-II}				①			②				③				④								
III	浇筑混凝土				K_{II-III}									①	②		③		④						
IV	拆模版							K_{III-IV}				Z		①	②			③	④						
V	回填土												K_{IV-V}		①	②		③			④				

图 2-14　例 2-7 的流水施工横道计划图

📖 能 力 训 练 📖

问答题：

2-1　组织施工的方式有哪几种？它们各有什么特点？

2-2　流水作业的实质是什么？组织流水施工的条件是什么？

2-3　流水施工如何分类？

2-4　流水施工的主要参数有哪些？如何确定主要流水参数？

2-5　施工过程的划分要考虑哪些因素？

2-6　施工段划分的基本要求是什么？

2-7　什么是流水节拍、流水步距？流水节拍如何确定？

2-8　流水施工如何分类？其特点有哪些？

实训题：

2-9　某分部工程由四个分项工程组成，可划分成五个施工段，流水节拍均为 3 天，无技术、组织间歇，试确定流水步距，计算施工工期并绘制流水施工进度表。

2-10　某三层房屋由 I、II、III、IV 四个施工过程组成的分部工程流水作业，流水节拍分别为 4 天、2 天、2 天、4 天。已知 I-II 和 III-IV 施工过程之间有技术间歇时间各为 1 天，层间技术间歇时间为 2 天，试确定流水步距、工作队数、施工段数、总工期，并绘制流水施工横道计划图。

2-11　某工程有三个施工过程，四个施工段，流水节拍如表 2-4 所示，试计算：

(1) 各相邻施工过程之间的流水步距；

(2) 总工期，并绘制流水施工横道计划图。

表 2-4　某工程流水节拍表

施工段 施工过程	①	②	③	④
I	2	3	2	1
II	1	2	1	2
III	3	1	2	1

⌨ 模块 3 网络计划技术

【模块概述】 本模块内容包括网络计划技术的基本原理、特点和分类；双代号网络计划的组成及绘制；双代号网络计划的时间参数及其计算；双代号时标网络计划的时间参数及其计算；单代号网络计划和单代号搭接网络计划的组成及绘制；网络计划优化的基本概念、优化方法。

【学习目标】 熟悉网络计划的基本概念、分类及表示方法；掌握网络计划的绘制方法；掌握网络计划时间参数的概念、时间参数的计算、关键线路的确定方法；了解网络计划优化的基本概念、优化方法并能结合实际编制一般的施工网络计划。

3.1 概 述

随着生产的发展和科学技术的进步，自 20 世纪 50 年代以来，国外陆续出现了一些计划管理的新方法，其中最基本的是关键线路法(CMP)和计划评审技术(PERT)。由于这些方法是建立在网络图的基础上的，因此统称为网络计划方法。1965 年，著名数学家华罗庚教授将它引入我国，并用通俗的文字介绍了这一方法，称之为统筹法。20 世纪 70 年代后期，网络计划技术在我国得到广泛的重视和研究，并取得了一定的效果。1991 年我国颁布了《工程网络计划技术规程》，1999 年又对其进行了重新修订，通过修订规程使得工程网络计划技术在实际应用中有一个可遵循的统一的技术标准。

3.1.1 网络计划技术的基本原理

1. 网络图

网络图是由箭线和节点组成的用来表示工作流程的有向、有序的网状图形。

2. 网络计划

网络计划是用网络图来表达任务构成、工作顺序并加注工作时间参数的进度计划。因此，要提出一项具体工程任务的网络计划安排方案，就必须首先绘制网络图。

3. 网络计划技术

利用网络图的形式表达各项工作之间的相互制约和相互依赖关系，并分析其内在规律，从而寻求最优方案的方法称为网络计划技术。

4. 基本原理

在建筑工程计划管理中，可以将网络计划技术的基本原理归纳为：应用网络图形来表达一项工程中各项工作的开展顺序及其相互依赖、相互制约关系；通过对网络图进行时间参数计算，找出计划中关键工作和关键线路；利用最优化原理，不断改进初始方案，寻求最优网络计划方案；在网络计划执行过程中，对计划进行有效的监督与控制，保证合理地使用人力、物力和财力，以最小的消耗获得最大的经济效益。

网络计划技术可以为施工项目管理提供许多信息，有利于加强对施工项目的管理。它既是一种编制计划的方法，又是一种科学的管理方法。它有助于管理人员全面了解、重点掌握、灵活安排、合理组织、好快省地完成计划任务，不断提高管理水平。

3.1.2　网络计划技术的特点

与传统的横道计划管理方法比较，网络计划具有如下优点：

(1) 网络图把施工过程中各有关工作组成一个有机整体，它能全面而明确地表达各项工作开展的先后顺序，反映出各项工作之间的相互制约和相互依赖的关系；

(2) 能进行各种时间参数的计算，在名目繁多、错综复杂的计划中找出决定工程进度的关键工作和关键线路，便于计划管理者集中力量抓主要矛盾，确保控制工期，避免盲目施工；

(3) 利用网络计划中反映出的各工作的机动时间，可以更好地调配人力、物力和资源，从而达到降低工程成本的目的；

(4) 能够利用最优化原理，从许多可行方案中选出最优方案；

(5) 在计划执行过程中，当某一工作由于某种原因推迟或者提前完成时，不仅可以预见到它对整个计划的影响程度，而且能够根据变化了的情况迅速采取措施进行调整，保证自始至终对计划进行有效的控制与监督；

(6) 可以利用电子计算机进行网络计划的时间参数计算、优化和调整，使现代化的计算工具——计算机在建筑工程计划管理中得以应用。

但是，网络计划也存在一些缺点：

(1) 如果不能利用电子计算机进行网络计划的时间参数计算、优化和调整，那么因其实际计算量大，调整就相当复杂；

(2) 对于无时间坐标的网络图，在绘制劳动力、资源需要量的曲线时较困难；

(3) 表达计划不直观、不形象，从图上很难看出流水作业的情况。

3.1.3　网络计划的分类

按照不同的分类原则，可以将网络计划分成不同的类型。

1. 按性质分类

(1) 肯定型网络计划是指工作、工作与工作之间的逻辑关系以及工作的持续时间都肯定的网络计划。在这种网络计划中，各项工作的持续时间都是单一的数值，整个网络计划有确定的计划总工期。

(2) 非肯定型网络计划是指工作、工作与工作之间的逻辑关系和工作的持续时间这三者中，有一项或多项不肯定的网络计划。在这种网络计划中，各项工作的持续时间只能按概率方法确定出三个值，整个网络计划无确定的计划总工期。计划评审技术和图示评审技术就属于非肯定型网络计划。

2. 按表示方法分类

(1) 双代号网络计划是以双代号表示法绘制的网络计划。在网络图中，每一条箭线表示一项工作，节点表示工作的开始或结束。

(2) 单代号网络计划是以单代号表示法绘制的网络计划。在网络图中，每个节点表示一项工作，箭线仅用来表示各项工作之间相互制约、相互依赖的关系，如图示评审技术和决策网络计划等就是采用的单代号网络计划。

3. 按目标分类

(1) 单目标网络计划是只有一个终点节点的网络计划，即网络图只具有一个最终目标。如一个建筑物的施工进度计划只具有一个工期目标的网络计划。

(2) 多目标网络计划是指终点节点不止一个的网络计划。此种网络计划具有若干个独立的最终目标。

4. 按有无时间坐标分类

(1) 非时标网络计划是不按时间坐标绘制的网络计划。网络图中，工作箭线长度与持续时间无关，可按需要绘制。通常绘制的网络计划都是非时标网络计划。

(2) 时标网络计划是以时间坐标为尺度绘制的网络计划。网络图中每项工作箭线的水平投影长度与其持续时间成正比。如编制资源优化的网络计划即为时标网络计划。

5. 按层次分类

(1) 总网络计划是以整个计划任务为对象编制的网络计划，如群体工程网络计划或建设项目网络计划。

(2) 单位工程网络计划是以一个建筑物或构筑物为对象编制的网络图。

(3) 局部网络计划是以计划任务的某一部分为对象编制的网络计划，如分部工程网络图。

3.2 双代号网络计划

3.2.1 双代号网络图的组成

双代号网络图主要由工作、节点、线路三个基本要素组成。

1. 工作

工作就是一项计划任务按需要的粗细程度划分而成的，消耗时间或同时也消耗资源的子项目或子任务。工作是网络图的组成要素之一，它用一条箭线和两个圆圈来表示。

工作的名称标注在箭线的上方，工作的持续时间标注在箭线的下方，箭线的箭尾节点表示工作的开始，箭头节点表示工作的结束，圆圈中的两个号码即为这项工作的编号，如图 3-1 所示。这种以箭线及其节点的编号来表示工作的网络图称为双代号网络图，如图 3-2 所示。

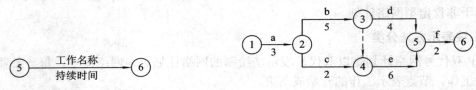

图 3-1　双代号表示法　　　　　　图 3-2　双代号网络图

工作通常可以分为三种：需要消耗时间，同时也消耗资源的工作；只消耗时间而不消耗资源的工作；既不消耗时间，也不消耗资源的工作。前两种是实际存在的工作，而后一种是人为虚设的工作，它只表示前后相邻工作之间的逻辑关系，通常称其为虚工作。虚工作以虚箭线表示，其表示形式可为垂直方向向上或向下，也可为水平方向向右，如图 3-3 所示。虚工作起着联系、区分、断路三个作用。

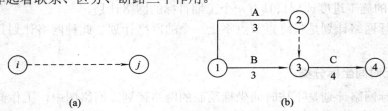

(a)　　　　　　　　　　　　　　(b)

图 3-3　虚工作表示法

工作的内容是由一项计划(或工程)的性质、规模大小、范围和客观需要所决定的。对于一个规模较大的建设项目来讲，一项工作可能代表一个单位工程或一个构筑物；对于一个单位工程，一项工作可能只代表一个分部或分项工程。

在无时间坐标的网络图中，箭线的长度不代表时间的长短，画图时原则上是任意的，但必须满足网络图的绘制规则；在有时间坐标的网络图中，其箭线的长度必须根据完成该项工作所需时间的长短按比例绘制。

按照网络图中工作之间的相互关系可将工作分为以下几类：

(1) 紧前工作。紧排在本工作之前的工作称为本工作的紧前工作。如图 3-2 中 a 工作是 b、c 工作的紧前工作，而 b、c 工作又是 e 工作的紧前工作。

(2) 紧后工作。紧排在本工作之后的工作称为本工作的紧后工作。如图 3-2 中 b、c 工作为 a 工作的紧后工作。

(3) 平行工作。可与本工作同时进行的工作称为本工作的平行工作，如图 3-2 中 c 工作是 b 工作的平行工作。

2. 节点

网络图中箭线端部的圆圈或其他形状的封闭图形就是节点。在双代号网络图中，它表示工作之间的逻辑关系。节点表达的内容有以下几个方面：

(1) 节点表示前面工作结束和后面工作开始的瞬间，所以节点不需要消耗时间和资源。

(2) 箭线的箭尾节点表示该工作的开始，箭线的箭头节点表示该工作的结束。

(3) 根据节点在网络图中的位置不同可以分为起点节点、终点节点和中间节点。起点节点是网络图的第一个节点，表示一项任务的开始。终点节点是网络图的最后一个节点，表示一项任务的完成。除起点节点和终点节点以外的节点均称为中间节点，中间节点都有双重的含义，既是前面工作的箭头节点，也是后面工作的箭尾节点。

网络图中的每个节点都有自己的编号。节点的编号应遵循以下原则和方法：

(1) 节点编号必须满足两条基本规则。其一，箭头节点编号大于箭尾节点编号。节点编号顺序是：箭尾节点编号在前，箭头节点编号在后，凡是箭尾节点没有编号的，箭头节点不能编号。其二，在一个网络图中，所有节点不能出现重复编号，编号的号码可以按自然数顺序进行，也可以非连续编号，以便适应网络计划调整中增加工作的需要，编号应留有余地。

(2) 节点编号的方法有两种：一种是水平编号法，即从起点节点开始由上到下逐行编号，每行则自左到右按顺序编号，如图 3-2 所示；另一种是垂直编号法，即从起点节点开始自左到右逐列编号，每列则根据编号规则的要求进行编号。

3. 线路

网络图中从起点节点开始，沿箭头方向顺序通过一系列箭线与节点，最后达到终点节点的通路称为线路。一个网络图中，从起点节点到终点节点，一般都存在着许多条线路，如图 3-2 所示中有三条线路，每条线路都包含若干项工作，这些工作的持续时间之和就是该线路的时间长度，即线路上总的工作持续时间。

现以图 3-2 为例分析其线路数目及线路时间。

第一条线路：①→②→③→⑤→⑥

第一条线路线路时间：3+5+4+2=14(天)

第二条线路：①→②→③→④→⑤→⑥

第二条线路线路时间：3+5+6+2=16(天)

第三条线路：①→②→④→⑤→⑥

第三条线路线路时间：3+2+6+2=13(天)

通过分析此网络中的三条线路可知，第二条线路的时间最长。

线路上总的工作持续时间最长的线路称为关键线路。其余线路称为非关键线路。位于关键线路上的工作称为关键工作。关键工作完成得快慢直接影响整个计划工期的实现。

一般来说，一个网络图中至少有一条关键线路。关键线路也不是一成不变的，在一定的条件下，关键线路和非关键线路会相互转化。例如，当采取技术组织措施缩短关键工作的持续时间，或者非关键工作持续时间延长时，就有可能使关键线路发生转移。网络计划中，关键工作的比重往往不宜过大，网络计划愈复杂，工作节点就愈多，则关键工作的比重应该越小，这样有利于抓住主要矛盾。

非关键线路都有若干机动时间(即时差)，它意味着工作完成日期允许适当变动而不影响工期。时差的意义就在于可以使非关键工作在时差允许的范围内放慢施工进度，将部分人、财、物转移到关键工作上去，以加快关键工作的进程，或者在时差允许的范围内改变工作开始和结束的时间，以达到均衡施工的目的。

关键线路宜用粗箭线、双箭线或彩色箭线标注，以突出其在网络计划中的重要位置。

3.2.2 网络图的绘制

1. 双代号网络图的绘图规则

(1) 双代号网络图必须正确表达已定的逻辑关系。表 3-1 列出了常见工作之间的逻辑关系及其表示方法。工作之间相互制约或依赖的关系称为逻辑关系。工作之间的逻辑关系包括工艺关系和组织关系。

工艺关系是指生产工艺上客观存在的先后顺序关系，或者是非生产性工作之间由工作程序决定的先后顺序关系。例如，建筑工程施工时，先做基础，后做主体；先做结构，后做装修。工艺关系是不能随意改变的。

组织关系是指在不违反工艺关系的前提下，人为安排工作的先后顺序关系。例如，建筑群中各个建筑物开工顺序的先后，施工对象的分段流水作业等。组织顺序可以根据具体情况，按安全、经济、高效的原则统筹安排。

表 3-1 双代号网络图中各工作逻辑关系的表示方法

序号	工作之间的逻辑关系	网络图中的表示方法	说明
1	A 工作完成后进行 B 工作		A 工作制约着 B 工作的开始，B 工作依赖着 A 工作
2	A、B、C 三项工作同时开始		A、B、C 三项工作成为平行工作
3	A、B、C 三项工作同时结束		A、B、C 三项工作称为平行工作
4	有 A、B、C 三项工作。只有 A 完成后 B、C 才能开始		A 工作制约着 B、C 工作的开始，B、C 为平行工作
5	有 A、B、C 三项工作。C 工作只有在 A、B 完成后才能开始		C 工作依赖着 A、B 工作，A、B 为平行工作
6	有 A、B、C、D 四项工作。只有当 A、B 完成后，C、D 才能开始		通过中间节点 i 正确地表达了 A、B、C、D 工作之间的关系

序号	工作之间的逻辑关系	网络图中的表示方法	说　明
7	有 A、B、C、D 四项工作。A 完成后 C 才能开始，A、B 完成后 D 才能开始		D 与 A 之间引入逻辑连接(虚工作)，从而正确地表达了它们之间的制约关系
8	有 A、B、C、D、E 五项工作。A、B 完成后 C 才能开始，B、D 完成后 E 才能开始		虚工作 i-j 反映出 C 工作受到 B 工作的制约；虚工作 i-k 反映出 E 工作受到 B 工作的制约
9	有 A、B、C、D、E 五项工作。A、B、C 完成后 D 才能开始，B、C 完成后 E 才能开始		虚工作反映出 D 工作受到 B、C 工作的制约
10	A、B 两项工作分三个施工段，平行施工		每个工种工程建立专业工作队，在每个施工段上进行流水作业，虚工作表达了工种间的工作面关系

(2) 双代号网络中严禁出现循环回路。在网络图中，从一个节点出发沿着某一条线路移动，又可回到原出发点，即在图中出现了闭合的循环路线。如图 3-4(a)中的①→②→④→①和①→③→④→①都是循环回路。它表明网络图在逻辑关系上是错误的，在工艺关系上是矛盾的，故严禁出现。图 3-4(b)则是正确的。

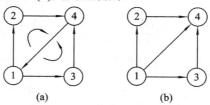

图 3-4　循环回路示意图

(3) 双代号网络图中，在节点之间严禁出现带双向箭头或无箭头的连线，如图 3-5 所示。

图 3-5　箭头方向示意图

(4) 双代号网络图中，严禁出现没有箭尾和箭头节点的箭线，如图 3-6 所示。

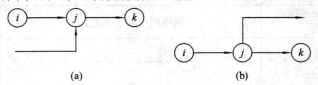

图 3-6　没有箭尾和箭头节点的箭线

(5) 双代号网络图中的箭线(包括虚箭线)宜保持自左向右的方向，不应出现箭头指向左方的水平箭线和箭头偏向左方的斜向箭线，如图 3-7 所示。若遵循这一原则绘制网络图，就不会有循环回路出现。

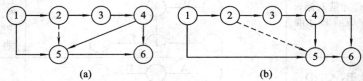

图 3-7　双代号网络图的表达

(6) 双代号网络图中，一项工作只有惟一的一条箭线和相应的一对节点编号。严禁在箭线上引入或引出箭线，如图 3-8 所示。

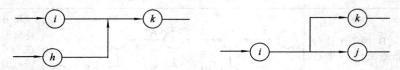

图 3-8　在箭线上引入或引出箭线的错误画法

当网络图的某些节点有多条外向箭线或有多条内向箭线时，可用母线法绘制。当箭线线型不同时，可从母线上引出的支线上标出。如图 3-9 所示，使多条箭线经一条共用的竖向母线段从起点节点引出，或使多条箭线经一条共用的竖向母线段引入终点节点。

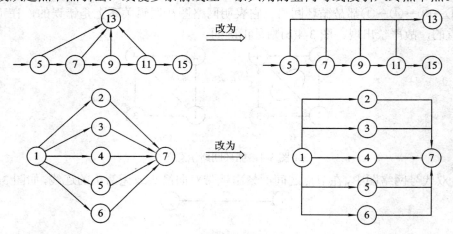

图 3-9　母线的表示方法

(7) 绘制网络图时，尽可能在构图时避免交叉。当交叉不可避免且交叉少时，采用过桥法；当箭线交叉过多时，使用指向法，如图 3-10 所示。采用指向法时应注意节点编号指向的大小关系，保持箭尾节点的编号小于箭头节点的编号。为了避免出现箭尾节点的编号大于箭头节点的编号的情况，指向法一般只在网络图已编号后才用。

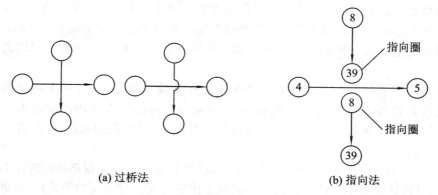

(a) 过桥法　　　　　　　　　　　　(b) 指向法

图 3-10　绘制交叉箭线的方法

(8) 双代号网络图中只允许有一个起点节点(该节点编号最小且没有内向箭线)。不是分期完成任务的网络图中，只允许有一个终点节点(该节点编号最大且没有外向工作)，而其他所有节点均是中间节点(既有内向箭线又有外向箭线)。

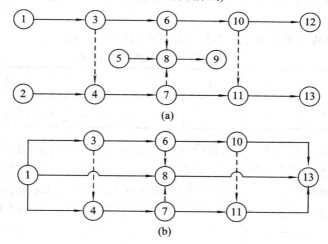

图 3-11　起点节点和终点节点表达

如图 3-11(a)所示，网络图中三个起点节点①、②和⑤，三个终点节点⑨、⑫和⑬的画法是错误的，应将①、②、⑤合并成一个起点节点，将⑫、⑬、⑨合并成一个终点节点，如图 3-11(b)所示。

2. 双代号网络图的绘制方法

当已知每一项工作的紧前工作时，可按下述步骤绘制双代号网络图。

(1) 绘制没有紧前工作的工作，使它们具有相同的箭尾节点，即起点节点。

(2) 依次绘制其他各项工作。这些工作的绘制条件是将其所有紧前工作都已经绘制出来。绘制原则为：

① 当所绘制的工作只有一个紧前工作时，则将该工作的箭线直接画在其紧前工作的完

成节点之后即可。

② 当所绘制的工作有多个紧前工作时，应按以下四种情况分别考虑：

a. 如果在其紧前工作中存在一项只作为本工作紧前工作的工作(即在紧前工作栏目中，该紧前工作只出现一次)，则应将本工作箭线直接画在该紧前工作完成节点之后，然后用虚箭线分别将其他紧前工作的完成节点与本工作的开始节点相连，以表达它们之间的逻辑关系。

b. 如果在紧前工作中存在多项只作为本工作紧前工作的工作，应先将这些紧前工作的完成节点合并(利用虚工作或直接合并)，再从合并后的节点开始，画出本工作箭线，最后用虚箭线将其他紧前工作的箭头节点分别与工作开始节点相连，以表达它们之间的逻辑关系。

c. 如果不存在 a、b 情况，则应判断本工作的所有紧前工作是否都可同时作为其他工作的紧前工作(即紧前工作栏目中，这几项紧前工作是否均同时出现若干次)。如果这样，应先将它们完成节点合并后，再从合并后的节点开始画出本工作箭线。

d. 如果不存在 a、b、c 情况，则应将本工作箭线单独画在其紧前工作箭线之后的中部，然后用虚工作将紧前工作与本工作相连，表达逻辑关系。

(3) 合并没有紧后工作的箭线，即为终点节点。

(4) 确认无误，进行节点编号。

【例 3-1】已知网络图资料见表 3-2，试绘制双代号网络图。

表 3-2   工作逻辑关系表

工作	A	B	C	D	E	G
紧前工作	—	—	—	A、B	A、B、C	D、E

解 (1) 绘制工作箭线 A、工作箭线 B 和工作箭线 C，如图 3-12(a)所示。

(2) 按前述原则②中的情况 c 绘制工作箭线 D，如图 3-12(b)所示。

(3) 按前述原则②中的情况 a 绘制工作箭线 E，如图 3-12(c)所示。

(4) 按前述原则②中的情况 b 绘制工作箭线 G，如图 3-12(d)所示。

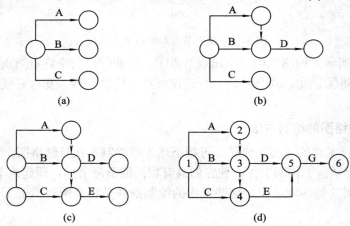

图 3-12   双代号网络图绘图

3. 绘制双代号网络图的注意事项

在绘制双代号网络图时，应注意以下事项：

(1) 网络图布局要条理清楚、重点突出。虽然网络图主要用以表达各工作之间的逻辑关系，但为了使用方便，布局应条理清楚、层次分明、行列有序，同时还应突出重点，尽量把关键工作和关键线路布置在中心位置。

(2) 正确应用虚箭线进行网络图的断路。应用虚箭线进行网络图断路，是正确表达工作之间逻辑关系的关键。当出现多余联系的双代号网络图时，如图 3-13 所示，可采用以下两种方法进行断路：一种是在横向用虚箭线切断无逻辑关系的工作之间的联系，称为横向断路法，如图 3-14 所示，这种方法主要用于无时间坐标的网络；另一种是在纵向用虚箭线切断无逻辑关系的工作之间的联系，称为纵向断路法，如图 3-15 所示，这种方法主要用于有时间坐标的网络图中。

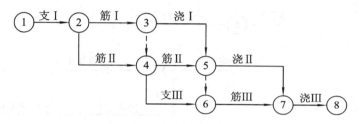

图 3-13　出现多余联系的双代号网络图

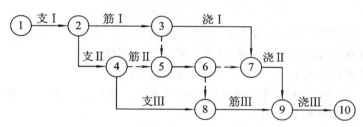

图 3-14　横向断路法示意图

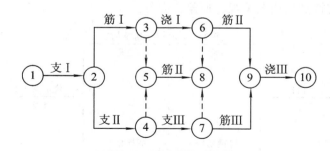

图 3-15　纵向断路法示意图

(3) 力求减少不必要的箭线和节点。双代号网络图中，应在满足绘图规则和两个节点、一根箭线代表一项工作的原则基础上，力求减少不必要的箭线和节点，使网络图的图面简洁，以减少时间参数的计算量。如图 3-16(a)所示，该图在施工顺序、流水关系及逻辑关系上均是合理的，但它过于繁琐。如果将不必要的节点和箭线去掉，则网络图更加明快、简单，同时并不改变原有的逻辑关系，如图 3-16(b)所示。

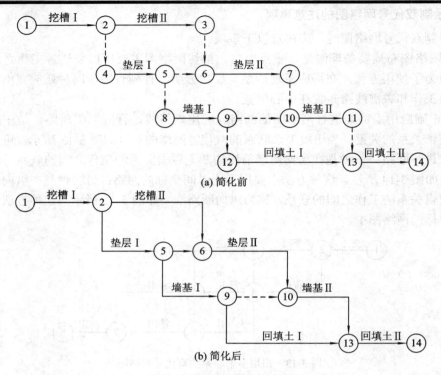

图 3-16　网络图简化示意图

(4) 网络图的分解。当网络图中的工作任务较多时，可以把它分成几个小块来绘制。分界点一般选择在箭线和节点较少的位置，或按施工部位分块。分界点要重复编号，即前一块的最后一节点编号与后一块的第一个节点编号相同。

(5) 网络图的排列。网络图采用正确的排列方式，逻辑关系准确清晰，形象直观，便于计算与调整。主要排列方式有：

① 混合排列。对于简单的网络图，可根据施工顺序和逻辑关系将各施工过程对称排列，如图 3-17 所示。其特点是构图美观、形象、大方。

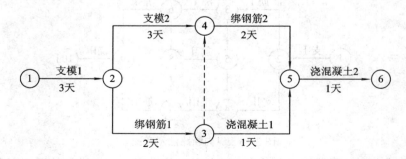

图 3-17　混合排列

② 按施工过程排列。根据施工顺序把各施工过程按垂直方向排列，施工段按水平方向排列，如图 3-18 所示。其特点是相同工种在同一水平线上，突出不同工种的工作情况。

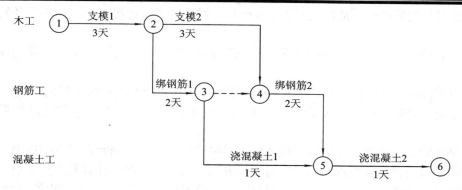

图 3-18 按施工过程排列

③ 按施工段排列。同一施工段上的有关施工过程按水平方向排列，施工段按垂直方向排列，如图 3-19 所示。其特点是同一施工段的工作在同一水平线上，反映出分段施工的特征，突出工作面的利用情况。

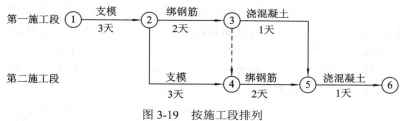

图 3-19 按施工段排列

3.2.3 双代号网络计划的时间参数及其计算

双代号网络计划的时间参数计算的目的在于通过计算各项工作的时间参数，确定网络计划的关键工作、关键线路和计算工期，为网络计划的优化、调整和执行提供明确的时间参数。双代号网络计划的时间参数的计算方法很多，常用的有按工作计算法和按节点计算法两种方法。

1. 网络计划的时间参数的概念及符号

(1) 工作持续时间(D_{i-j})。工作持续时间是指一项工作从开始到完成的时间，用 D 表示。

(2) 工期(T)。工期是指完成一项任务所需要的时间，一般有以下三种工期：

计算工期：是指根据时间参数计算所得到的工期，用 T_c 表示；

要求工期：是指任务委托人提出的指令性工期，用 T_r 表示；

计划工期：是指根据要求工期和计算工期所确定的作为实施目标的工期，用 T_p 表示。

当规定了要求工期时：$T_p \leqslant T_r$；

当未规定要求工期时：$T_p = T_c$。

(3) 网络计划中工作的时间参数。网络计划中的时间参数有六个：最早开始时间、最早完成时间、最迟开始时间、最迟完成时间、总时差、自由时差。

最早开始时间(ES)，是指在各紧前工作全部完成后，工作有可能开始的最早时刻。

最早完成时间(EF)，是指在各紧前工作全部完成后，工作有可能完成的最早时刻。

最迟开始时间(LS)，是指在不影响整个任务按期完成的前提下，工作必须开始的最迟时刻。

最迟完成时间(LF)，是指在不影响整个任务按期完成的前提下，工作必须完成的最迟时刻。

总时差(TF)，是指在不影响总工期的前提下，工作可以利用的机动时间。

自由时差(FF)，是指在不影响其紧后工作最早开始的前提下，工作可以利用的机动时间。

最早开始时间和最早完成时间是就整个网络图而言的，受到起点节点的控制。因此，其计算程序为：自起点节点开始，顺着箭线方向，用累加的方法计算到终点节点。最迟完成时间和最迟开始时间是就整个网络图而言的，受到终点节点(即计算工期)的控制。因此，其计算程序为：自终点节点开始，逆着箭线方向，用累减的方法计算到起点节点。

2. 双代号网络计划的时间参数的计算

1) 按工作计算法

所谓按工作计算法，就是以网络计划中的工作为对象，直接计算各项工作的时间参数。这些时间参数包括：工作的最早开始时间和最早完成时间、工作的最迟开始时间和最迟完成时间、工作的总时差和自由时差。此外，还应计算网络计划的计算工期。

为了简化计算，网络计划时间参数中的开始时间和完成时间都应以时间单位的终了时刻为标准。如第 3 天开始即是指第 3 天终了(下班)时刻开始，实际上是第 4 天上班时刻才开始；第 5 天完成即是指第 5 天终了(下班)时刻完成。

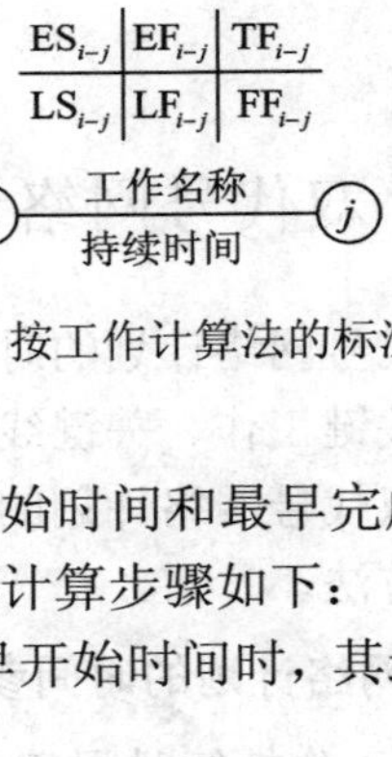

按工作计算法计算时间参数应在确定了各项工作的持续时间之后进行。虚工作也必须视同工作进行计算，其持续时间为零。时间参数的计算结果应标注在箭线之上，如图 3-20 所示。

图 3-20　按工作计算法的标注内容

(1) 计算工作的最早开始时间和最早完成时间。工作最早开始时间和最早完成时间的计算应从网络计划的起点节点开始，顺着箭线方向依次进行。其计算步骤如下：

① 以网络计划起点节点为开始节点的工作，当未规定其最早开始时间时，其最早开始时间为零，即

$$ES_{i-j} = 0 \tag{3-1}$$

② 工作的最早完成时间等于最早开始时间加上其持续时间。可利用公式(3-2)进行计算：

$$EF_{i-j} = ES_{i-j} + D_{i-j} \tag{3-2}$$

③ 其他工作的最早开始时间应等于其紧前工作最早完成时间的最大值，即

$$ES_{i-j} = \max\{EF_{h-j}\} \tag{3-3}$$

$$ES_{i-j} = \max\{ES_{h-j} + D_{h-i}\} \tag{3-4}$$

(2) 确定网络计划的计算工期。当网络计划未规定要求工期时，计划工期等于计算工期，即等于以网络计划的终点节点为完成节点的各项工作的最早完成时间的最大值。当网络计划终点节点的编号为 n 时，计算工期为

$$T_p = T_c = \max\{EF_{i-n}\} \tag{3-5}$$

当网络计划规定了要求工期时，计划工期等于或小于要求工期，即 $T_p \leqslant T_r$。

(3) 计算工作的最迟完成时间和最迟开始时间。工作最迟完成时间和最迟开始时间的计算应从网络计划的终点节点开始，逆着箭线方向依次进行。其计算步骤如下：

① 以网络计划终点节点为完成节点的工作，其最迟完成时间等于网络计划的计划工期：

$$LF_{i-n} = T_p \tag{3-6}$$

② 工作的最迟开始时间等于最迟完成时间减去其持续时间：

$$LS_{i-j} = LF_{i-j} - D_{i-j} \tag{3-7}$$

③ 最迟完成时间等于其紧后工作最迟开始时间 LS_{j-k} 的最小值：

$$LF_{i-j} = \min\{LS_{i-k}\} \tag{3-8}$$

$$LF_{i-j} = \min\{LF_{i-k} - D_{j-k}\} \tag{3-9}$$

(4) 计算工作的总时差。总时差等于该工作最迟开始时间与最早开始时间之差，或该工作最迟完成时间与最早完成时间之差：

$$TF_{i-j} = LS_{i-j} - ES_{i-j} \tag{3-10}$$

$$TF_{i-j} = LF_{i-j} - EF_{i-j} \tag{3-11}$$

(5) 计算工作的自由时差。工作自由时差的计算应按以下两种情况分别考虑：

① 对于有紧后工作的工作，其自由时差等于本工作之紧后工作最早开始时间减本工作最早完成时间所得之差的最小值：

$$FF_{i-j} = ES_{j-k} - EF_{i-j} \tag{3-12}$$

$$FF_{i-j} = ES_{j-k} - ES_{i-j} - D_{i-j} \tag{3-13}$$

② 对于无紧后工作的工作，也就是以网络计划终点节点为完成节点的工作，其自由时差等于计划工期与本工作最早完成时间之差：

$$FF_{i-n} = T_p - EF_{i-n} \tag{3-14}$$

需要指出的是，对于网络计划中以终点节点为完成节点的工作，其自由时差与总时差相等。此外，由于工作的自由时差是其总时差的构成部分，所以，当工作的总时差为零时，

其自由时差必然为零，可不必进行专门计算。

【例 3-2】 按工作计算法计算图 3-21 所示的网络图上各工作的时间参数，图中箭线下的数字是工作的持续时间，以天为单位。

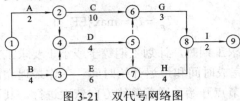

图 3-21　双代号网络图

解　(1) 计算各项工作最早开始时间

$ES_{1-2} = 0$

$ES_{1-3} = 0$

$ES_{2-6} = ES_{1-2} + D_{1-2} = 0 + 2 = 2$

$ES_{4-5} = \max\{ES_{1-2} + D_{1-2}, \ ES_{1-3} + D_{1-3}\} = \max\{0 + 2, \ 0 + 4\} = 4$

$ES_{3-7} = ES_{1-3} + D_{1-3} = 0 + 4 = 4$

$ES_{6-8} = \max\{ES_{2-6} + D_{2-6}, \ ES_{4-5} + D_{4-5}\} = \max\{2 + 10, \ 4 + 4\} = 12$

$ES_{7-8} = \max\{ES_{4-5} + D_{4-5}, \ ES_{3-7} + D_{3-7}\} = \max\{4 + 4, \ 4 + 6\} = 10$

$ES_{8-9} = \max\{ES_{6-8} + D_{6-8}, \ ES_{7-8} + D_{7-8}\} = \max\{12 + 3, \ 10 + 4\} = 15$

计算工期：

$T_p = T_c = ES_{8-9} + D_{8-9} = 15 + 2 = 17$

(2) 计算各项工作最早完成时间：

$EF_{1-2} = ES_{1-2} + D_{1-2} = 0 + 2 = 2$

$EF_{1-3} = ES_{1-3} + D_{1-3} = 0 + 4 = 4$

$EF_{2-6} = ES_{2-6} + D_{2-6} = 2 + 10 = 12$

$EF_{4-5} = ES_{4-5} + D_{4-5} = 4 + 4 = 8$

$EF_{3-7} = ES_{3-7} + D_{3-7} = 4 + 6 = 10$

$EF_{6-8} = ES_{6-8} + D_{6-8} = 12 + 3 = 15$

$EF_{7-8} = ES_{7-8} + D_{7-8} = 10 + 4 = 14$

$EF_{8-9} = ES_{8-9} + D_{8-9} = 15 + 2 = 17$

(3) 计算各项工作最迟完成时间：

$LF_{8-9} = T_p = 17$

$LF_{7-8} = T_p - D_{8-9} = 17 - 2 = 15$

$LF_{6-8} = T_p - D_{8-9} = 17 - 2 = 15$

$LF_{3-7} = LF_{7-8} - D_{7-8} = 15 - 4 = 11$

$LF_{4-5} = \min\{LF_{7-8} - D_{7-8}, \ LF_{6-8} - D_{6-8}\} = \min\{15 - 4, \ 15 - 3\} = 11$

$LF_{2-6} = LF_{6-8} - D_{6-8} = 15 - 3 = 12$

$LF_{1-3} = \min\{LF_{3-7} - D_{3-7}, \ LF_{4-5} - D_{4-5}\} = \min\{11 - 6, \ 11 - 4\} = 5$

$LF_{1-2} = \min\{LF_{2-6} - D_{2-6}, \ LF_{4-5} - D_{4-5}\} = \min\{12 - 10, \ 11 - 4\} = 2$

(4) 计算各项工作最迟开始时间：

$LS_{8-9} = T_p - D_{8-9} = 17 - 2 = 15$

$LS_{7-8} = LF_{7-8} - D_{7-8} = 15 - 4 = 11$

$LS_{6-8} = LF_{6-8} - D_{6-8} = 15 - 3 = 12$

$LS_{3-7} = LF_{3-7} - D_{3-7} = 11 - 6 = 5$

$LS_{4-5} = LF_{4-5} - D_{4-5} = 11 - 4 = 7$

$LS_{2-6} = LF_{2-6} - D_{2-6} = 12 - 10 = 2$

$LS_{1-3} = LF_{1-3} - D_{1-3} = 5 - 4 = 1$

$LS_{1-2} = LF_{1-2} - D_{1-2} = 2 - 2 = 0$

(5) 计算各项工作总时差：

$TF_{1-2} = LS_{1-2} - ES_{1-2} = 0 - 0 = 0$

$TF_{1-3} = LS_{1-3} - ES_{1-3} = 1 - 0 = 1$

$TF_{2-6} = LS_{2-6} - ES_{2-6} = 2 - 2 = 0$

$TF_{4-5} = LS_{4-5} - ES_{4-5} = 7 - 4 = 3$

$TF_{3-7} = LS_{3-7} - ES_{3-7} = 5 - 4 = 1$

$TF_{6-8} = LS_{6-8} - ES_{6-8} = 12 - 12 = 0$

$TF_{7-8} = LS_{7-8} - ES_{7-8} = 11 - 10 = 1$

$TF_{8-9} = LS_{8-9} - ES_{8-9} = 15 - 15 = 0$

(6) 计算各项工作自由时差：

$FF_{1-2} = ES_{2-6} - EF_{1-2} = 2 - 2 = 0$

$FF_{1-3} = ES_{3-7} - EF_{1-3} = 4 - 4 = 0$

$FF_{2-6} = ES_{6-8} - EF_{2-6} = 12 - 12 = 0$

$FF_{4-5} = ES_{7-8} - EF_{4-5} = 10 - 8 = 2$

$FF_{3-7} = ES_{7-8} - EF_{3-7} = 10 - 10 = 0$

$FF_{6-8} = ES_{8-9} - EF_{6-8} = 15 - 15 = 0$

$FF_{7-8} = ES_{8-9} - EF_{7-8} = 15 - 14 = 1$

$FF_{8-9} = T_p - EF_{8-9} = 17 - 17 = 0$

按工作计算法根据以上步骤通过计算，可得出标注 6 个时间参数的网络图，具体见图 3-22。

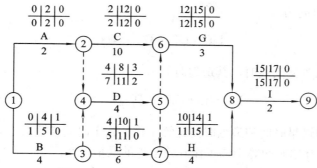

图 3-22　计算后标注 6 个时间参数的网络图

2) 按节点计算法

所谓按节点计算法，就是先计算网络计划中各个节点的最早时间和最迟时间，然后再据此计算各项工作的时间参数和网络计划的计算工期。按节点计算法计算时间参数，其计算结果应标注在节点上，如图 3-23 所示。

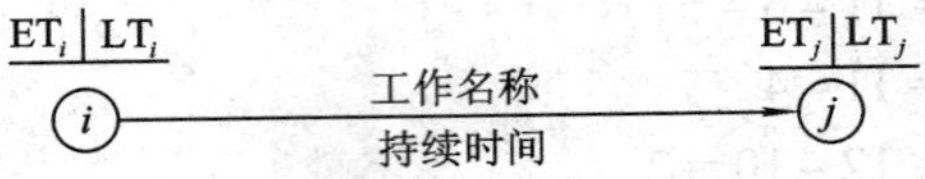

图 3-23   按节点计算法的标注内容

(1) 计算节点的最早时间和最迟时间。

① 计算节点的最早时间。节点最早时间的计算应从网络计划的起点节点开始，顺着箭线方向依次进行。其计算步骤如下：

网络计划起点节点 i，如未规定最早时间，则其值等于零：

$$ET_i = 0 \ (i = 1) \tag{3-15}$$

当节点 j 只有一条内向箭线时，最早时间应为

$$ET_i = ET_i + D_{i-j} \tag{3-16}$$

当节点 j 有多条内向箭线时，其最早时间应为

$$ET_i = \max\{ET_i + D_{i-j}\} \tag{3-17}$$

网络计划的计算工期等于网络计划终点节点的最早时间，即

$$T_c = ET_n \tag{3-18}$$

② 计算节点的最迟时间。节点最迟时间是以该节点为完成节点的工作的最迟完成时间。节点最迟时间的计算应从网络计划的终点节点开始，逆着箭线方向依次进行。

终点节点的最迟时间应等于网络计划的计划工期，即

$$LT_n = T_p \tag{3-19}$$

对于分期完成的节点，最迟时间等于该节点规定的分期完成的时间。当节点只有一个外向箭线时，最迟时间为

$$LT_i = LT_j - D_{i-j} \tag{3-20}$$

当节点 i 有多条外向箭线时，其最迟时间为

$$LT_i = \min\{LT_j - D_{i-j}\} \tag{3-21}$$

(2) 根据节点的最早时间和最迟时间计算工作的六个时间参数。

① 工作的最早开始时间等于该工作开始节点的最早时间：

$$ES_{i-j} = ET_i \tag{3-22}$$

② 工作的最早完成时间等于该工作开始节点的最早时间与其持续时间之和：

$$EF_{i-j} = ET_i + D_{i-j} \qquad (3-23)$$

③ 工作的最迟完成时间等于该工作完成节点的最迟时间：

$$LF_{i-j} = LT_j \qquad (3-24)$$

④ 工作的最迟开始时间等于该工作完成节点的最迟时间与其持续时间之差：

$$LS_{i-j} = LT_j - D_{i-j} \qquad (3-25)$$

⑤ 工作的总时差等于该工作完成节点的最迟时间减去该工作开始节点的最早时间所得差值再减其持续时间：

$$TF_{i-j} = LT_j - ET_i - D_{i-j} \qquad (3-26)$$

⑥ 工作的自由时差等于该工作完成节点的最早时间减去该工作开始节点的最早时间所得差值再减其持续时间：

$$FF_{i-j} = ET_j - ET_i - D_{i-j} \qquad (3-27)$$

特别需要注意的是，如果本工作与其各紧后工作之间存在虚工作，则其中的 ET_j 应为本工作紧后工作开始节点的最早时间，而不是本工作完成节点的最早时间。

【例 3-3】按节点计算法计算图 3-21 所示的网络图上各工作的时间参数，图中箭线下的数字是工作的持续时间，以天为单位。

解 (1) 计算节点最早时间：

$ET_1 = 0$

$ET_2 = ET_1 + D_{1-2} = 0+2 = 2$

$ET_3 = ET_1 + D_{1-3} = 0+4 = 4$

$ET_4 = \max\{ET_2 + D_{2-4}, \ ET_3 + D_{3-4}\} = \max\{2+0, \ 4+0\} = 4$

$ET_5 = ET_4 + D_{4-5} = 4+4 = 8$

$ET_6 = \max\{ET_2 + D_{2-6}, \ ET_5 + D_{5-6}\} = \max\{2+10, \ 8+0\} = 12$

$ET_7 = \max\{ET_3 + D_{3-7}, \ ET_5 + D_{5-7}\} = \max\{4+6, \ 8+0\} = 10$

$ET_8 = \max\{ET_6 + D_{6-8}, \ ET_7 + D_{7-8}\} = \max\{12+3, \ 10+4\} = 15$

$ET_9 = ET_8 + D_{8-9} = 15+2 = 17$

(2) 计算节点最迟时间：

$LT_9 = T_p = 17$

$LT_8 = LT_9 - D_{8-9} = 17-2 = 15$

$LT_7 = LT_8 - D_{7-8} = 15-4 = 11$

$LT_6 = LT_6 - D_{6-8} = 15-3 = 12$

$LT_5 = \min\{LT_7 - D_{5-7}, \ LT_6 - D_{5-6}\} = \min\{11-0, \ 12-0\} = 11$

$LT_4 = LT_5 - D_{4-5} = 11-4 = 7$

$LT_3 = \min\{LT_7 - D_{3-7}, \ LT_4 - D_{3-4}\} = \min\{11-6, \ 7-0\} = 5$

$$LT_2 = \min\{LT_6 - D_{2-6},\ LT_4 - D_{2-4}\} = \min\{12 - 10,\ 7 - 0\} = 2$$

$$LT_1 = \min\{LT_3 - D_{1-3},\ LT_2 - D_{1-2}\} = \min\{5 - 4,\ 2 - 2\} = 0$$

（3）计算总时差：

$$TF_{1-2} = LT_2 - ET_1 - D_{1-2} = 2 - 0 - 2 = 0$$

$$TF_{1-3} = LT_3 - ET_1 - D_{1-3} = 5 - 0 - 4 = 1$$

$$TF_{2-6} = LT_6 - ET_2 - D_{2-6} = 12 - 2 - 10 = 0$$

$$TF_{4-5} = LT_5 - ET_4 - D_{4-5} = 11 - 4 - 4 = 3$$

$$TF_{3-7} = LT_7 - ET_3 - D_{3-7} = 11 - 4 - 6 = 1$$

$$TF_{6-8} = LT_8 - ET_6 - D_{6-8} = 15 - 12 - 3 = 0$$

$$TF_{7-8} = LT_8 - ET_7 - D_{7-8} = 15 - 10 - 4 = 1$$

$$TF_{8-9} = LT_9 - ET_8 - D_{8-9} = 17 - 15 - 2 = 0$$

（4）计算自由时差：

$$FF_{1-2} = ET_2 - ET_1 - D_{1-2} = 2 - 0 - 2 = 0$$

$$FF_{1-3} = ET_3 - ET_1 - D_{1-3} = 4 - 0 - 4 = 0$$

$$FF_{2-6} = ET_6 - ET_2 - D_{2-6} = 12 - 2 - 10 = 0$$

$$FF_{4-5} = ET_5 - ET_4 - D_{4-5} = 8 - 4 - 4 = 0$$

由于工作 D 后有两个虚工作，与其紧后相连的两个节点 6、7 为实际完成节点，故自由时差要考虑 6、7 两个节点，并取算出结果最小值。

$$FF_{4-5} = \min\{ET_6 - ET_4 - D_{4-5},\ ET_7 - ET_4 - D_{4-5}\} = \min\{12 - 4 - 4,\ 10 - 4 - 4\} = 2$$

$$FF_{3-7} = ET_7 - ET_3 - D_{3-7} = 10 - 4 - 6 = 0$$

$$FF_{6-8} = ET_8 - ET_6 - D_{6-8} = 15 - 12 - 3 = 0$$

$$FF_{7-8} = ET_8 - ET_7 - D_{7-8} = 15 - 10 - 4 = 1$$

$$FF_{8-9} = ET_9 - ET_8 - D_{8-9} = 17 - 15 - 2 = 0$$

按节点计算法根据以上步骤进行计算，可得标注节点时间和时差参数的网络图，如图 3-24 所示。

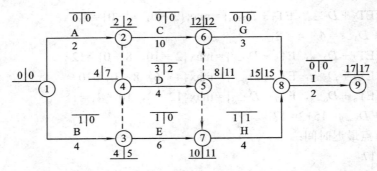

图 3-24　计算后标注节点时间和时差参数的网络图

3）关键工作和关键线路的确定

（1）关键工作。在网络计划中，总时差最小的工作为关键工作。特别地，当网络计划的计划工期等于计算工期时，总时差为零的工作就是关键工作。

当按节点时间参数计算时，凡满足下列条件的工作必为关键工作。

$$\left.\begin{array}{l} LT_i - ET_i = T_p - T_c \\ LT_j - ET_j = T_p - T_c \\ LT_i - ET_i - D_{i-j} = T_p - T_c \end{array}\right\} \tag{3-28}$$

(2) 关键节点。在双代号网络计划中，关键线路上的节点称为关键节点。关键工作两端的节点必为关键节点，但两端为关键节点的工作不一定是关键工作。关键节点的最迟时间与最早时间的差值最小。特别地，当网络计划的计划工期等于计算工期时，关键节点的最早时间与最迟时间必然相等。关键节点必然处在关键线路上，但由关键节点组成的线路不一定是关键线路。

在双代号网络计划中，当计划工期等于计算工期时，关键节点具有以下特性，掌握好这些特性，有助于确定工作的时间参数。

① 开始节点和完成节点均为关键节点的工作，不一定是关键工作。

② 以关键节点为完成节点的工作，其总时差和自由时差必然相等。

③ 当两个关键节点间有多项工作，且工作间的非关键节点无其他内向箭线和外向箭线时，则两个关键节点间各项工作的总时差均相等。

④ 当两个关键节点间有多项工作，且工作间的非关键节点有外向箭线而无其他内向箭线时，则两个关键节点间各项工作的总时差不一定相等。在这些工作中，除以关键节点为完成节点的工作其自由时差等于总时差外，其余工作的自由时差均为零。

(3) 关键线路的确定方法。

① 利用关键工作判断。找出关键工作之后，将这些关键工作首尾相连，便构成了从起点节点到终点节点的通路，位于该通路上各项工作的持续时间总和最大，这条通路就是关键线路。在关键线路上可能有虚工作存在。

关键线路上各项工作的持续时间总和应等于网络计划的计算工期，这一特点也是判别关键线路是否正确的准则。

② 利用关键节点判断。当利用关键节点判别关键线路和关键工作时，还要满足判别式(3-28)，如果两个关键节点之间的工作符合上述判别式，则该工作必然为关键工作，它应该在关键线路上，否则，该工作就不是关键工作，关键线路也就不会从此处通过。

3.3 双代号时标网络计划

3.3.1 双代号时标网络计划的特点与适用范围

1. 时标网络计划的含义

前面讲的双代号网络图属于非时标网络图，其工作持续的时间由标注在箭线下方的数字表明，而与箭线的长短无关。由于没有时间坐标，双代号网络图看起来不太直观，工地上使用也不方便，不能一目了然地在图上看出各项工作的开始和结束时间。为了克服非时标网络计划的不足，产生了时标网络计划。时标网络计划是综合应用了横道图的时间坐标和网络计划的原理，吸取了两者的长处，使其结合起来应用的一种网络计划方法。时标网络计划是以时间坐标为尺度编制的网络计划。图 3-26 的时标网络计划是在图 3-25 双代号网络计划的基础上编制的。

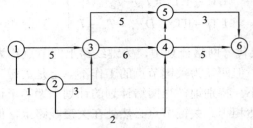

图 3-25　双代号网络计划

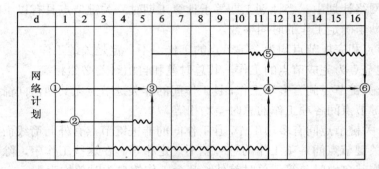

图 3-26　双代号时标网络计划

在时标网络计划中，以水平时间坐标为尺度表示工作时间，因此，它不但能够表达各项工作之间的逻辑关系，而且能表示各项工作的时间进程。

2. 时标网络计划的基本符号

时标网络计划的工作，以实箭线表示；虚工作以虚箭线表示；自由时差以波形线表示。当实箭线之后有波形线且其末端有垂直部分时，其垂直部分用实线绘制；当虚箭线有时差且其末端有垂直部分时，其垂直部分用虚线绘制，如图 3-26 所示。

3. 时标网络计划的特点

时标网络计划与无时标网络计划相比较，有以下特点。

(1) 工作箭线的长短反映工作持续时间的长短，具有横道计划的优点，故使用方便。

(2) 主要时间参数可直接在图上看出，只有在图上没有直接表示出来的时间参数如总时差、最迟开始时间和最迟完成时间才需要进行计算，可大大减少计算量。

(3) 可直接在时标计划表的下方，绘制资源需要量动态曲线。

(4) 由于箭线的长短受时标的制约，故绘制比较麻烦。在修改网络计划的工作持续时间时必须重新绘图。

4. 时标网络计划的适用范围

由于时标网络计划的上述优点，加之过去人们习惯使用横道计划，故时标网络计划容易被接受，在我国应用面较广。时标网络计划主要适用以下几种情况。

(1) 对于编制工作项目较少，并且工艺过程较简单的建筑施工计划，能迅速地边绘、边算、边调整。

(2) 对于大型复杂的工程，特别是不使用计算机时，可以先用时标网络图的形式绘制各分部、分项工程的网络计划，然后再综合起来绘制出较简明的总网络计划；也可以先编制一个总的施工网络计划，以后每隔一段时间对下段时间应施工的工程区段绘制详细的时标网络计划。时间间隔的长短要根据工程的性质、所需的详细程度和工程的复杂性决定。在执行过程中，如果时间有变化，则不必改动整个网络计划，而只对这一阶段的时标网络计划进行修订。

(3) 有时为了便于在图上直接表示每项工作的进程，可将已编制并计算好的网络计划再复制成时标网络计划。这项工作可用计算机来完成。

(4) 待优化或执行中可在图上直接调整的网络计划。

(5) 年、季、月等周期性网络计划。

(6) 使用"实际进度前锋线"进行网络计划管理的计划，亦应使用时标网络计划。

3.3.2　双代号时标网络计划的编制

1. 绘图的基本要求

(1) 时标网络计划中所有符号在时间坐标上的水平投影位置都必须与其时间参数相对应。

(2) 节点中心必须对准相应的时标位置。

(3) 虚工作必须以垂直虚箭线表示，有自由时差时加波形线表示。

(4) 时标网络计划宜按最早时间编制，不宜按最迟时间编制。

(5) 时标网络计划编制前，必须先绘制无时标网络计划草图。

2. 绘制时标网络计划图的方法

绘制时标网络计划图的方法有间接绘制法和直接绘制法两种。

1) 间接绘制法

间接绘制法是先计算网络计划的时间参数，再根据时间参数在时间坐标上进行绘制的方法。其绘制步骤和方法如下：

(1) 绘制双代号网络图，计算时间参数，确定关键工作及关键线路。

(2) 根据需要确定时间单位并绘制时标横轴。

(3) 根据工作最早开始时间或节点的最早时间确定各节点的位置。

(4) 依次在各节点间绘出箭线及时差。绘制时宜先画关键工作、关键线路，再画非关键工作。当箭线长度不足以达到工作的完成节点时，用波形线补足，箭头画在波形线与节点连接处。

(5) 用虚箭线连接各有关节点，将有关的工作连接起来。

2) 直接绘制法

直接绘制法是不计算网络计划时间参数，直接在时间坐标上进行绘制的方法。其绘制方法如下：

(1) 时间长短坐标限：箭线的长度代表着具体的施工时间，受到时间坐标的制约。

(2) 曲直斜平利相连：箭线的表达方式可以是直线、折线、斜线等，但布图应合理，直观、清晰。

(3) 箭线到齐画节点：工作的开始节点必须在该工作的全部紧前工作都画出后，定位在这些紧前工作最晚完成的时间刻度上。

(4) 画完节点补波线：当某些工作的箭线长度不足以达到其完成节点时，用波形线补足。

(5) 零线尽量拉垂直：虚工作持续时间为零，应尽可能让其为垂直线。

(6) 否则安排有缺陷：若出现虚工作占据时间的情况，其原因是工作面停歇工期的确定是以时标网络计划的计算工期为依据，是其终点节点与起点节点所在位置的时标值之差。

3.3.3　时标网络计划的关键线路和时间参数的确定

1. 关键线路的确定

自终点节点逆箭线方向朝起点节点观察，自始至终不出现波形线的线路为关键线路。

2. 工期的确定

时标网络计划的计算工期，应是其终点节点与起点节点所在位置的时标值之差。

3. 时间参数的确定

(1) 最早时间参数：按最早时间绘制的时标网络计划，每条箭线的箭尾和箭头所对应的时标值应为该工作的最早开始时间和最早完成时间。

(2) 自由时差：波形线的水平投影长度即为该工作的自由时差。

(3) 总时差：自右向左进行，其值等于诸紧后工作的总时差的最小值与本工作的自由时差之和，即

$$TF_{i-j} = \min\{TF_{j-k}\} + FF_{i-j} \tag{3-29}$$

(4) 最迟时间参数：最迟开始时间和最迟完成时间应按下式计算

$$LS_{i-j} = ES_{i-j} + TF_{i-j} \tag{3-30}$$

$$LF_{i-j} = EF_{i-j} + TF_{i-j} \tag{3-31}$$

3.4　单代号与单代号搭接网络计划

3.4.1　单代号网络图的组成

以节点及其编号表示工作，以箭线表示工作之间的逻辑关系的网络图称为单代号网络图，即每个节点表示一项工作。节点所表示的工作名称、持续时间和工作代号等标注在节点内，如图 3-27 所示。

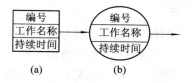

图 3-27　单代号表示法示意图

单代号网络图中，连接两个节点的箭线用来表示紧邻两项工作之间的逻辑关系，它既不占用时间也不消耗资源，这一点与双代号网络图中的箭线完全不同。单代号网络图中的箭线表示紧邻工作之间的逻辑关系，应画成水平直线、折线或斜线。箭线水平投影的方向应自左向右，表示工作的进行方向。箭尾节点工作是箭头节点工作的紧前工作，如图 3-28 所示。

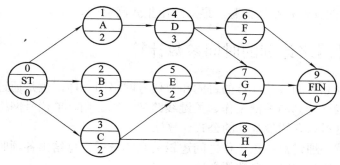

图 3-28　单代号表示法示意图

单代号网络图和双代号网络图在不同情况下，其表现的繁简程度是不同的。当多个工序在多个施工段上分段作业时，用单代号表达比较简单明了，如果这时用双代号表示就需增加许多虚箭线；当多个工序相互交叉衔接时，用双代号网络图来表达则比较简单，若用单代号表示，会有许多箭线交叉。由此可见，在编制网络计划时，有些情况下，应用单代号表示较为简单，而有些情况下，使用双代号表示则更为清楚。所以说单、双代号网络图是两种互为补充、各具特色的表现方法，采用单代号还是双代号，要根据具体情况选择。

3.4.2　单代号网络图的绘制

1. 单代号网络图的绘制规则

(1) 单代号网络图必须正确表述已定的逻辑关系。

(2) 单代号网络图中，严禁出现循环回路。

(3) 单代号网络图中，严禁出现双向箭头或无箭头的连线。

(4) 单代号网络图中，严禁出现没有箭尾节点的箭线和没有箭头节点的箭线。绘制网络图时，箭线不宜交叉，当交叉不可避免时，可采用过桥法和指向法绘制。

(5) 单代号网络图只应有一个起点节点和一个终点节点。当网络图中有多项起点节点或多项终点节点时，应在网络图的两端分别设置一个虚拟的起点节点和终点节点。

(6) 单代号网络图不允许出现有重复编号的工作。一个编号只能代表一项工作，而且箭头节点编号要大于箭尾节点编号。

2. 单代号网络图的绘制方法

单代号网络图的绘制与双代号网络图的绘制方法基本相同,而且由于单代号网络图逻辑关系容易表达,因此绘制方法更为简便。通常先根据网络图的逻辑关系,绘制出网络图草图,再结合绘图规则进行布局调整,最后形成正式网络图。其绘制步骤如下:

(1) 提供逻辑关系表,一般只要提供每项工作的紧前工作。

(2) 用矩阵图确定紧后工作。

(3) 绘制没有紧后工作的工作,当网络图中有多项起点节点时,应在网络图的始端设置一项虚拟的起点节点。

(4) 依次绘制其他各项工作一直到终点节点。当网络图中有多项终点节点时,应在网络图的末端设置一项虚拟的终点节点。

(5) 检查、修改并进行结构调整,最后绘出正式网络图。

3.4.3 单代号网络计划的时间参数计算

单代号网络计划时间参数计算的目的和双代号网络图一样,也是通过计算各项工作的时间参数,确定网络计划的关键工作、关键线路和计算工期。单代号网络计划时间参数的计算方法很多,这里只介绍最基础的公式计算法。

公式计算法就是通过对各项工作之间逻辑关系的分析,总结出各项时间参数的计算公式,从而计算出网络计划时间参数的方法。

1. 计算工作的最早开始时间 ES

工作的最早开始时间 ES_i 的计算顺序应从起点节点开始,顺着箭头方向依次逐项进行计算。

(1) 当起点节点 i 的最早开始时间 ES_i 无规定时,其值应为零,即

$$ES_i = 0(i = 1) \tag{3-32}$$

(2) 其他工作的最早开始时间 ES_i。一项工作(节点)的最早开始时间等于它的各紧前工作的最早完成时间的最大值;如果本工作只有一个紧前工作,那么其最早开始时间就是这个紧前工作的最早完成时间。

工作 i 前有多个紧前工作时:

$$ES_i = \max\{EF_h\} \tag{3-33}$$

或

$$ES_i = \max\{ES_h + D_h\} \tag{3-34}$$

式中:ES_h——工作 i 的各项紧前工作 h 的最早开始时间;

EF_h——工作 i 的各项紧前工作 h 的最早完成时间;

D_h——工作 i 的各项紧前工作 h 的持续时间。

工作 i 前只有一个紧前工作时:

$$ES_i = EF_h \tag{3-35}$$

或

$$ES_i = ES_h + D_h \tag{3-36}$$

2. 计算工作最早完成时间 EF

一项工作(节点)的最早完成时间就等于其最早开始时间与本工作持续时间之和。工作 i 的最早完成时间 EF_i 应按下式计算：

$$EF_i = ES_i + D_i \tag{3-37}$$

当计算到网络图虚拟终点时，由于其本身不占用时间，即其持续时间为零，所以

$$EF_n = ES_n = \max\{EF_i\} \qquad (i \text{ 为终点节点的紧前工作}) \tag{3-38}$$

3. 计算工期 T_c

单代号网络计划计算工期 T_c 应按下式计算：

$$T_c = EF_n \tag{3-39}$$

式中：EF_n——终点节点 n 的最早完成时间。

单代号网络计划计算工期得到后，可以确定它的计划工期 T_p，计划工期也应满足以下要求。

当规定了要求工期时：$T_p \leqslant T_r$。

当未规定要求工期时：$T_p = T_c$。

4. 计算相邻两项工作 i 和 j 之间的时间间隔 $LAG_{i,j}$

(1) 当终点节点为虚拟节点时，其时间间隔应为

$$LAG_{i,n} = T_p - EF_i \tag{3-40}$$

(2) 其他节点之间的时间间隔应为

$$LAG_{i,j} = ES_j - EF_i \tag{3-41}$$

5. 计算工作时差

单代号网络计划工作时差的概念与双代号网络计划完全一致，但由于单代号网络图的工作用节点表示，所以，工作时差的表示符号及计算方法有所不同。

1) 总时差 TF

工作 i 的总时差 TF_i 应从网络计划的终点节点开始，逆着箭线方向依次逐项计算。当部分工作分期完成时，有关工作的总时差必须从分期完成的节点开始逆向逐项计算。

终点节点所代表工作 n 的总时差 TF_n 值应为

$$TF_n = T_p - EF_n \tag{3-42}$$

其他工作 i 的总时差 TF_i 应为

$$TF_i = \min\{TF_i - LAG_{i,j}\} \tag{3-43}$$

2) 自由时差 FF

终点节点所代表工作 n 的自由时差 FF_n 应为

$$FF_n = T_p - EF_n \tag{3-44}$$

其他工作 i 的自由时差 FF_i 应为

$$FF_i = \min\{LAG_{i,j}\} \tag{3-45}$$

6. 计算工作的最迟完成时间 LF

一项工作的最迟完成时间是指在保证不拖延总工期的条件下，本工作最迟必须完成的时间。工作的最迟完成时间应从网络计划的终点节点开始，逆着箭线的方向依次逐项计算。当部分工作分期完成时，有关工作的最迟完成时间，应从分期完成的节点开始逆向逐项计算。

(1) 终点节点所代表的工作 n 的最迟完成时间 LF_n，应按网络计划的计划工期确定，即

$$LF_n = T_p \tag{3-46}$$

当 $T_p = EF_n$ 时，有

$$LF_n = EF_n \tag{3-47}$$

(2) 其他工作 i 的最迟完成时间 LF_i 应为

$$LF_i = \min\{LS_j\} \tag{3-48}$$

$$LF_i = EF_i + TF_i \tag{3-49}$$

式中：LS_j——工作 i 的各项紧后工作的最迟开始时间。

任一工作最迟完成时间不应影响其紧后工作的最迟开始时间，所以，工作的最迟完成时间等于其紧后工作最迟开始时间的最小值。如果只有一个紧后工作，其最迟完成时间就等于此紧后工作的最迟开始时间。

7. 计算工作的最迟开始时间 LS

工作 i 的最迟开始时间 LS_i 应按下式计算：

$$LS_i = LF_i - D_i \tag{3-50}$$

$$LS_i = ES_i + TF_i \tag{3-51}$$

8. 关键工作和关键线路的确定

(1) 关键工作的确定。总时差最小的工作应为关键工作。当计划工期等于计算工期时，工作的总时差为零，是最小的总时差；当有工期要求且要求工期小于计算工期时，总时差最小的为负值；当要求工期大于计算工期时，总时差最小的为正值。

(2) 关键线路的确定。将相邻两项关键工作之间的间隔时间为零的关键工作连接起来而形成的自起点节点到终点节点的通路就是关键线路。关键线路在网络图中宜用粗线、双线或彩色线标注。

【例3-4】 如图3-29所示的单代号网络计划，计算其时间参数。(未规定要求工期)

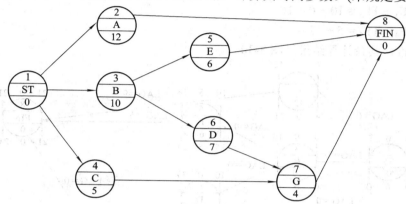

图3-29 单代号网络计划

解 (1) 计算工作的最早开始时间和最早完成时间。起点节点 ST 所代表的工作(虚拟工作)的最早开始时间为零，即 $ES_1 = 0$，$EF_1 = 0$。

A、B、C 工作的最早开始时间均为零，最早完成时间根据式(3-37)得

$$EF_2 = ES_2 + D_2 = 0 + 12 = 12$$
$$EF_3 = ES_3 + D_3 = 0 + 10 = 10$$
$$EF_4 = ES_4 + D_4 = 0 + 5 = 5$$

E、D、G 工作的最早开始时间和最早完成时间为

$$ES_5 = EF_3 = 10$$
$$EF_5 = ES_5 + D_5 = 10 + 6 = 16$$
$$ES_6 = EF_3 = 10$$
$$EF_6 = ES_6 + D_6 = 10 + 7 = 17$$
$$ES_7 = \max\{EF_6,\ EF_4\} = \max\{17,\ 5\} = 17$$
$$EF_7 = ES_7 + D_7 = 17 + 4 = 2\,1$$

(2) 计算工期。未规定要求工期，故 $T_p = T_c = EF_8 = 21$。

(3) 计算相邻两项工作的时间间隔。工作 D 与工作 G、工作 C 与工作 G 的时间间隔分别为

$$LAG_{6,\ 7} = ES_7 - EF_6 = 17 - 17 = 0$$
$$LAG_{4,\ 7} = ES_7 - EF_4 = 17 - 5 = 12$$

(4) 计算工作总时差：

$$TF_8 = T_p - EF_8 = 21 - 21 = 0$$

$$TF_2 = TF_8 + LAG_{2,\ 8} = 0 + 9 = 9$$

$$TF_3 = \min\{TF_5 + LAG_{3,\ 5},\ TF_5 + LAG_{3,\ 6}\} = \min\{0 + 5,\ 0 + 0\} = 0$$

(5) 计算工作自由时差：

$$FF_8 = T_p - EF_8 = 21 - 21 = 0$$

$$FF_3 = \min\{LAG_{3,\ 5},\ LAG_{3,\ 6}\} = \min\{0,\ 0\} = 0$$

$$FF_4 = LAG_{4,\ 7} = 12$$

(6) 计算工作的最迟开始时间和最迟完成时间：

$$LF_3 = EF_3 + TF_3 = 10 + 0 = 10$$

$$LF_4 = EF_4 + TF_4 = 5 + 12 = 17$$

以此类推，其余计算结果见图 3-30。

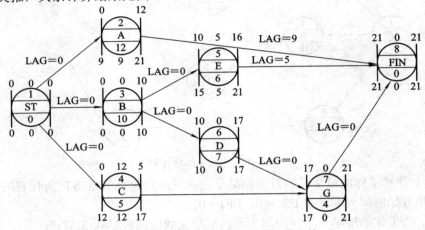

图 3-30   单代号网络计划时间参数计算

3.4.4   单代号搭接网络计划

1. 基本概念

在前面所述的双代号、单代号网络图中，工序之间的关系都是前面工作完成后，后面工作才能开始，这也是一般网络计划的正常连接关系。当然，这种正常的连接关系有组织上的逻辑关系，也有工艺上的逻辑关系。例如：有一项工程由两项工作组成，即工作 A、工作 B。由生产工艺决定工作 A 完成后才能进行工作 B。但作为生产指挥者，为了加快工程进度、尽快完工，在工作面允许的情况下，分为两个施工段施工，即 A1、A2，B1、B2，组织两个专业队分别进行流水施工。

上面所述只是两个施工段、两个工作。在工作(工序)增加、施工段增加的情况下，绘制出的网络图的点、箭线会更多，计算也较为麻烦。那么能否找出一种简单的表示方法呢？答案是肯定的。近年来，国外产生了各种各样的搭接网络，有单代号搭接网络，也有双代号搭接网络。这里主要介绍的是单代号搭接网络。

如果用单代号搭接网络表示上述情况，并且设 A 工作开始 4 天后，B 工作才能开始，则 A 工作开始时间限制 B 工作开始时间，即为开始到开始(英文缩写 STS)。除上面的开始到开始外，还有几种搭接关系，即开始到结束、结束到开始、结束到结束等。至此，我们可以看出，单代号搭接关系可使图形大大简化。但通过后面计算可知，其计算过程较为复杂。

2. 搭接关系

单代号网络图的搭接关系除了上述四种外，还有一种混合搭接关系，下面分别介绍。

(1) 结束到开始 FTS。前面工作的结束到后面工作的开始之间的时间间隔。A 工作完成后，要有一个时间间隔 B 工作才能开始。例如，房屋装修工程中先油漆，后安玻璃，就必须在油漆完成后有一个干燥时间才能安玻璃。这个关系就是 FTS 关系。如果需干燥 2 天，即 FTS = 2。

FTS = 0 表示紧前工作的完成到本工作的开始之间的时间间隔为零。这就是前面讲述的单代号、双代号网络的正常连接关系，所以，我们可以将正常的逻辑连接关系看成是搭接网络的一个特殊情况。

(2) 开始到开始 STS。前面工作的开始到后面工作开始之间的时间间隔。例如，挖管沟与铺设管道应分段组织流水施工，每段挖管沟需要 2 天时间，那么铺设管理的班组在挖管沟开始的 2 天后就可开始铺设管道。

(3) 开始到结束 STF。前面工作的开始时间到后面工作的完成时间的时间间隔。例如，挖掘带有部分地下水的基础，地下水位以上的部分基础可以在降低地下水位开始之前就进行开挖，而在地下水位以下的部分基础则必须在降低地下水位以后才能开始。这就是说，降低地下水位的完成与何时挖地下水位以下的部分基础有关，而降低地下水位何时开始则与挖土的开始无直接关系。

(4) 结束到结束 FTF。前面工作的结束时间到后面工作的结束时间之间的时间间隔。例如，某工程的主体工程砌筑，分两个施工段组织流水施工，每段每层砌筑为 4 天。I 段砌筑完后转移到第 II 段上施工，I 段进行板的吊装。由于板的安装时间较短，在此不一定要求墙砌后立即吊装板，但必须在砌砖完的第四天完成板的吊装，这样才不影响砌砖专业队进入上一层进行砌筑。这就形成了 FTF 关系。

(5) 混合搭接关系。前面工作和后面工作的时间间隔除了受到开始到开始的限制外，还要受到结束时间间隔的限制。A 工作的开始时间与 B 工作的开始时间有一个时间间隔，A 工作的结束时间与 B 工作的结束时间也有一个时间间隔限制。例如，某管道工程，挖管沟和铺设管道两个工序分段施工，两工序开始到开始的时间间隔为 4 天，即铺设管道至少需 4 天后才能开始。如按 4 天后开始铺管道施工，且连续进行，则由于铺管道持续时间短，挖管沟的第 II 段还没有完成，铺管道专业队已进入，这就出现了矛盾。所以，为了排除这种矛盾，使施工顺利进行，除了有一个开始到开始的限制时间外，还要考虑一个结束到结束的限制时间，即设 FTF = 2 才能保证流水施工的顺利进行。

3. 单代号搭接网络的计算方法

由于搭接网络具有几种不同形式的搭接关系，所以其计算也较前述的单、双代号网络图的计算复杂一些。一般的计算方法有：依据计算公式法、在图上进行计算法或电算法。在此我们主要介绍依据计算公式法。

(1) 计算最早开始、完成时间。工作的最早开始时间和最早完成时间在前面都有所介绍，我们知道根据不同的搭接关系，其计算公式也不同。

如果是前面讲过的非搭接网络图(如图 3-30 所示)，计算到此即可确定出其整个工程的计划工期，为 28 天。但对于搭接网络图，由于其存在着比较复杂的搭接关系，特别是存在着 STS、STF 搭接关系的点之间，就使得其最后的终点节点的最早完成时间有可能小于前面有些节点的最早完成时间。所以，在确定计划工期之前要对各节点的最早完成时间进行检查，看其是否大于终点节点的最早完成时间。如小于终点节点的最早完成时间，就取终点节点的最早完成时间为计划工期；如有些节点的最早完成时间大于终点节点的最早完成时间，则所有大于终点节点的最早完成时间的节点中的最早完成时间的最大值作为整个网络计划的计划工期，并在此节点到终点节点之间增加一条虚线。

(2) 工作最迟时间的计算。最迟必须开始时间、最迟必须完成时间的计算，是从终点节点开始，逆箭头方向进行的。

(3) 前后两工作之间连接间隔时间参数的计算。两工作连接间隔时间参数 LAG_{i-j} 的定义在前面单代号网络图中已讲过。但在搭接网络中，由于两工作的搭接关系不同，其 LAG_{i-j} 就不能简单地用相邻两工作中后面工作的开始时间与前面工作的完成时间之差来表示，必须考虑其各种不同的搭接关系的影响。在搭接网络图中，根据计算的最后结果，前后两工作关系的时间之差超过要求的搭接时间的那部分时间就是这两个工作的连接间隔时间 LAG_{i-j}。

(4) 时差的计算。时差的计算包括自由时差和总时差两种。

① 自由时差。自由时差的定义及含义同前述相同。它主要是指在不影响紧后工作按最早可能时间开始或结束的情况下，本工作能推迟的最大幅度。在搭接网络图中，由于存在着不同的搭接关系，其自由时差也必然受其影响，所以，自由时差也要根据不同的搭接关系来确定。

如果工作 i 只有一个紧后工作 j，其自由时差就等于本工作与紧后工作的连接间隔时间。

② 总时差。前面也讲过，总时差即该项工作的总机动时间。其计算同一般网络计划计算公式相同，总时差的存在意味着该项工作有一定的变化幅度。在规定工期等于计划工期的情况下，总时差为零的工作即为关键工作。将网络图中总时差为零的工作由起点节点至终点节点连接起来的线路即为关键线路。关键线路上的工作都是关键工作，但关键工作不一定只存在于关键线路上。

从以上可以看出，单代号搭接网络计算过程比一般单、双代号网络图较为麻烦，这是其不足的地方。但是，作为一项复杂的工程项目，即使由一般的单、双代号计算也是很难进行的。随着电子技术的发展，电子计算机作为一种高速运算机器来进行网络计算是轻而易举的事。在前面已经讲过，一般网络图简单，但节点较多。搭接网络虽然计算复杂，但节点较少。这正符合电子计算机输入简单，能进行复杂运算的特点，所以利用电子计算机进行搭接网络的计算是可以加以推广的。

3.5　网络计划优化

网络计划的优化，就是在满足既定约束条件下，按选定目标，通过不断改进网络计划寻求满意方案。网络计划的优化目标，应按计划任务的需要和条件选定，包括工期目标、费用目标、资源目标。网络计划的优化，按其优化达到的目标不同，一般分为工期优化、费用优化、资源优化。

3.5.1 工期优化

工期优化是指在满足既定的约束条件下，按要求工期目标，通过延长或缩短网络计划初始方案的计算工期，以达到要求工期目标，保证按期完成任务。在网络计划的初始方案编制好后，将其计算工期与要求工期相比较，最常遇见的是计算工期大于要求工期。这时可以在不改变网络计划中各项工作之间的逻辑关系的前提下，通过压缩关键工作的持续时间来满足要求工期。压缩关键工作持续时间的方法，有"顺序法"、"加数平均法"、"选择法"等。"顺序法"是按关键工作开工时间来确定需压缩的工作，先干的先压缩。"加数平均法"是按关键工作持续时间的百分比压缩。这两种方法虽然简单，但没有考虑压缩的关键工作所需的资源是否有保证及相应的费用增加幅度。"选择法"更接近实际需要，下面重点介绍。

1. "选择法"压缩关键工作的持续时间时应考虑的因素

(1) 缩短持续时间对质量和安全影响不大的工作。有些工作因持续时间缩短，会带来质量或安全隐患，应避免选择此类工作。

(2) 有充足备用资源的工作。

(3) 缩短持续时间所需增加费用最小的工作。

将所有工作按其是否满足上述三方面要求，确定优选系数，优选系数小的工作较适宜压缩。选择关键工作并压缩其持续时间时，应选择优选系数最小的关键工作。若需要同时压缩多个关键工作的持续时间时，则它们的优选系数之和(组合优选系数)最小者应优先作为压缩对象。

2. 工期优化的计算

(1) 计算并找出初始网络计划的计算工期 T_c、关键线路及关键工作。

(2) 按要求工期 T_r 计算应缩短的时间 ΔT，$\Delta T = T_c - T_r$。

(3) 确定各关键工作能缩短的持续时间。

(4) 按前述要求的因素选择关键工作，压缩其持续时间，并重新计算网络计划的计算工期。此时，要注意，不能将关键工作压缩成非关键工作；当出现多条关键线路时，必须将平行的各关键线路的持续时间压缩相同的数值。否则，不能有效地缩短工期。

(5) 当计算工期仍超过要求工期时，则重复以上步骤，直到满足要求工期或工期不能再缩短为止。

(6) 当所有关键工作的持续时间都已达到其能缩短的极限而工期仍不能满足要求工期时，应对计划的原技术方案、组织方案进行调整，或对要求工期重新审定。

下面结合示例说明工期优化的计算步骤。

【例3-5】已知某工程双代号网络计划如图 3-31 所示，图中箭线下方括号外数字为工作的正常持续时间，括号内数字为最短持续时间。箭线上方括号内数字为优选系数，该系数是在综合考虑质量、安全和费用增加的情况下而确定的。选择关键工作压缩其持续时间时，应选择优选系数最小的关键工作。若需要同时压缩多个关键工作的持续时间时，则它们的优选系数之和(组合优选系数)最小者应优先作为压缩对象。现假设要求工期为 15，试对其进行工期优化。

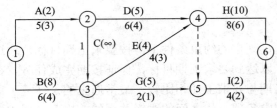

图 3-31　初始网络计划

解　该网络计划的工期优化可按以下步骤进行：

(1) 根据各项工作的正常持续时间用标号法确定网络计划的计算工期和关键线路，如图 3-32 所示。此时关键线路为①—②—④—⑥。

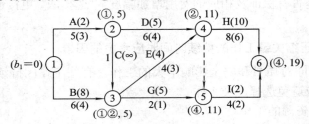

图 3-32　初始网络计划中的关键线路

(2) 计算应缩短的时间。

$$\Delta T = T_p - T_r = 19 - 15 = 4$$

(3) 由于此时关键工作为工作 A、工作 D 和工作 H，而其中工作 A 的优选系数最小，故应将工作 A 作为优先压缩对象。

(4) 将关键工作 A 的持续时间压缩至最短持续时间 3，利用标号法确定新的计算工期和关键线路，如图 3-33 所示。此时，关键工作 A 被压缩成非关键工作，故将其持续时间 3 延长为 4，使之成为关键工作。工作 A 恢复为关键工作之后，网络计划中出现两条关键线路，即：①—②—④—⑥和①—③—④—⑥，如图 3-34 所示。

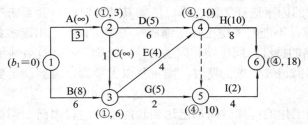

图 3-33　工作压缩最短时的关键路线

(5) 由于此时计算工期为 18，仍大于要求工期，故需继续压缩。需要缩短的时间：

$$\Delta T = T_p - T_r = 18 - 15 = 3$$

在图 3-34 所示网络计划中，有以下五个压缩方案：

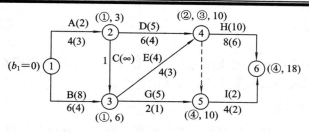

图 3-34　第一次压缩后的网络计划

① 同时压缩工作 A 和工作 B，组合优选系数为：2+8=10；

② 同时压缩工作 A 和工作 E，组合优选系数为：2+4=6；

③ 同时压缩工作 B 和工作 D，组合优选系数为：8+5=13；

④ 同时压缩工作 D 和工作 E，组合优选系数为：5+4=9；

⑤ 压缩工作 H，优选系数为 10。

在上述压缩方案中，由于工作 A 和工作 E 的组合优选系数最小，故应选择同时压缩工作 A 和工作 E 的方案。将这两项工作的持续时间各压缩 1(压缩至最短)，再用标号法确定计算工期和关键线路，如图 3-35 所示。此时，关键线路仍为两条，即：①—②—④—⑥和①—③—④—⑥。

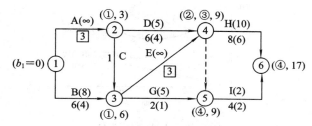

图 3-35　第二次压缩后的网络计划

在图 3-35 中，关键工作 A 和 E 的持续时间已达最短，不能再压缩，它们的优选系数变为无穷大。

(6) 由于此时计算工期为 17 仍大于要求工期，故需继续压缩。需要缩短的时间为 2 天。在图 3-35 所示网络计划中，由于关键工作 A 和 E 已不能再压缩，故此时只有两个压缩方案：同时压缩工作 B 和工作 D，组合优选系数为：$8+5=13$；压缩工作 H，优选系数为 10。

在上述压缩方案中，由于工作 H 的优选系数最小，故应选择压缩工作 H 的方案。将工作 H 的持续时间缩短 2，再用标号法确定计算工期和关键线路，如图 3-36 所示。此时，计算工期为 15，已等于要求工期，故图 3-36 所示网络计划即为优化方案。

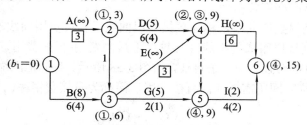

图 3-36　工期优化后的网络计划

3.5.2　费用优化

费用优化又称工期成本优化或时间成本优化，是指寻求工程总成本最低时的工期安排，或按要求工期寻求最低成本的施工计划方案的过程。

1. 费用和工期的关系

工程项目的成本由直接费用和间接费用组成。直接费用由人工费、材料费、机械使用费及现场经费等组成。间接费用包括企业经营管理的全部费用。

工程项目成本 = 直接费用 + 间接费用

一般情况下，缩短工期会引起直接费用的增加和间接费用的减少，延长工期会引起直接费用的减少和间接费用的增加。在考虑工程总费用时，还应考虑工期变化带来的其他损益，包括因拖延工期而罚款的损失或提前竣工而得的奖励，以及因提前投产而获得的收益和资金的时间价值等。

工期与费用的关系如图 3-37 所示。图中工程成本曲线是由直接费用曲线和间接费用曲线叠加而成的。曲线上的最低点就是工程计划的最优方案之一，此方案工程成本最低，相对应的工程持续时间称为最优工期。

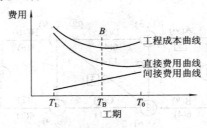

图 3-37　工期-费用曲线

1) 直接费用曲线

直接费用曲线通常是一条由左上向右下的下凹曲线，如图 3-37 所示。因为直接费用总是随着工期的缩短而更快增加的，它在一定范围内与时间成反比关系。如果缩短时间，即加快施工速度，要采取加班加点和多班作业，以及采用高价的施工方法和机械设备等，直接费用也跟着增加。然而当工作时间缩短至某一极限时，无论增加多少直接费用，也不能再缩短工期，此极限称为临界点，此时的时间为最短持续时间，此时的费用为最短时间直接费用。反之，如果延长时间，则可减少直接费用。然而时间延长至某一极限，则无论将工期延至多长，也不能再减少直接费用。此极限为正常点，此时的时间称为正常持续时间，此时的费用称为正常时间直接费用。

连接正常点与临界点的曲线，称为直接费用曲线。直接费用曲线实际并不像图中那样圆滑，而是由一系列线段组成的折线并且越接近最高费用(极限费用)其曲线越陡。为了计算方便，可以近似地将它假定为一条直线，如图 3-38 所示。我们把因缩短工作持续时间(赶工)而引起的每一单位时间所需增加的直接费用，简称为直接费用率，按如下公式计算：

$$\Delta C_{i-j} = \frac{CC_{i-j} - CN_{i-j}}{DN_{i-j} - DC_{i-j}} \tag{3-52}$$

式中：ΔC_{i-j}——工作 $i-j$ 的直接费用率；

CC_{i-j}——工作 $i-j$ 持续时间缩短为最短持续时间后，完成该工作所需的直接费用；

CN_{i-j}——在正常条件下完成工作 $i-j$ 所需的直接费用；

DN_{i-j}——工作 $i-j$ 的正常持续时间；

DC_{i-j}——工作 $i-j$ 的最短持续时间。

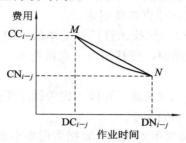

图 3-38　工期-直接费用曲线

从公式中可以看出，工作的直接费用率越大，则将该工作的持续时间缩短一个时间单位，相应增加的直接费用就越多；反之，工作的直接费用率越小，则将该工作的持续时间缩短一个时间单位，相应增加的直接费用就越少。

根据各工作的性质不同，其工作持续时间和费用之间的关系通常有以下两种情况：

(1) 连续型变化关系。有些工作的直接费用随着工作持续时间的改变而改变，如图 3-38 所示。介于正常持续时间和最短(极限)时间之间的任意持续时间的费用可根据其费用斜率，用数学方法推算出来。这种时间和费用之间的关系是连续变化的，称为连续型变化关系。

(2) 非连续型变化关系。有些工作的直接费用与持续时间之间的关系是根据不同施工方案分别估算的，因此，介于正常持续时间与最短持续时间之间的关系不能用线性关系表示，不能通过数学方法计算，工作不能逐天缩短，在图上表示为几个点，只能在几种情况中选择一种，如图 3-39 所示。

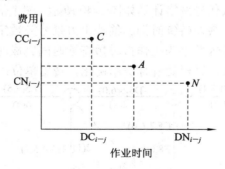

图 3-39　非连续型时间-直接费用关系示意图

2) 间接费用曲线

表示间接费用与时间成正比关系的曲线，通常用直线表示。其斜率表示间接费用在单位时间内的增加或减少值。间接费用与施工单位的管理水平、施工条件、施工组织等有关。

2. 费用优化的方法步骤

费用优化的基本方法：不断地在网络计划中找出直接费用率(或组合直接费用率)最小

的关键工作,缩短其持续时间,同时考虑间接费用随工期缩短而减少的数值,最后求得工程总成本最低时的最优工期安排或按要求工期求得最低成本的计划安排。费用优化的基本方法可简化为以下口诀:不断压缩关键线路上有压缩可能的且费用最少的工作。

按照上述基本方法,费用优化可按以下步骤进行:

(1) 按工作的正常持续时间确定计算关键线路、工期、总费用。

(2) 按式(3-52)计算各项工作的直接费用率。

(3) 当只有一条关键线路时,应找出直接费用率最小的一项关键工作,作为缩短持续时间的对象;当有多条关键线路时,应找出组合直接费用率最小的一组关键工作,作为缩短持续时间的对象。

(4) 对于选定的压缩对象(一项关键工作或一组关键工作),首先比较其直接费用率或组合直接费用率与工程间接费用率的大小:

① 如果被压缩对象的直接费用率或组合直接费用率小于工程间接费用率,说明压缩关键工作的持续时间会使工程总费用减少,故应缩短关键工作的持续时间;

② 如果被压缩对象的直接费用率或组合直接费用率等于工程间接费用率,说明压缩关键工作的持续时间不会使工程总费用增加,故应缩短关键工作的持续时间;

③ 如果被压缩对象的直接费用率或组合直接费用率大于工程间接费用率,说明压缩关键工作的持续时间会使工程总费用增加,此时应停止缩短关键工作的持续时间,在此之前的方案即为优化方案。

(5) 当需要缩短关键工作的持续时间时,其缩短值的确定必须符合下列两条原则:

① 缩短后工作的持续时间不能小于其最短持续时间。

② 缩短持续时间的工作不能变成非关键工作。

(6) 计算关键工作持续时间缩短后相应的总费用变化。

(7) 重复上述(3)～(6)步,直至计算工期满足要求工期,或被压缩对象的直接费用率或组合费用率大于工程间接费用率为止。

【例 3-6】已知某工程双代号网络计划如图 3-40 所示,图中箭线下方括号外数字为工作的正常时间,括号内数字为最短持续时间。箭线上方括号外数字为工作按正常持续时间完成时所需的直接费用,括号内数字为工作按最短持续时间完成时所需的直接费用。该工程的间接费用率为 0.8 万元/天,试对其进行费用优化。费用单位:万元;时间单位:天。

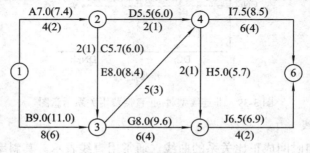

图 3-40　初始网络计划费用

解　该网络计划的费用优化可按以下步骤进行:

(1) 根据各项工作的正常持续时间,用标号法确定网络计划的计算工期和关键线路,如图 3-41 所示。计算工期为 19 天，关键线路有两条，即：①—③—④—⑥和①—③—④—⑤—⑥。

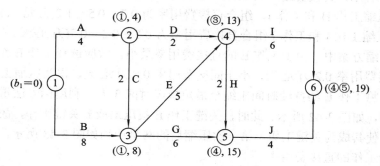

图 3-41　初始网络计划中的关键线路

(2) 计算各项工作的直接费用率：

$$\Delta C_{1-2} = \frac{CC_{1-2} - CN_{1-2}}{DN_{1-2} - DC_{1-2}} = \frac{7.4 - 7.0}{4 - 2} = 0.2(万元/天)$$

$$\Delta C_{1-3} = \frac{CC_{1-3} - CN_{1-3}}{DN_{1-3} - DC_{1-3}} = \frac{11.0 - 9.0}{8 - 6} = 1.0(万元/天)$$

$$\Delta C_{2-3} = \frac{CC_{2-3} - CN_{2-3}}{DN_{2-3} - DC_{2-3}} = \frac{6.0 - 5.7}{2 - 1} = 0.3(万元/天)$$

$$\Delta C_{2-4} = \frac{CC_{2-4} - CN_{2-4}}{DN_{2-4} - DC_{2-4}} = \frac{6.0 - 5.5}{2 - 1} = 0.5(万元/天)$$

$$\Delta C_{3-4} = \frac{CC_{3-4} - CN_{3-4}}{DN_{3-4} - DC_{3-4}} = \frac{8.4 - 8.0}{5 - 3} = 0.2(万元/天)$$

$$\Delta C_{3-5} = \frac{CC_{3-5} - CN_{3-5}}{DN_{3-5} - DC_{3-5}} = \frac{9.6 - 8.0}{6 - 4} = 0.8(万元/天)$$

$$\Delta C_{4-5} = \frac{CC_{4-5} - CN_{4-5}}{DN_{4-5} - DC_{4-5}} = \frac{5.7 - 5.0}{2 - 1} = 0.7(万元/天)$$

$$\Delta C_{4-6} = \frac{CC_{4-6} - CN_{4-6}}{DN_{4-6} - DC_{4-6}} = \frac{8.5 - 7.5}{6 - 4} = 0.5(万元/天)$$

$$\Delta C_{5-6} = \frac{CC_{5-6} - CN_{5-6}}{DN_{5-6} - DC_{5-6}} = \frac{6.9 - 6.5}{4 - 2} = 0.2(万元/天)$$

(3) 计算工程总费用。

① 直接费总和：$C_d = 7.0 + 9.0 + 5.7 + 5.5 + 8.0 + 8.0 + 5.0 + 7.5 + 6.5 = 62.2(万元)$；

② 间接费总和：$C_i = 0.8 \times 19 = 15.2(万元)$；

③ 工程总费用：$C_t = C_d + C_i = 62.2 + 15.2 = 77.4(万元)$。

(4) 通过压缩关键工作的持续时间进行费用优化(优化过程费用计算见表 3-3)

① 第一次压缩：

从图 3-41 可知，该网络计划中有两条关键线路，为了同时缩短两条关键线路的总持续时间，有以下四个压缩方案：

a. 压缩工作 B，直接费用率为 1.0(万元/天)；

b. 压缩工作 E，直接费用率为 0.2(万元/天)；

c. 同时压缩工作 H 和工作 I，组合直接费用率为 0.7 + 0.5 = 1.2(万元/天)；

d. 同时压缩工作 I 和工作 J 组合直接费用率为 0.5 + 0.2 = 0.7(万元/天)。

在上述压缩方案中，由于工作 E 的直接费用率最小，故应选择工作 E 作为压缩对象。工作 E 的直接费用率 0.2 万元/天，小于间接费用率 0.8 万元/天，说明压缩工作 E 可使工程总费用降低。将工作 E 的持续时间压缩至最短持续时间 3 天，利用标号法重新确定计算工期和关键线路，如图 3-42 所示。此时，关键工作 E 被压缩成非关键工作，故将其持续时间延长为 4 天，使其成为关键工作。第一次压缩后的网络计划如图 3-43 所示。图中箭线上方括号内数字为工作的直接费用率。

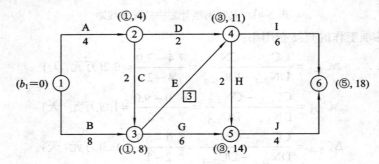

图 3-42　工作 E 压缩至最短时的关键线路

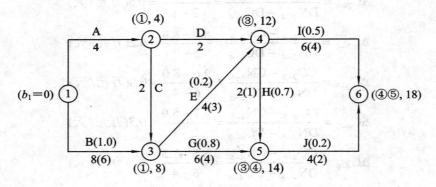

图 3-43　第一次压缩后的网络计划

② 第二次压缩：

从图 3-43 可知，该网络计划中有三条关键线路，即：①—③—④—⑥、①—③—④—⑤—⑥和①—③—⑤—⑥。为了同时缩短三条关键线路的总持续时间，有以下五个压缩方案：

① 压缩工作 B，直接费用率为 1.0(万元/天)；

② 同时压缩工作 E 和工作 G，组合直接费用率为 0.2 + 0.8 = 1.0(万元/天)；

③ 同时压缩工作 E 和工作 J，组合直接费用率为 0.2 + 0.2 = 0.4(万元/天)；

④ 同时压缩工作 G、工作 H 和工作 I，组合直接费用率为 0.8 + 0.7 + 0.5 = 2.0(万元/天)；

⑤ 同时压缩工作 I 和工作 J，组合直接费用率为 0.5 + 0.2 = 0.7(万元/天)。

在上述压缩方案中，由于工作 E 和工作 J 的组合直接费用率最小，故应选择工作 E 和工作 J 作为压缩对象。工作 E 和工作 J 的组合直接费用率 0.4 万元/天，小于间接费用率 0.8 万元/天，说明同时压缩工作 E 和工作 J 可使工程总费用降低。由于工作 E 的持续时间只能压缩 1 天，故工作 J 的持续时间也只能随之压缩 1 天。工作 E 和工作 J 的持续时间同时压缩 1 天后，利用标号法重新确定计算工期和关键线路。此时，关键线路由压缩前的三条变为两条，即：①—③—④—⑥和①—③—⑤—⑥。原来的关键工作未经压缩而被动地变成了非关键工作。第二次压缩后的网络计划如图 3-44 所示。此时，关键工作 E 的持续时间已达最短，不能再压缩，故其直接费用率变为无穷大。

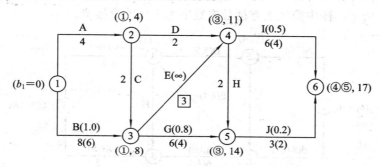

图 3-44 第二次压缩后的网络计划

③ 第三次压缩：

从图 3-44 可知，由于工作 E 不能再压缩，而为了同时缩短两条关键线路①—③—④—⑥和①—③—⑤—⑥的总持续时间，只有以下三个压缩方案：

a. 压缩工作 B，直接费用率为 1.0 万元/天；

b. 同时压缩工作 G 和工作 I，组合直接费用率为 0.8 + 0.5 = 1.3(万元/天)；

c. 同时压缩工作 I 和工作 J，组合直接费用率为 0.5 + 0.2 = 0.7(万元/天)。

在上述压缩方案中，由于工作 I 和工作 J 的组合直接费用率最小，故应选择工作 I 和工作 J 为压缩对象。工作 I 和工作 J 的组合直接费用率为 0.7 万元/天，小于间接费用率的 0.8 万元/天，说明同时压缩工作 I 和工作 J，可使工程总费用降低。由于工作 I 的持续时间只能压缩 1 天，故工作 J 持续时间也只能随之压缩 1 天。工作 I 和工作 J 的持续时间同时压缩 1 天后，利用标号法重新确定计算工期和关键线路。此时，关键线路仍然为两条，即：①—③—④—⑥和①—③—⑤—⑥。三次压缩后的网络计划如图 3-45 所示。此时，关键工作 J 的持续时间也已达最短，不能再压缩，故其直接费用率变为无穷大。

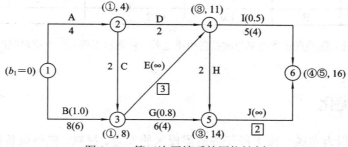

图 3-45 第三次压缩后的网络计划

④ 第四次压缩：

从图 3-45 可知，由于工作 E 和工作 J 不能再压缩，而为了同时缩短两条关键线路①—③—④—⑥和①—③—⑤—⑥的总持续时间，只有以下两个压缩方案：

a. 压缩工作 B，直接费用率为 1.0 万元/天；

b. 同时压缩工作 G 和工作 I，组合直接费用率为 0.8 + 0.5 = 1.3(万元/天)。

在上述压缩方案中，由于工作 B 的直接费用率最小，故应选择工作 B 作为压缩对象。但是，由于工作 B 的直接费用率为 1.0 万元/天，大于间接费用率的 0.8 万元/天，说明压缩工作 B 会使工程总费用增加。因此，不需要压缩工作 B，优化方案已得到，优化后的网络计划如图 3-46 所示。图中箭线上方括号内数字为工作的直接费。

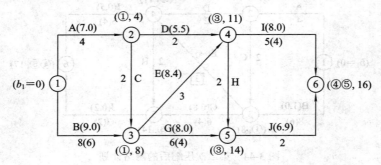

图 3-46　费用优化后的网络计划

(5) 计算优化后的工程总费用：

① 直接费总和：$C_{d0} = 7.0 + 9.0 + 5.7 + 5.5 + 8.4 + 8.0 + 5.0 + 8.0 + 6.9 = 63.5$(万元)；

② 间接费总和：$C_{i0} = 0.8 \times 16 = 12.8$(万元)；

③ 工程总费用：$C_{t0} = C_{d0} + C_{i0} = 63.5 + 12.8 = 76.3$(万元)。

表 3-3　优化过程费用计算

压缩次数	被压缩的工作代号	被压缩的工作名称	直接费用率或组合直接费用率(万元/天)	费率差(万元/天)	缩短时间	费用增加值(万元)	总工期(天)	总费用
0							19	77.4
1	3-4	E	0.2	−0.6	1	−0.6	18	76.8
2	3-4 5-6	E、J	0.4	−0.4	1	−0.4	17	76.4
3	4-6 5-6	I、J	0.7	−0.1	1	−0.1	16	76.3
4	1-3	B	1.0	+0.2				

注：费率差是指工程的直接费用率与间接费用率之差，它表示工期缩短单位时间时工程总费用增加的数值。

3.5.3　资源优化

资源优化是指为完成一项工程任务所需投入的人力、材料、机械设备和资金等的统称。资源限量是单位时间内可供使用的某种资源的最大数量，用 R_i 表示。完成一项工程任务，所需资源量基本上是不变的，不可能通过资源优化将其减少。资源优化的目的是通过改变工作的开始时间和完成时间，使资源按时间的分布符合优化目标。

在通常情况下，网络计划的资源优化分为两种，即资源有限—工期最短的优化和工期固定—资源均衡的优化。前者是在满足资源限制条件下，通过调整计划安排，使工期延长最少的过程；后者是在工期保持不变的条件下，通过调整计划安排，使资源需用量尽可能均衡的过程。

进行资源优化的前提条件是：

(1) 在优化过程中，不改变原网络计划各工作之间的逻辑关系。

(2) 在优化过程中，不改变原网络计划的各工作的持续时间。

(3) 除规定可中断的工作外，一般不允许中断工作，应保持其连续性。

(4) 网络计划中各工作单位时间的资源需要量为常数，即资源均衡，而且是合理的。

1. 资源有限——工期最短

1) 资源分配的原则

(1) 关键工作优先满足，按每日资源需要量大小，依据从大到小的顺序供应资源。

(2) 非关键工作的资源供应按时差从大到小供应，同时还应考虑资源和工作是否中断。

2) 优化步骤

(1) 按照各项工作的最早开始时间绘制时标网络计划，并绘制资源动态曲线，计算网络计划每个时间单位的资源需用量。

(2) 从计划开始之日起，逐个检查每一时间资源需要用量是否超过资源限值，找出首先出现超过资源限值的时段，进行优化调整。

(3) 分析超过资源限量的时段，按本时段内各工作的调整对工期的影响安排优化顺序。顺序安排的选择标准是工期的延长时间最短。当调整一项工作的最早开始时间后仍不能满足要求，就应按顺序继续调整其他工作。

(4) 绘制调整后的网络计划，重复以上步骤，直到满足要求。

2. 工期固定——资源均衡

资源均衡可以使各种资源需用量的动态曲线尽可能不出现短时期的高峰或低谷，资源供应合理，从而节省施工费用。

工期固定，资源均衡的优化方法很多，如方差值最小法、极差值最小法、消高峰法等，这里介绍方差值最小法。

1) 方差值最小法基本原理

方差值即每天计划需用量与每天平均需用量之差的平方和的平均值。方差值越小，说明资源均衡程度越好，优化时可以用方差最小作为优化目标。即：

$$\sigma^2 = \frac{1}{T} \sum_{t=1}^{T} (R_t - R_m)^2$$

$$= \frac{1}{T} \sum_{t=1}^{T} R_t^2 - 2\frac{1}{T} \sum_{t=1}^{T} R_t R_m + \frac{1}{T} \sum_{t=1}^{T} R_m^2$$

$$\frac{1}{T}\sum_{t=1}^{T} R_t = R_m,$$

$$\sigma^2 = \frac{1}{T}\sum_{t=1}^{T} R_t^2 - R_m^2 \tag{3-53}$$

式中：σ^2——资源需用量方差；

T——网络计划的计算工期；

R_t——第 t 个时间单位的资源需用量；

R_m——资源需用量平均值。

从式(3-53)可看出，T 及 R_m 都为常数，预使 σ^2 为最小，只需资源需用量的平方和为最小值，即：

$$W = \sum_{t=1}^{T} R_t^2 = R_1^2 + R_2^2 + \cdots + R_T^2 = \min$$

2) 优化步骤

(1) 根据网络计划初始方案计算时间参数，确定关键线路及非关键工作的总时差，绘制资源动态曲线。为了满足工期固定的条件，在优化过程中不考虑关键工作的调整。

(2) 调整宜自网络计划终点节点开始，从右向左逐次进行。按工作的完成节点编号从大到小的顺序进行调整，同一个完成节点的工作应先调整开始时间较迟的工作。在所有工作都按上述顺序自右向左进行了一次调整之后，再按上述顺序自右向左进行多次调整，直至所有工作的位置都不能再移动为止。

(3) 调整移动的方法，设被移动工作 i、j 分别表示工作未移动前开始和完成的那一天。若该工作右移一天，则第 i 天的资源需用量将减少 r(该工作资源需用量)；而第 $j+1$ 天的资源需用量增加 r，则 W 值的变化量为(与移动前的差值)为

$$\Delta W = (R_i - r)^2 + (R_{j+1} + r)^2$$
$$= 2r(R_{j+1} - R_i + r) \tag{3-54}$$

式中：r——工作的资源数；

R_i——工作开始时间时网络图的资源数；

R_{j+1}——工作完成时间时网络图的资源数。

显然 $\Delta W < 0$ 则表示 σ^2 减少；可将工作右移一天，多次重复至不能移动 $\Delta W > 0$ 为止。

📖　能 力 训 练　📖

问答题：

3-1　什么是网络图？什么是网络计划？

3-2　什么叫双代号网络图？什么叫单代号网络图？

3-3 工作和虚工作有什么不同？虚工作的作用有哪些？

3-4 什么叫逻辑关系？网络计划有哪两种逻辑关系？有何区别？

3-5 简述网络图的绘制原则。

3-6 节点位置号怎样确定？用它来绘制网络图有哪些优点？时标网络计划可用它来绘制吗？

3-7 试述工作总时差和自由时差的含义及其区别。

3-8 什么叫节点最早时间、节点最迟时间？

3-9 什么叫线路、关键工作、关键线路？什么是网络计划优化？

3-10 什么是工期优化、费用优化、资源有限—工期最短的优化、工期固定—资源均衡的优化？

3-11 试述工期优化、资源优化、费用优化的基本步骤。

实训题：

3-12 图 3-47 所示的双代号网络图中，存在绘图错误的有哪些？

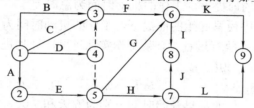

图 3-47 双代号网络图

3-13 某分部工程各工作之间的逻辑关系如表 3-4 所示。根据该逻辑关系表绘出正确的网络图。

表 3-4 各工作之间的逻辑关系表

工作	A	B	C	D	E	F
紧前工作	—	—	A	A、B	D	C、D

3-14 根据表 3-5 所给定的工作编号和工作持续时间，绘制出双代号网络图。

表 3-5 工作编号和持续时间表

工作编号	1-2	1-3	1-4	2-3	2-5	3-4	3-5	3-6	4-6	5-6
持续时间	4	2	5	3	3	0	4	5	7	4

3-15 选择题

(1) 工程网络计划中，判别关键工作的条件是该工作( )。

A. 结束与紧后工作开始之间的时距最小

B. 与其紧前工作之间的时间间隔为零

C. 与其紧后工作之间的时间间隔为零

D. 最迟开始时间与最早开始时间的差值最小

(2) 某项工作有两项紧后工作 C、D，最迟完成时间为 C = 20 天，D = 15 天，工作持续时间为 C = 7 天，D = 12 天，则本工作的最迟完成时间是(　　)。

　　A. 13 天　　　　　　　B. 3 天　　　　　　C. 8 天　　　　　　D. 15 天

(3) 网络计划中，工作最早开始时间应为(　　)。

　　A. 所有紧前工作最早完成时间的最大值

　　B. 所有紧前工作最早完成时间的最小值

　　C. 所有紧前工作最迟完成时间的最大值

　　D. 所有紧前工作最迟完成时间的最小值

(4) 某项工作有两项紧后工作 C、D，最迟完成时间为 C = 30 天，D = 20 天，工作持续时间为 C = 5 天，D = 15 天，则本工作的最迟完成时间是(　　)。

　　A. 3 天　　　　B. 5 天　　　　C. 10 天　　　　D. 15 天

(5) 关于自由时差和总时差，下列说法中错误的是(　　)。

　　A. 自由时差为零，总时差必定为零

　　B. 总时差为零，自由时差必为零

　　C. 在不影响总工期的前提下，工作的机动时间为总时差

　　D. 在不影响紧后工序最早开始的前提下，工作的机动时间为自由时差

(6) 某工程网络计划在执行过程中，某工作实际进度比计划进度拖后 5 天，影响工期 2 天，则该工作原有的总时差为(　　)。

　　A. 2 天　　　　B. 3 天　　　　C. 5 天　　　　D. 7 天

(7) 如果 A、B 两项工作的最早开始时间分别为 6 天和 7 天，它们的持续时间分别为 4 天和 5 天，则它们共同的紧后工作 C 的最早开始时间为(　　)。

　　A. 10 天　　　B. 11 天　　　C. 12 天　　　D. 　13 天

(8) 某工程计划中 A 工作的持续时间为 5 天，总时差为 8 天，自由时差为 4 天。如果 A 工作实际进度拖延 13 天，则会影响工程计划工期(　　)。

　　A. 3 天　　　　B. 4 天　　　C. 5 天　　　　D. 10 天

(9) 在网络计划中，若某项工作的(　　)最小，则该工作必为关键工作。

　　A. 自由时差　　B. 持续时间　C. 时间间隔　　D. 总时差

(10) 在建设工程项目双代号网络计划中，浇筑混凝土工作 L 的最迟完成时间为第 25 天，其持续时间为 6 天。该工作共有三项紧前工作分别是钢筋绑扎、模板制作和预埋件安装，它们的最早完成时间分别为第 10 天、第 12 天和第 13 天，则工作 L 的总时差为(　　)。

　　A. 12 天　　　B. 9 天　　　C. 6 天　　　D. 7 天

3-16　计算图 3-48 的各工作时间参数，确定关键线路和计算工期。

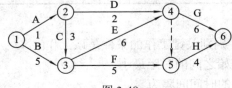

图 3-48

3-17　已知某工程双代号网络计划如图 3-49 所示，图中箭线下方括号外数字为工作的正常持续时间，括号内数字为最短持续时间。箭线上方括号内数字为优选系数，现要求工

期为 12 天，试对其进行工期优化。

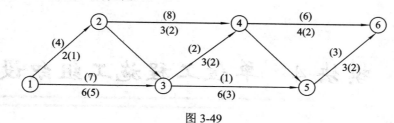

图 3-49

模块 4　单位工程施工组织设计

【模块概述】　本模块内容包括单位工程施工组织设计编制的依据、分类、内容和程序；施工方案设计的内容和相应的案例；施工措施的编制及相应案例；施工进度计划和资源需要量的编制方法和步骤；施工平面图的设计原则和步骤等。

【学习目标】　通过学习了解单位工程施工组织设计编制的依据、分类、内容和程序；重点掌握施工方案、施工措施、施工进度计划和资源需要量、施工平面图编制方法，能够编制完整的施工组织设计。

4.1　概　　述

单位工程施工组织设计是以单位工程为对象，具体指导施工全过程中各项活动的技术、经济文件，是施工单位编制季度、月度施工作业计划，分部(分项)工程施工设计及劳动力、材料、构件、机具等供应计划的主要依据。单位工程施工组织设计一般由工程项目主管工程师负责编制。

4.1.1　单位工程施工组织设计的编制依据

(1) 上级主管部门对工程项目的批示文件及有关建设要求。如上级主管部门对工程的开工日期、竣工日期、土地申请、施工执照和工程施工等方面的要求。

(2) 施工合同和建设单位对工程施工的要求。如建设单位在招标文件中对工程进度、质量和造价等的具体要求，施工合同中双方确认的有关规定。

(3) 施工图纸及设计单位对施工的要求。其中包括：单位工程的全部施工图纸、会审记录和标准图等有关设计资料，对于较复杂的建筑工程还要有设备图纸和设备安装对土建施工的要求，以及设计单位对新结构、新材料、新技术和新工艺的要求。

(4) 施工企业年度生产计划对该工程的安排和规定的有关指标。如工程进度、其他项目穿插施工的要求等。

(5) 施工组织总设计或施工组织设计大纲对该工程的有关规定和安排。

(6) 资源配备情况。如施工中需要的劳动力、施工机具和设备、材料、预制构件和加工品的供应能力和来源情况。

(7) 建设单位可能提供的条件和水、电供应情况。如建设单位可能提供的临时房屋数量，水、电供应量，水压、电压能否满足施工要求等。

(8) 施工现场的条件和勘察资料。如施工现场的地形、地貌、地上与地下的障碍物、工程地质和水文地质条件、气象资料、交通运输道路及场地面积等。

(9) 国家有关工程建设方面的法律、法规及规范等资料。国家的施工质量验收规范、操作规程和有关定额是确定施工方案、编制进度计划、编制施工预算的主要依据。

4.1.2 单位工程施工组织设计的分类与编制内容

1. 单位工程施工组织设计的分类

根据所处阶段的不同，单位工程施工组织设计可以分为两类：一类是投标前编制的施工组织设计(简称标前设计)；另一类是签订工程承包合同后编制的施工组织设计(简称标后设计)。

标前设计是为了满足编制投标书和签订承包合同的需要而编制的，是承包单位进行工程投标和合同谈判，提出邀约和做出承诺的依据，是拟订合同文件中相关条款的基础资料。标后设计是为了满足施工准备和指导施工全过程中各项施工活动的需要而编制的，是具体指导施工的技术经济文件。

2. 单位工程施工组织设计的编制内容

单位工程施工组织设计的内容，根据设计阶段、工程性质、规模、繁简程度的不同，其内容和深、广度要求也有所不同，不强求一致。但内容必须简明扼要，从实际出发确定各生产要素，如材料、机械、劳动力、施工方法等，使其能真正起到指导现场施工的作用。

单位工程施工组织设计较完整的内容一般应包括以下几点：

(1) 工程概况及施工特点；

(2) 单位工程施工方案；

(3) 单位工程施工进度计划；

(4) 劳动力、材料、构件、加工品、施工机械和机具等需要量计划；

(5) 单位工程施工准备工作计划；

(6) 单位工程施工平面图；

(7) 保证质量、安全、降低成本等技术组织措施；

(8) 各项技术经济指标。

对于一般常见的建筑结构类型且规模不大的单位工程，施工组织设计可以编制得简单一些，其主要内容为：施工方案、施工进度计划和施工平面图，并辅以简明扼要的文字加以说明。

4.1.3 单位工程施工组织设计的编制程序

单位工程施工组织设计的编制应遵循一定的程序，具体见图4-1。

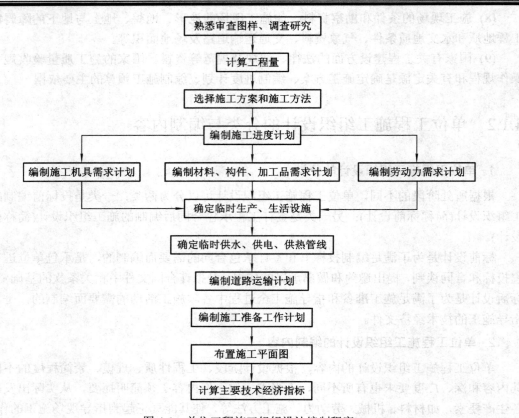

图 4-1　单位工程施工组织设计编制程序

4.2　工程概况描述与施工部署

单位工程施工组织设计中的工程概况，是对拟建工程的工程特点、现场情况和施工条件等所作的一个简要的、突出重点的文字介绍。

4.2.1　工程概况描述

工程概况描述的内容主要包括以下几点。

1. 工程建设概况

工程建设概况主要说明：拟建工程的建设单位、工程名称、性质、用途和建设目的；资金来源及工程投资额；开工、竣工日期；设计单位、施工单位、监理单位情况；施工合同和主管部门有关文件的要求，以及组织施工的指导思想等。

2. 工程施工概况

工程施工概况主要是根据施工图纸，结合调查资料，简练地概括工程全貌，综合分析工程特点，突出关键重点问题。对新结构、新材料、新技术、新工艺及施工的难点尤应重点说明。具体内容如下。

(1) 建筑设计特点：主要说明拟建工程的建筑面积、层数、高度、平面形状和平面组合情况及室内外装修的情况。为弥补文字叙述的不足，一般需附上拟建工程的平面、立面和剖面简图，图中要注明轴线尺寸、总长、总宽、总高及层高等主要建筑尺寸。

(2) 结构设计特点：主要说明基础类型、埋置深度、设备基础的形式、主体结构的类型、特殊结构部位，墙、柱、梁、板的材料及截面尺寸，预制构件的类型及安装位置等。

(3) 建设地点特征：主要说明拟建工程的位置、地形，工程地质与水文地质条件，不同深度土壤的分析，冻结期间与冻层厚度，地下水位、水质，气温，冬雨期施工起止时间，主导风向、风力和地震设防裂度等。

(4) 施工条件：主要说明水、电、气、道路、通讯及场地平整的情况，施工现场及周围环境情况，当地的交通运输条件，预制构件生产及供应情况，施工企业机械、设备、劳动力的落实情况，劳动组织形式及施工管理水平，现场临时设施、供水、供电问题的解决等。

(5) 施工特点分析：通过上述分析，应指出单位工程的施工特点和施工中的关键问题，以便在选择施工方案、组织资源供应和技术力量配备，以及在施工准备工作上采取有效措施，使解决关键问题的措施落实于施工之前，从而保证施工顺利进行，提高施工企业的经济效益和管理水平。

练习 通过对工程概况内容的学习，根据以下工程实例对工程概况进行描述。

工程实例情景 1(工程概况)

1. 工程建设概况

(1) 建筑名称：××××学院教学楼

(2) 建设单位：××××学院

(3) 建设地点：××××学院院内

(4) 建筑面积：9986 m²

(5) 建筑层数及高度：本工程共 7 层，室内外高差 450 mm。1～7 层层高 4.2 m，顶层水箱间层高 3.9 m，建筑高度 29.85 m，建筑总高度 30.75 m

(6) 资金来源及工程投资额：单位自筹 2000 万元

(7) 开工、竣工日期：2011.07.08～2012.06.30

(8) 设计单位：××××设计研究院

(9) 施工单位：××××建筑公司

(10)监理单位情况：××××监理公司

2. 工程施工概况

(1) 建筑设计特点。主要功能为教室和教师办公室。该工程地面采用地砖，局部采用大理石及花岗岩面层，楼内顶棚设有吊顶，外窗单框双玻 low-e 平开窗，外墙装饰为面砖及涂料，局部为玻璃幕墙。建筑平面见平面、立面和剖面简图。

(2) 结构设计特点。结构类型为框架结构，设计使用年限 50 年。静压桩基础，桩端持力层为卵石层，基础形式为桩承台和基础梁，基础底标高为负 2.3 m。该框架结构柱截面尺寸为 700 mm × 700 mm，600 mm × 600 mm。框架梁截面为 350 mm × 900 mm、300 mm × 1200 mm 等，次梁截面为 300 mm × 450 mm、300 mm × 550 mm。板为现浇板及现浇空心楼盖。该工程混凝土强度等级：承台 C30、柱 C40、梁板梯 C30、圈梁、构造柱为 C20、垫层 C15。框架填充墙采用材料，±0.00 以上采用小型混凝土空心砌块，外墙 300 mm 厚，内夹 120 mm 厚岩棉保温板，内墙 200 mm 厚，用 M5.0 混合砂浆砌筑，±0.00 以下采用混凝土实心砖 M5.0 水泥砂浆砌筑。

(3) 建设地点特征。本工程区域的地质情况为基本杂填土、粉质粘土和卵石层，基础坐落在卵石层上。地下水位较深，主导风向为夏季南风和冬季北风，累计全年月平均风速 2.9 m/s。年平均降水量在 600～800 mm 之间，大部分集中在夏季。全年日照时数少，冬季时间较长，气温较低，年平均气温 6℃～8℃，无霜期 140～160 天，属温带湿润、半湿润性气候。抗震等级为二级，抗震设防裂度 7 度。

(4) 施工条件。施工现场水、电均由学院内接入，容量满足要求。修好一条临时道路与院外道路相通，虽然能满足现场材料的进出和机械进场，但市区道路较窄、交通拥挤、运输不便。现已完成场地平整，现场地势平坦，无明显高差。

(5) 施工特点分析。该工程占地面积大，单层面积较大，层数不多，工期紧，须投入的设备、劳动力、周转材料量较大。由于施工地点位于校园内，环保和文明施工要求较高。现浇空心管施工工艺为第一次碰到，可借鉴的经验较少，需认真筹划。

4.2.2 施工部署

1. 总体部署

总体部署中主要明确项目的质量、进度及安全总体目标，确定项目的工作原则。根据项目的特点确定项目区(段)的划分及施工顺序的安排。

2. 劳动力的配置与组织

实行专业化组织，按不同工种、不同施工部位划分作业班组，制定各专业班组分工表，明确各班组工作职能，并综合组织协调施工。根据工程的实际情况，要求各专业施工队，按计划配备足够的劳动力；根据工程的实际进度，及时调配劳动力和各专业施工班组的进出场，对分包单位和劳动力实行动态管理。

3. 物资设备供应管理

根据施工进度制订材料、设备的采购计划，然后依据合同所规定的承包采购范围及本企业的实际情况进行采购。对于自供的材料和设备，建设单位考察和确认由承包方采购的材料和设备，以及建设单位直接供应的材料、设备要明确采购的工作流程，以确保采购的材料和设备在质量、价格、规格、型号等方面满足施工要求。

4. 施工组织部署

确定施工项目管理组织的结构和人员安排并明确职能分工。在组织部署里要明确施工的主要内容、主次关系、分包单位的规划，以及施工过程中的控制、协调、总结分析。在施工协调管理中根据工程会出现的问题，写明同设计单位之间的工作协调、与监理工程师的工作协调。

练习 通过对施工部署内容的学习，根据工程实例情景 2 制定施工部署。

工程实例情景 2(施工部署)

1. 总体部署

根据建设单位要求，资金供应状况，现场条件和施工技术要求，我们将本着"质量第一"的原则，按照施工图纸及建设单位的要求顺利完成单位工程。本工程占地面积大，单层面积较大，层数不多，计划分两个流水段施工，并分两段流水作业。配备塔吊 1 台，竖井 1 架。在工期安排上加大插入度，立体交叉施工。砌墙完成一部分后即插入内墙局部抹灰、管道安装等，确保按建设单位要求的时间提前 10d 完成，即 2012 年 6 月 20 日交验。2011 年 7 月 8 日开工；基础在 8 月中旬完成；主体框架在 2011 年底完成；装修在 2012 年 6 月 20 完成并交验。

质量目标：本公司把该工程列入公司的重点工程和创优项目，将严格按照 ISO9001 国际标准组织施工，使该工程在质量管理和质量水平上都上一个新台阶，确保工程竣工达到优良标。

进度目标：我们将合理安排工期，各工种穿插作业，主体期间在避免扰民的情况下日夜兼程，在保证质量的前提下高效快捷地施工，确保在 2012 年 6 月 30 日竣工。(具体安排详见施工部署和施工进度计划表)

安全目标：确保无重大工伤事故，杜绝死亡事故的发生，轻伤频率控制在 1.5‰以内。

2. 劳动力的配置与组织

实行专业化组织，按不同工种、不同施工部位来划分作业班组。使各专业队伍从事性质相同的工作，提高操作的熟练程度和劳动生产力，以确保工程质量、施工进度和安全文明施工。

由于本工程面积大、工期紧，项目经理部要综合组织协调施工。根据工程的实际情况，要求各专业施工队，按计划配备足够的劳动力；根据工程的实际进度，及时调配劳动力和各专业施工班组的进出场，对分包单位和劳动力实行动态管理。各专业班组具体的职能分工见表 4-1。

表 4-1 项目经理部专业班组分工表

序号	队伍名称	分 工 职 能
1	防水施工班	屋面防水及卫生间防水的施工
2	安装施工班	给排水施工、卫生洁具安装、电气暗配管及管内穿线、照明灯具及配电系统的安装、系统的调试、采暖系统的安装等
3	装修施工班	内外墙面的粉刷、顶棚吊顶、地砖铺设、木门及木构件的制作安装、铝合金门窗的制作安装、油漆、涂料的喷刷等
4	辅助施工班	施工场地的准备、临时建筑的搭设、临时水电线路的敷设、施工现场道路的铺设、本工程建筑垃圾的清理、安全设施的修建、现场文明施工的维护、建筑材料及周转材料的装卸整理等
5	主体施工班	土方开挖及回填、基础工程的施工、主体结构的砌筑、模板制作及安装、钢筋成型及绑扎、钢筋混凝土预制构件的制作及安装、现浇混凝土的浇筑等

3. 物资设备供应管理

物资采购应依据合同所规定的总承包采购范围及本企业的《物资管理采购手册》，由本项目经理部负责统一集中采购，并对进场材料和设备进行检验和管理，以保证物资供应的质量和及时性。

(1) 自供的材料和设备：由项目经理部根据设计图纸，提供详细的材料、设备计划，由采购员按计划要求提供三家以上，且经评审合格的供应商交建设单位、监理单位审核，确定材料供应商。由供货商负责组织供应，并提供批量的出厂合格证和物资证明。项目经理部按计划组织验收，在检验合格后方准许使用。对确有疑问的材料进行退货，通知供应商限时更换。

(2) 建设单位考察和确认由承包方供应的材料和设备：由建设单位进行材料供应厂商的考察，确定材料、设备的质量、价格、规格、型号等。对建设单位要求总包方供货的，本企业将认真按合同规定和建设单位的要求组织材料、设备的供应合同的签订，并由项目经理部负责进场材料的检验、验收、保管、使用及安装。

(3) 建设单位直接供应的材料、设备：在工程总控计划的指导下，建设单位按照工程的月度计划、季度计划及设备供应计划提前向项目经理部提供材料、设备的供应计划。项目经理部根据计划要求按时组织材料、设备进场，准备存放场地，并负责检验进场材料、设备及验收后的保管和使用、安装工作。

4. 施工组织部署

(1) 项目经理部人员配备。根据建设单位的要求和工程目标，我们本着"保工期，创优质"的原则，运用质量保证体系，进行施工管理。为确保本工程全方位的组织管理能够顺利实施，我公司将调派具有多年施工经验并创建过省级优质工程的项目经理组织施工，并由具有高层结构施工和类似大型工程施工管理经验的工程技术人员和管理人员组成项目经理部。实行项目经理负责制，全面履行对建设单位的承诺，协助建设单位与周边居民的协调工作，并密切配合政府各部门的工作，以确保工程顺利进行。

按照 ISO9001 标准，对从事与质量有关的人员进行要素分配，明确岗位职责。本工程质量计划管理人员包括：项目经理、项目工程师(技术负责人)、工长(施工员)、计划员、资料员、质检员、材料员、安全员、预算员，具体的人员配备见表 4-2。

表 4-2　项目工程部人员配备表

姓　名	项目任职	职　称	主要职责
×××	项目经理	工程师	负责全面管理
×××	技术负责人	高级工程师	负责安全技术、质量管理
×××	施工员	工程师	组织施工
×××	质检员	工程师	负责全面质量检查
×××	安全员		负责安全管理
×××	档案员		负责档案管理及材料试验
×××	材料员		材料采购
×××	预算员		工程预算

根据不同的岗位确定岗位职责。

① 项目经理岗位职责：

a. 认真履行工程合同，确保工期、质量、安全、文明施工、ISO9000 目标的实现。

b. 落实公司质量方针、质量目标和质量承诺，按照 ISO9002 标准，建立文件化质量保证体系。

c. 组织施工生产，控制总进度计划、月度计划，进行内部综合平衡。分包工程必须纳入总包管理范围，并进行监督检查考核。

d. 组织编制两算和两算对比，对工程分包、外委托、外加工签字把关。

e. 控制项目责任成本，实施量化考核。组织月度成本分析，负责工程结算。

f. 推行新工艺、新技术，完成项目成果和 QC 成果。

h. 控制本项目物资采购、质量检验、内审不符合项以及纠正和预防措施的落实。

② 项目工程师(技术负责人)岗位职责：

a. 分管 ISO9000 贯标和技术质量管理工作，贯彻技术规范、技术规定、施工验收、安全技术规程和技术管理制度。

b. 进行过程控制：会审图纸，参加设计交底，进行技术交底、安全交底，填写施工日志。确定工程关键工序、特殊工序，明确工艺流程，技艺评定方式，制定控制措施，推行新工艺、新技术、新材料的应用。

c. 控制现场产品标识和可追溯性，明确物资、试样、试块、工程质量、设备、安全、计量的标识和可追溯性记录的控制范围。

d. 负责检验和试验的控制，对分项工程质量检验、技术复核、隐蔽工程验收把关。确定样板间，落实参建队伍自检、互检、交接检。

e. 对物资和质量不合格品进行控制，发现问题后进行标识、记录、评价、处置，组织工长、质检员分析原因，提出纠正和预防措施，整改后复查。

f. 控制现场文明施工，作业面应清洁，楼梯、楼层、操作面、竖井口、建筑物周边工完场清。

h. 负责测量仪器的控制，对监测记录进行检查，落实计量管理规定，抓好现场计量工作。

③ 工长(施工员)岗位职责：

a. 审阅施工图纸，参加设计交底，对作业施工队进行技术交底、安全交底，填写施工日志。

b. 严格按设计图纸、设计交底、施工进度计划安排组织施工。

c. 按照施工总部署和进度要求参加编制周、日施工计划，并负责实施、落实。

d. 负责所担负的施工栋号工程的进度、质量、安全、文明施工，保持作业面清洁。

e. 制定切实可行的成品保护措施，对进入施工现场的人员加强产品保护意识教育。

f. 负责在施工工作的施工队、班组任务单的结算工作。

④ 项目预算员岗位职责：

a. 负责项目经济收支把关，对合同、预算、定额行使管理职能。

b. 根据图纸编制工程预算、结算，并依据变更签证、调价文件对预算进行调整。

c. 依据施工图纸进行分部、分项、分层、分段预算，做好预测、预控。按照基础、主体、装修进行量化考核、实物对比、两算对比。

d. 根据图纸会审、设计交底、图纸修改及时进行记录、调整。

e. 负责工程合同管理，对合同交底、合同变更、合同实施过程状态进行评审，做好洽商记录。对合同履约或延期做好登记台帐。

h. 按照图纸计算工程量，提前开具任务单并及时下达。

i. 负责工程分包、外委托、外加工的管理，建立收入与支出对比记录台帐。

j. 负责预算文件和资料的控制，按照要求建立各项内业台帐、报表。

⑤ 项目质检员岗位职责：

a. 参与施工组织设计，编制质量计划。

b. 明确本工程关键工序、特殊工序和质量管理点。对特殊工序、关键工序确定控制点、控制标准、控制措施、控制方法和责任人，并进行监督检查。

c. 编制分部工程、分项工程、隐蔽工程质量检查项目，对关键工序、特殊工序进行监控，填报监控记录。

d. 制定月度检查计划，对工程质量分项进行检验，签署质量评定。

e. 在检查工程质量时，对实物明显部位用数据或记号做状态标识，不合格不得放行。

f. 执行质量否决权，对工序中不符合质量要求的有权提出整改，经复验纠正后方可施工，保证合格产品进入下道工序。

h. 对质量不合格品与工长配合标识、记录，并分析原因，提出纠正措施。

i. 配合工长落实操作班组自检、互检、交接检制度。

⑥ 项目安全员岗位职责：

a. 按照安全检查标准，实施对基础上工地的监督控制。

b. 负责施工现场安全管理，监督检查安全生产责任制、施工方案、安全交底、安全检查、安全教育、班前安全活动以及特种工种作业持证上岗的落实。

c. 检查三宝(安全帽、安全带、安全网)、四口(电梯井口、楼梯口、预留洞口、通道口)的防护。

d. 检查阳台、楼层、屋面、临边的防护，控制施工架子、塔吊、竖井电梯设施的规范搭设。

e. 制定现场安全标志，布置总平面图，并按规定设置安全标志。

f. 监督施工用电的外电防护、接地零保护，对机械防护、开箱、现场照明设施进行定期检查，消除隐患。

h. 对违章指挥、违章蛮干有权制止，对检查出的安全隐患有权提出整改。

i. 负责民工的安全培训、安全教育。

⑦ 项目材料员岗位职责：

a. 参与施工组织设计、质量计划的编制。

b. 根据工程周计划及月计划安排材料进场，负责制定材料、大型工具的需用计划。

c. 对顾客提供产品的控制，签订甲供物资双方协议书，负责进场物资的验证、贮存和维护。

d. 负责现场物资、库房物资的标识、标卡，对钢筋、水泥、外加剂等双控物资进行追溯。

e. 执行限额领料制度，考核任务单。依据施工预算，建立分部、分项、分层主要材料消耗时的收支对比量化考核。

f. 负责检验进货。检验进场材料、材质单、合格证、数量、品种、规格，对双控材料必须进行复试，合格后方可使用。

h. 负责搬运、储存、现场料具，并按平面图的码放标准，控制材料区域场地平整和储存环境。

i. 搞好库房管理。库房要求整洁有序，管理制度上墙，危险品单独设库存放。

(2) 项目经理部在组织以土建结构为主，给排水、强弱电、通风、空调、设备安装、消防及装饰工程配合施工的同时，还应协调建设单位指定的分包单位配合施工。

(3) 整个工程分为基础施工期、主体结构施工期、设备安装和装修施工期以及设备调试期，各施工期通过平衡协调和调度紧密地组成一体。

(4) 施工组织设计的主要内容有：土建基础、结构施工、给排水、通风采暖、消防、动力照明、电梯、弱电系统、综合布线、空调和装饰等。

(5) 各分包单位，必须无条件地服从施工总控计划。

(6) 根据整个工程各部位工程量的大小及施工难易程度，以及使用、交付时间，现场将布置一台 45 m 臂长塔吊。待主体施工完毕后，在将其拆除。由于本工程工期紧、任务重，我们采取将每天 24 h 划分成 2 个时间段，以时间段编制施工作业计划，安排劳动力和设备。为了能保证施工正常进行，并满足总控计划要求，在结构施工期间，对主体结构进行分段验收，初装修及安装工程的提前插入，形成了多工种、多专业的主体交叉施工，这样可以缩短工期、减少投入。要求加强对施工现场协调力度和总控计划的控制，并与建设单位和监理密切配合，为分包提供便利的施工条件，以保证总控计划的实现。

(7) 施工协调管理。

① 同设计单位之间的工作协调。

a. 我们将与设计院联系，进一步了解设计意图及工程要求。根据设计意图，完善我们的施工方案，并协助设计院完善施工图设计。

b. 主持施工图的审查，协助建设单位并会同设计师、供应商(制造商)提出建议，完善设计内容和设备物资选型。

c. 对施工中出现的情况，除按建筑师、监理的要求及时处理外，还应积极修正可能出现的设计错误，并会同建设单位、建筑师、监理及分包方按照总进度与整体效果的要求，验收小样板间，进行部位验收、中间质量验收和竣工验收等。

d. 根据建设单位指令，组织设计方参加机电设备、装饰材料、卫生洁具等的选型、选材和定货，参加新材料的定样采购。

e. 协调各施工分包单位在施工中需与建筑师协商解决的问题。协助建筑师解决诸如多管道并列等原因引起的标高、几何尺寸的平衡协调工作；协助建筑师解决不可预测因素引起的地质沉降、裂缝等变化。

② 与监理工程师的工作协调。

a. 在施工全过程中，严格按照分包方及监理工程师批准的"施工组织设计"进行质量管理。在分包单位自检和项目管理部专检的基础上，接受监理工程师的验收和检查，并按照监理工程师提出的要求，予以整改。

　　b. 贯彻项目管理部已建立的质量控制、检查、管理制度，并据此对各分包单位予以控制，确保产品达到优良。总包商对整个工程产品质量负有最终责任，任何分包单位的工作失职、失误均视为本企业的失误。因而必须杜绝现场施工分包单位不服从监理工作的不正常现象的发生，使监理工程师的一切指令得到全面地执行。

　　c. 所有进入现场的成品、半成品、设备、材料、器具，均要主动向监理工程师提交产品合格证或质保书。按规定在使用前需进行材料复试，并主动提交复试结果报告，使所用的材料、设备不给工程造成浪费。

　　d. 按部位或分项工序检验的质量，应严格执行三检制。上道工序不合格，下道工序不施工，使监理工程师能顺利开展工作。对可能出现工作意见不一致的情况，应遵循"先执行监理的指导，后予以磋商统一"的原则。在现场质量管理工作中，要维护好监理工程师的权威性。

　　③ 协调方式。

　　a. 按总进度计划制定的控制节点，组织协调工作会议，检查本节点的实施情况，制定修正调整下一个节点的实施要求。

　　b. 由本企业项目经理部的项目经理负责主持施工协调会。一般情况下，以周为单位进行协调，召开以建设单位、监理、设计参加的会议。

　　c. 由项目施工员负责主持每日与专业班组的施工协调会，发现问题及时解决，确保施工质量、施工进度、安全及文明施工，保证工程顺利进行。

　　d. 项目经理部以周为单位，提交工程简报，向建设单位和有关单位反映、通报工程进展情况及需要解决的问题。使有关方面了解工程的进展情况，及时解决施工中出现的困难和问题。根据工程进展，我们还将定期召开各种协调会，协助建设单位协调与社会各业务部门的关系，以确保工程的正常进行。由项目各责任工程师，根据现场巡查的情况，随时对各分包单位进行协调。检查上一时间段施工计划的完成情况，以及出现问题的解决情况；落实下一时间段各项计划的安排情况及解决问题的预案和技术措施等。

4.3　施工方案的制定

　　施工方案是单位工程施工组织设计的核心问题。它是在对工程概况和施工特点分析的基础上，确定施工阶段开展的程序和施工顺序，施工流向起点和总流向，主要分部工程的施工方法和施工机械。施工方案的合理与否，直接关系到工程进度、质量和成本，因此，必须充分重视施工方案，应在拟定的几个可行的施工方案中，择优确定。

1. 确定单位工程施工开展的程序

　　单位工程施工开展的程序，主要是解决各分部工程之间在时间上的先后次序及搭接配合关系。通常应遵循的程序主要有：

　　(1) 先准备，后施工。每一分部、分项工程在开工前，都应做好各方面的施工准备，尤其是技术、物资、人员的准备，这是保证工程正常施工的前提。

　　(2) 先地下，后地上。施工时通常应首先完成地下地基基础工程(桩基工程、土方工程、基础工程、地下结构工程)，然后开始地上工程施工。但对于高层建筑也可以采用逆作法施工。

(3) 先主体，后围护。施工时应先进行主体结构施工，而后进行围护工程施工。

(4) 先结构，后装饰。施工时应先进行主体结构施工，而后进行装饰工程施工。但对于新建筑体系和工厂化生产的工程，也可将装饰和结构构件一并在工厂完成，再到现场拼装。

(5) 先土建，后设备。先土建，后设备是指在民用建筑中，要处理好土建与水、暖、电、卫以及生产工艺设备安装的关系。尤其在装修阶段，要从保证工程质量，避免浪费的角度出发，处理好两者在时间上和空间上的穿插配合。在工业建筑中，应根据工业建筑类型，安排好土建与设备安装的先后关系。对于精密仪表车间一般是土建和装饰完成后，再进行工艺设备的安装；而对于重型工业厂房，一般先安装工艺设备后才建设厂房或二者同时进行。

(6) 先自检，后验收。为了保证质量，要求每一分项、分部工程完成后，必须经过"三检"（自检、互检、专业检），再报监理检查验收，合格后才能进行下一道工序。单位工程施工完成后，首先应由施工单位组织内部预验收，严格检查工程质量，整理各项技术经济资料。然后经建设单位、监理单位和质检站验收，合格后双方方可办理交工验收手续及有关事宜。

在确定施工开展的程序时，应明确各施工阶段主要工作内容和顺序。

2. 确定施工流向

单位工程施工流向是指其施工活动在拟建筑的空间上(包括平面上和竖向)，从开始部位一直到结束部位的整个进展方向。对于单层建筑物，如厂房，可按其车间、工段或跨间，分区、分段地确定出在平面上的施工流向；对于多、高层建筑物，除了确定每层平面上的流向外，还须确定沿竖向的施工流向。

施工流向涉及和影响一系列施工活动的展开和进程，也直接影响着施工目标的实现，它是组织施工的重要内容。施工流向的确定包括施工段的划分、施工流向起点和总流向的确定等三个内容。施工流向起点的确定，就是确定施工活动在空间上最先开始的部位。施工总流向是指施工活动在空间上自开始部位至结束部位的整个进展方向。

1) 确定单位工程施工流向起点应考虑的因素

(1) 生产工艺流程。生产性建筑要考虑生产工艺流程及投产的先后顺序，凡是将会影响其他工段试车投产的工段应先施工。

(2) 业主对生产和使用的要求。对业主急需使用的工段和部位应先施工。

(3) 工程复杂程度和施工过程间的相互关系。一般技术复杂、耗时长的区段或部位应先施工。在确定关系密切的分部、分项工程的流水施工方向时，如果紧前施工过程的流水起点已经确定，则后续施工过程的流水起点应与之一致。

(4) 建筑物的高、低跨和不同层数。当基础埋深不一致时，应按先深后浅顺序确定开始部位；柱子的吊装应从高、低跨并列处开始；屋面防水层施工应按先低后高方向施工；当一栋建筑物由不同层数组成时，一般应从层数多的一段开始，这样既可以缩短工期又可以避免窝工损失。

(5) 工程现场条件和施工技术要求。受施工现场的限制和施工技术的要求，一般先建主体建筑结构，而后建筑裙房。边挖边运土方工程，一般应从远离道路的部位开始。

(6) 分部、分项工程的特点和相互关系。在流水施工中，流水起点决定了各施工段的施工顺序和施工段的划分和编号。因此，应综合考虑、合理确定施工流向的起点。

2) 施工总流向

每一建筑的施工可以有多种施工流向。就多层或高层建筑的装饰工程为例，根据其施工特点和要求，可有以下几种情况：

(1) 室内装饰工程自上而下的施工流向。即等主体结构工程封顶、屋面防水完成后，从顶层开始逐层往下进行，如图 4-2 所示。其优点是，主体结构完成后有一定的沉降时间，且防水层已做好，容易保证装饰工程质量不受沉降和下雨等情况的影响，而且自上而下的流水施工，工序之间交叉少，便于施工和成品保护，垃圾清理也方便。其缺点是，不能与主体工程平行搭接施工，因此，此种方案工期较长。所以，只有当工期比较宽松时，应选择此种施工流向。

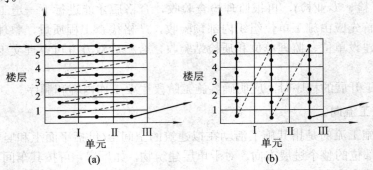

图 4-2　室内装饰工程自上而下的流向

(a) 水平向下；(b) 垂直向下

(2) 室内装饰工程自下而上的施工流向。即等主体结构工程施工到三层以上时，装饰工程从一层开始，与主体结构总是相隔两三层，逐层向上平行施工，如图 4-3 所示。此种方案的优点是：主体与装饰立体平行交叉施工，因而工期短。缺点是：工序交叉多，成品保护难，质量和安全不易保证。因此，当工期紧且采取了一定的技术组织措施时，才可采用此种施工流向。

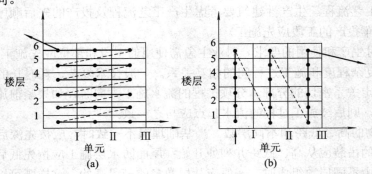

图 4-3　室内装饰工程自下而上的流向

(a) 水平向上；(b) 垂直向上

(3) 自中而下再自上而中的装饰施工流向。它综合了上述两种流向的优点，尤其适合于高层建筑装饰施工，如图 4-4 所示。

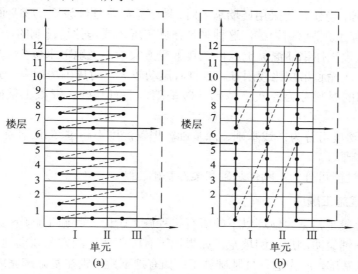

图 4-4 室内装饰工程自中而下再自上而中的流向

(a) 水平向下；(b) 垂直向下

(4) 室外装饰工程一般采用自上而下的施工流向，目的在于保证装饰质量。

3. 确定施工顺序

施工顺序是指各分部、分项工程在施工时间上展开的先后次序。确定施工顺序是为了按照建筑施工的客观规律组织施工，解决各分部工程、各分项工程、各工序之间在时间上的搭接配合关系。在保证工程质量和安全施工的前提下，达到充分利用空间，争取时间，实现缩短工期的目的。

1) 确定施工顺序时应考虑的因素

(1) 遵循施工程序。

(2) 符合施工技术、施工工艺的要求。

(3) 满足施工组织的要求，使施工顺序与选择的施工方法和施工机械相互协调。

(4) 考虑工期和流水施工的要求。

(5) 必须确保工程质量和安全施工的要求。

(6) 必须适应工程建设地点气候变化规律的要求。

4.3.1 基础工程施工方案

1. 基本知识

(1) 按构造形式可分为：条形基础、独立基础、满堂基础和桩基础。

① 满堂基础(包括阀形基础和箱形基础)，是将这个建筑物的下部做成整块钢筋混凝土基础，是现代建筑的主要基础形式。主要适用于地基承载力较低的小高层和高层建筑。特点：就是造价高，受力面积大，受力均匀，适合建地下室。

②　独立柱基础，是仍在广泛使用的基础。适合多层建筑使用，承载能力不比满堂基础，但造价低。

③　条形基础，当建筑物采用砖墙承重时，墙下基础常连续设置，形成通长的条形基础。

④　钢筋混凝土预制(灌注)桩，这种桩是在施工现场或构件场预制的，用打桩机打入土中，然后再在桩顶浇注钢筋混凝土承台。其承载力大，不受地下水位变化的影响，耐久性好。但自重大，运输和吊装比较困难。打桩时震动较大，对周围房屋有一定影响。

(2)　按使用的材料分为：灰土基础、砖基础、毛石基础、混凝土基础、钢筋混凝土基础。

(3)　按埋置深度可分为：浅基础、深基础。埋置深度不超过 5 m 者称为浅基础，大于 5 m 者称为深基础。

(4)　按受力性能可分为：刚性基础和柔性基础。

2. 基础工程施工顺序

基础工程阶段是指室内地坪以下的所有工程施工阶段。其施工顺序一般是：挖土→做垫层→做基础→铺设防潮层→回填土。如果地下有障碍物、洞穴和软弱地基等，需先进行处理；如采用桩基础，应先进行桩基础施工；如有地下室，则在基础砌完或完成一部分后，砌筑(或浇筑)地下室墙身，做防水(潮)层，安装或浇筑地下室顶板，最后回填土。施工安排时，垫层与挖土的施工搭接要紧凑，槽、坑检验合格后应立即做垫层，以防下雨基槽积水，影响地基承载力；垫层施工后要留技术间歇时间，使其具有一定强度并弹完线后再进行下道工序。各种管沟的挖土、管道铺设等，应尽可能与基础施工平行搭接进行。在基础砌筑完成后应及早进行基槽回填土的分层回填夯实，以便为后续施工创造条件。

3. 基础工程相关技术与规范

要制定好基础工程的施工方案，必须要掌握混凝土基础施工技术、砌体基础施工技术、桩基础工程施工技术及常用的地基处理技术。同时也要熟悉《建筑地基基础工程施工质量验收规范》、《建筑基坑支护技术规程》、《建筑地基处理技术规范》。根据工程自身的特点最后选择符合客观实际、较先进合理、又最经济的施工方案。

练习　通过对以上基础工程施工内容的学习，根据工程实例制定基础工程施工方案。

工程实例情景 3(基础工程施工方案)

1. 基础工程施工顺序

基础工艺流程：放线→静压桩施工→机械挖土方人工配合→混凝土垫层施工→承台、基础梁施工→砖基础施工→回填土。

2. 基础工程施工方案

1) 测量放线

(1)　场区平面控制网的测设原则。因该工程占地面积大，且平面形状不规则，需在场区布设场区平面控制网。平面控制应先从整体考虑，遵循先整体、后局部、高精度控制低精度的原则。布设平面控制网应首先根据设计总平面图、现场施工平面布置图布设平面控制网。选点应选在通视条件良好、安全、易保护的地方。桩位必须用混凝土保护，需要时应用钢管进行围护,并用红油漆做好测量标记。

(2) 场区平面控制网的布设及复测。首先根据设计总平面图及现场施工平面布置图,依据布设原则在场区适当位置上选点、造标埋石。基准点形式为半永久式,作为场区首级控制。

其次是待基准点基本稳定后,组织人员进行第一次测量。测量依据为规划部门提供的规划红线。

最后在基准点使用一周之前,进行复测。复测时应采用同样的仪器,大致相同的复核线路及固定的人员,即在"三固定"原则下测量各基准点。将第二次结果与第一次结果进行比较,在点位误差允许的范围内取其平均值作为该基准点的最或然值,作为场区的首级控制。

(3) 建筑物各单元的平面控制网。首级控制网布设完成后,应依据总图定位条件及相关基础轴线的平面尺寸关系,采用极坐标放线法,定出各单元基础外轴线交点之坐标。建筑物平面控制网悬挂于首级控制网上,待所有点位放样完成后,迁站到各轴线交点进行角度及距离校核。

经校核无误后,根据平面尺寸关系,对其轴线进行加密。为了便于控制及施工,一般建筑物平面控制网都布设成向基坑内偏轴线 1 m 的位置上。

(4) 平面控制网的等级和精度要求。控制网的精度等级,应根据《工程测量规范》要求控制网的技术指标来确定,精度等级必须符合规定。

2) 土方工程

该工程为静压桩基础,要考虑桩机械的作业面,在最外侧桩的外边线向外侧加宽 3.5 m,以满足桩机械的施工条件。基坑深约 2 m,基坑面积大,采用机械挖土,1:1 大放坡,一步挖至承台下皮。在开挖过程中,要随时测量槽底标高,在距槽底 150 mm 由人工处理,防止超挖扰动槽底。槽下如发现异常,及时与建设单位、监理联系,按设计规定的方法进行地基处理。挖出的槽土禁止堆在槽边,堆土区至少在槽边 10 m 以外,由 20 T 自卸汽车运至建设单位指定地点。

3) 静压桩施工

(1) 商品桩运到现场,要求堆放整齐,堆桩场地应平整。根据桩强度,堆放高度不得超过五层,管桩按支点位置放在垫枕上,层与层之间用垫木隔开,每层垫木放在同一水平面上,各层垫木在同一垂直线上。堆垛时,必须在两侧打好防止滚垛的木楔,垫木不得用软垫木、腐朽木。

(2) 管桩倒运时,应轻吊轻放,严防碰撞。起吊吊点要符合规范要求,起吊时钢索与桩的夹角应大于 45°。

(3) 预检。我公司工作人员将在压桩前对进场的桩进行预检,外观有质量问题的桩不能使用。现场起桩、堆桩及起吊时应轻吊轻放,禁止互撞或与其它物体碰撞。临时堆放层数不应超过三层。

(4) 每根桩应根据轴线进行测放,经监理复核后方可施工,做好样桩保护工作。

(5) 桩机就位前,施工员和班组必须进行桩位复查,凡误差大于 20 mm 的应重新检测,待校正后方可施工。施工时必须控制桩的垂直度。

(6) 静压桩前和电焊接桩前,要用两台经纬仪在桩相邻的两面作垂直度观察,确保桩身垂直。

(7) 送桩时，经纬仪跟踪调整送桩器垂直度，其垂直度偏差值应小于 0.5%。

(8) 施工时按有关规定，严格做好各项记录。记录必须及时、真实、齐全、清晰，并要求逐项填写。

(9) 桩位水平位置控制。打桩前，要保持场地平整，送桩孔应及时回填。打桩机配水平尺两根，以确保打桩平稳，校对桩位准确后，再移机上位；插桩前，对样桩再次用仪器进行检查，确保桩位无偏差，桩尖对准样桩，参照经纬仪调桩至竖直方可压桩。现场桩位定位常用小木桩(或钢筋)，洒白灰来表示桩位。使用这种方法在打压桩过程中，由于周转场地土壤被挤压，原标定的桩位常常发生移动，因此每根桩施工前都要校核，以防桩位水平位移。

(10) 桩身垂直度控制。在打桩过程中，如果桩身不垂直，会导致偏心受压而使桩身断裂，并且引起桩水平位置偏差加大。如果出现此类问题，施工将采取如下措施，机台操作员按桩机竖直悬针调平桩机，指挥员参照两台经纬仪(架在桩身机相邻两个方向桩长 2 倍处)及垂球指挥调整桩身使偏差不超过 0.5%，并随时接受检查。接桩时上下节桩中心线必须在同一铅垂线上，上下两节桩之间因制桩施工的允许误差而出现的间隙，应用垫铁填实、焊牢。

(11) 电焊接桩。接桩时，上下节桩必须接直、接牢。上下节桩的中心线偏差不得大于 2 mm。桩接头焊接前，应用钢丝刷清理上、下桩节的端头板，坡口处应刷至露出金属光泽。焊接时宜先在坡口圆周上的对称点焊 4～6 点，等上、下桩节固定后拆除导向箍，再分层施焊，施焊宜对称进行。焊接层数宜为三层，不得少于二层，内层焊渣必须清理后再施焊外一层。焊好后的接头应自然冷却，才可继续沉桩，自然冷却不应小于 8 分钟，严禁水冷和焊好即沉。

(12) 桩顶标高控制。施工前在场地周围建筑物上设置控制点，用水准仪测出自然地平标高。每根桩按图纸的有关数据必须经两人分别进行计算和复核，准确地计算出送桩深度。在确认无误后，方可标于送桩器上，以确保桩顶标高的偏差在规范内。

4) 承台及基础梁施工

(1) 钢筋工程：本工程的钢筋是现场制作，所有进场的钢筋在抽样复试合格后才可使用。工艺流程：钢筋下料→钢筋制作→弹钢筋线→钢筋就位绑扎→垫细石混凝土垫块。钢筋的制作必须由专业技术人员进行剪断、折弯操作确保钢筋尺寸制作质量。承台主筋铺设前，必须在垫层上弹出主筋位置线及承台边线，必须保证主筋位置正确，以及保证下皮筋的间距。钢筋接头在同一截面处受拉不超过 25%，受压不超过 50%。连系梁钢筋在绑扎时，在垫层上弹出主筋位置线，在主筋上画出箍筋位置。主筋在搭接绑扎时，绑扎不少于 3 道。箍筋与主筋绑扎时，箍筋开口交叉的布置不得在同一方向，并保证 135° 弯勾，以满足抗震要求。应严格控制钢筋搭接锚的固长度及骨架的大小尺寸。

主筋铺设前必须在垫层上弹出主筋位置线及地梁边线。为保证主筋位置正确，上皮筋在绑扎时用钢筋凳子支撑，间距 2 m，呈梅花状。为保证上下皮钢筋的间距，钢筋接头在同一截面处受拉不超过 25%，受压不超过 50%。

(2) 模板工程：本工程基础部位采用钢模，为了保证工程结构和构件形状尺寸及相互位置的正确，用钢管、木方等加固牢靠。模板缝用海绵条塞严，以防漏浆，用水泥砂浆(1：2.5)抹严，防止漏浆烂根。模板表面与混凝土接触面涂刷隔离剂，保证混凝土的表面光洁度。支模前在垫层上弹好底地板边线，并检查基层是否清理干净，水、电、各种管线及埋件是否安装完毕，确保安装完毕后，方可合模。检查柱、地梁位置是否正确。

① 承台模板：钢管、木方加固，立面横管分四层加固，竖管间距 600 mm，每侧设置双排地锚管，外侧地锚用于上口的斜撑和下口顶撑，间距 1000 mm。因考虑到浇筑时承台下部受力较大，所以利用内侧地锚作支撑以大楔加固底口，承台上口用钢丝锁紧，以保证承台几何尺寸的正确无误和承台节点整齐。

② 柱、地梁模板：地梁支模前，先检查柱和地梁外边线尺寸是否正确，在确认无误后方可支模。以钢管、木方、木楔加固，支模时要注意柱的垂直度，随时用经纬仪修正，支模完毕后，挂通线保证柱的顺直。在柱脚处抹水泥砂浆 1：2.5 防止混凝土振捣时漏浆。

基础柱柱支模前，先检查柱外边线尺寸是否正确无误。柱模采用钢模板支设，以钢管、木方、木楔加固，柱箍间距 500 mm。支模时注意柱的垂直度，随时用经纬仪修正，支模完毕后，挂通线保证柱的顺直。在柱脚处抹水泥砂浆 1：2.5 防止混凝土振捣时漏浆。

③ 混凝土工程：基础混凝土全部采用商品混凝土，采用混凝土输送泵浇筑，机械振捣。混凝土原材料的各项质保资料应齐全有效，资料员检看合格后做存档用。混凝土原材料包括：水泥、石子、砂子、水及外加剂等各项。

振捣方法：混凝土振捣采用行列式或交错式。在使用插入式振捣器振实混凝土时，移动间距不大于振捣器作用半径的 1.5 倍。每一振点的振捣时间应使混凝土表面呈现浮浆和不再沉落为宜，振捣时不允许碰撞钢模板、水电管埋件等。在振捣上层混凝土时，应插入下一层混凝土中 5 cm，以保证良好的整体性。混凝土浇筑厚度是振捣器作用部分长度的1.25倍。对于浇筑完毕后的混凝土，12 h 内加以覆盖保温材料，养护时间不得小于 7 d。

5) 回填土

采用粉质黏土回填，每层厚 30 cm；回填时设专人拣拾杂草等杂物；采用冲击夯进行夯实，达到设计要求的地耐力；回填土顺序为按每个边相对两侧同时进行；严禁采用建筑垃圾土或淤泥土回填；回填土前应将坑内积水、杂物清理干净。

4.3.2 主体工程施工方案

1. 基本知识

主体结构可分为以下几类：

(1) 混凝土结构：模板，钢筋，混凝土，预应力。

(2) 劲钢(管)混凝土结构：劲钢(管)焊接，螺栓连接，劲钢(管)与钢筋的连接，劲钢(管)制作、安装，混凝土。

(3) 砌体结构：砖砌体，混凝土小型空心砌块砌体，石砌体，填充墙砌体，配筋砖砌体。

(4) 钢结构：钢结构焊接，紧固件连接，钢零部件加工，单层钢结构安装，多层及高层钢结构安装，钢结构涂装，钢构件组装，钢构件预拼装，钢网架结构安装，压型金属板。

(5) 木结构：方木和原木结构，胶合木结构，轻型木结构，木构件防护。

(6) 网架和索膜结构：网架制作，网架安装，索膜安装，网架防火，防腐涂料。

2. 主体结构工程的施工顺序

主体工程是指基础以上，屋面、防水以下的所有工程。主体结构施工阶段的主要工作有：安装起重运输机械，搭脚手架，墙体砌筑，现浇柱、梁、楼板、雨篷、阳台和楼梯及屋面工程。其中墙体砌筑及现浇楼板是主导工程，应使其在主体结构施工期间保持不间断地连续施工，而其他各项工作则应在此期间内依次配合、穿插完成，这是利用空间，争取时间，保证工期的关键。

整个主体结构的施工顺序可根据施工流向确定，每一层的施工顺序是：绑扎墙、柱钢筋→支墙、柱模板→浇墙、柱混凝土→支梁、板模板→绑扎梁、板钢筋→浇梁、板混凝土→墙体砌筑。

3. 屋面工程的施工顺序

屋面工程应在主体结构工程完工后紧接着进行，以便尽快地为房屋内、外装饰工程的完成创造条件。对于刚性防水屋面的现浇钢筋混凝土防水层、分格缝施工应在主体结构完成后开始并尽快完成；对于整体柔性防水屋面施工还需考虑天气情况，基层必须干燥才能做防水施工。屋面工程的施工顺序一般为：找平层→隔气层→保温层→找平层→防水层→保护层。

4. 主体工程相关技术与规范

主体工程最长见的就是混凝土结构，编制施工方案要掌握混凝土结构施工技术，其中包括模板工程、钢筋工程和混凝土工程施工技术。也要掌握砌体工程施工技术、钢结构工程施工技术和预应力混凝土工程施工技术。还要对钢—混凝土组合结构施工技术、网架和索膜结构施工技术有一定的了解。对于屋面工程掌握防水工程施工技术。同时也要熟悉相应的规范如：《混凝土结构工程施工质量验收规范》、《钢结构工程施工质量验收规范》、《砌体工程施工质量验收规范》。根据施工技术和验收规范着重考虑影响整个单位工程施工的分部、分项工程，最后确定施工方法。

练习　通过对以上主体工程施工内容的学习，根据工程实例制定主体工程施工方案。

工程实例情景 4(主体工程施工方案)

1. 主体施工顺序

本工程采用柱、梁板模分次支模，柱板模板支完成后，浇筑柱的混凝土，再支梁、板模板，绑梁、板钢筋，浇筑梁、板混凝土的施工方法。

标准层工艺流程：放线→绑柱、墙筋→支柱、墙模→柱混凝土浇筑→支梁、板模板→绑梁、板钢筋→梁、板混凝土浇筑→养护。

2. 主体工程施工方案

1) 钢筋工程

(1) 工艺流程：材质进场检验三证→加工制作成型→现场保管→弹线→绑扎安装(水电配合)→验收。

(2) 操作要点：

① 钢筋进场：进场的钢筋要对其外观及力学性能进行检验，同时每批进场的钢筋要检验其出厂合格证，并做复试。在使用前复试应合格并待试验报告送到现场后方可使用。

② 钢筋加工及现场保管：钢筋在加工前，钢筋的表面应保持洁净，并无油污、泥污和浮皮铁锈等，在使用前要清除干净。钢筋加工要按图纸及设计要求进行制作和验收。加工成型的钢筋进入现场后要注意防水、防锈，钢筋区为硬地面，四周设排水沟，成品钢筋全部放于钢筋架格之上。

③ 钢筋的绑扎：钢筋绑扎前，由项目工程师按施工图、规范等对管理人员和操作班组进行详细的技术交底。

④ 柱钢筋的绑扎。

a. 绑柱筋工艺流程：套箍筋→搭接绑扎或焊接竖向钢筋→对角主筋画出箍筋间距线→绑筋。

b. 柱主筋绑扎：本工程绑柱子筋按设计要求间距计算箍筋数量，并严格控制柱截面尺寸。将箍筋套在下层伸出的柱主筋之上，然后立柱子筋，柱筋接头采用电渣压力焊连接(符合规范规定)。接头的位置要相互错开，接头在受拉区不大于 50%，接头位置要设在受力较小处，同一根钢筋不得有 2 处接头。

c. 柱箍筋绑扎：在立好的柱子竖向钢筋上，用粉笔画出箍筋间距，然后将已套好的箍筋向上移动，由上向下进行缠扣绑扎。角筋部位用双钢丝扣，柱箍筋端头应弯成 135°，平直部分不小于 10 d，柱保护层垫块要绑在主筋外皮上，并呈梅花状。

⑤ 梁板钢筋的绑扎。

a. 梁板钢筋绑扎工艺流程：支梁底模→放梁箍筋线→穿主梁下层纵筋→穿次梁下层纵筋→穿主梁上层纵筋→主梁箍筋按间距划线绑牢→穿次梁上层纵筋→次梁箍筋按间距划线绑牢→绑梁柱节点加密箍筋→梁帮模板安装及楼板底模安装→弹楼板底筋纵横间距网格线→绑楼板底层纵横筋→水电水平管路安装→楼板盖筋(负弯矩受力筋)绑扎。

b. 梁主筋的绑扎：在梁两侧画箍筋间距摆放箍筋后穿梁下层纵筋和上层纵筋，框架梁上部纵向钢筋贯穿中间节点，梁下部纵筋伸入节点的锚固长度及伸过中心的长度应符合设计要求，设计无要求的按规范规定的锚固长度执行。

梁柱节点钢筋绑扎前对各方向钢筋上下位置进行统一的合理布置，避免随意穿插。

c. 梁箍筋的绑扎：梁上层纵筋与箍筋交接点用套扣法绑扎，转角处用双扣正反方向交错绑扎，箍筋弯勾 135°，平直段长度为 10 d，梁端第一个箍筋在支座边 50 mm 处。梁主筋为双排排列时，两排主筋之间要垫直径大于 25 mm 短钢筋，箍筋接头要交错布置在两根架立筋之上，保护层垫块间距 800～1500 mm，对角交错设置。

d. 直径 20 mm 以上的钢筋接头采用电渣压力焊，电渣压力焊的施工方法见基础施工部分。

⑥ 电渣压力焊接头。

a. 工艺流程：接通焊接电源→将钢筋上提 2.5～3.5 mm 引燃→延时或提升再下送→端部和钢板熔化→迅速顶压。

b. 操作要点：预埋件钢筋埋弧压力焊的焊接应符合规范。生产过程中，引弧、维弧、顶压等环节应密切配合。保持焊接地线的接触良好，随时清除电极钳口的铁锈和污物，及时修整电极槽口的形状,保证焊接质量。 安装焊接夹具和钢筋:夹具下钳口应夹紧于下钢筋端部的适当位置,一般为 1/2 焊剂罐高度偏下 5～10 mm,以确保焊接处的焊剂有足够掩埋深度。上钢筋放入夹具钳口后,调准上夹头的起始点,使上下钢筋的焊接部位位于同轴状态,方可夹紧钢筋。试焊,做试件,确定焊接参数。当复试报告合格后即可批次作业。引弧过程、电弧过程是电渣压力焊预热形成熔池的过程,操作人员应掌握好开关,控制焊接电流回路和电源。输入回路时间一定要参阅焊接参数。电渣过程、挤压断电过程是电渣压力焊使两根母材连接成一体的关键过程,要使钢筋接触面熔化,用挤压力将两根钢筋挤压成一根,并排出熔渣,同时断电。

2) 模板工程

(1) 模板工艺流程:

按图纸尺寸做模板拼装小样→备模进场→验收→码放→放线→支模→加固→校正→验收→准备混凝土浇筑。

(2) 一般要求。

① 模板的材料、模板支架材料的材质都要符合有关专门规定。

② 模板及其支架要能保证工程结构和构件各部分形状尺寸和相互位置的正确。不仅要有足够的承载能力、刚度和稳定性,能可靠地承载浇筑混凝土的自重和侧压力,以及在施工工程中所产生的荷载,而且还要构造简单,装拆方便,便于钢筋的绑扎、安装和混凝土的浇筑、养护要求。模板的接缝不得漏浆。

③ 模板与混凝土的接触面应涂隔离剂。 对油质类等影响结构或妨碍装饰工程施工的隔离剂不采用。严禁隔离剂沾污钢筋与混凝土接槎处。

(3) 柱模板:采用木模板,结合本工程特点柱一次支模,分两次浇筑。柱支模时采用定型模板支设梁柱节点,使质量通病得到控制。

① 柱模安装工艺流程:放线→柱根清理→搭架子→柱模安装→安柱箍加固→水平栏杆→锁定→预检。

② 安装要点:

a. 竖向模板和支架的支承部分,在首层施工应加设垫板,且基土坚实并设排水措施。

b. 模板及其支架在安装过程中,设置防倾覆的临时固定设施。用脚手管搭设三角架进行预防。

c. 现浇钢筋混凝土梁、板跨度大于或等于 4 m 时,模板起拱。

d. 固定在模板上的预埋件和预留孔洞不得遗漏,安装牢固位置准确。柱模安装主要采用木模拼装,先弹出柱子的中心线及四周边线,按照放线位置,先安装四个角柱,用经纬仪校正、固定,拉通线,一排排安装并校正中间各柱。柱子模板安装完,用水平杆和斜杆对加固架子进行加固。

(4) 梁板模板安装。

① 工艺流程:搭支撑及操作架子→量标高→架管、调整木方→装梁底模→检查→柱脖模板安装→梁侧模→梁垫块→调直加固→检验。

② 根据建设单位提供的施工图,结合工程的自身特点,本工程的楼板模板采用木模板。

a. 施工放线:在搭设架子前进行放线工作,将柱墙边线、控制线、主梁投影线投放在楼板上。

　　b. 搭设施工架子：按线搭设，每个梁的交叉点立一根定尺立杆，以备架设钢管及木方。先搭架子，搭架子前在地面上铺通长 5 mm 厚脚手板于立杆下面。第一道距地 20 cm，以上每 1.2 m 一道立杆上下要垂直。上绑水平杆，用水准仪找平，控制梁底标高，满红架子上绑排木(10 cm × 10 cm) 木方间距不大于 1.2 m，作为木模龙骨。按设计标高调整支柱的标高，然后铺梁底模，拉通线找直，梁底起拱，起拱高度为跨度的 2‰。梁底支设完毕后，绑扎钢筋，经检查钢筋合格后，安装梁侧模。用木模时，长度不合模数时，用 5 cm 厚木模做调整，调整模设置在跨中位置，以保证梁柱节点整齐。梁的侧模用连系角模，由 U 型卡连接，采用帮夹底的方法，梁的两个底夹自粘胶带封条。立杆间距 800 mm 的梁帮用 Φ48 钢管和拉杆栓加固，梁帮内侧设支顶杆，间距 800～1000 mm 一个，梁帮加固点水平间距 600～800 mm。在梁帮外侧，梁板腋角处设斜顶杆，间距 600～800 mm。安装后校正梁中线标高、断面尺寸，将梁模板内杂物清净，并垫好钢筋保护层垫块，下预埋件。梁模检验合格后，支板模因本工程板厚不一致，分别按各自板厚调整标高。为保证梁板、阴角整齐，在施工中板模不得受压。板模采用竹面模板，板地面找平调整，将标高线画在钢筋上，并将标高线上反 100 cm 画线作为拉线检查模板。

　　③ 质量控制要点。

　　a. 模板的配制：模板材料使用木模板。模板进场后要严格挑选，使用的模板应光滑平整，不得扭曲变形，表面不得有节疤、缺口等。按规格和种类分别堆放，使用前要刷隔离剂，防止粘模。

　　模板在支设前，要按图纸尺寸对工程的支模部位做拼装小样方案，确定模板的拼装方法，并配合相应的加固系统，保证刚度、强度及稳定性。为了保证梁柱节点位置，不漏浆、不产生错位，与梁柱接槎处一定要平整。模板在支设时要引用样板，经检查合格后方可实施整体工程的展开，以确保整体工程的质量符合工艺标准的要求。

　　b. 模板检查控制：保证各部位截面尺寸和各节点位置的正确，做到不缩模、不胀模、不变形。模板拼缝要严密，U 型卡齐全，不得漏浆。对重复使用的模板，设专人清理、修整。柱模板支设后，用经纬仪找直，保证柱的垂直度，保证模板支设的架子具有足够的强度、刚度和稳定性，能可靠地承受混凝土浇筑的重量、侧压力及施工过程中产生的所有荷载，梁支模根据跨度按规定要求起拱。拆模时，保证构件棱角不受损坏、不变形，有良好的养护措施，不出现裂缝。模板在经三方检验合格后并填写质评资料方可进行下道工序施工。

　　3) 主体混凝土工程

　　(1) 采用商品混凝土，泵送至楼上工作面的方法浇筑。

　　(2) 混凝土原材料的各项资料应齐全有效，资料员检看合格后作为存档用。混凝土原材料包括：水泥、石子、砂子、水及外加剂等各项。

　　(3) 浇筑前对地基有干土或支的木模的应浇水湿润。对模板内杂物、积水等要有专人清理，并且堵严模板一切孔洞及缝隙。

　　(4) 验看模板及钢筋是否符合设计要求，并对问题进行更改。混凝土浇筑的倾落自由高度不大于 2 m。在浇筑混凝土柱或墙体前先浇筑 50～100 mm 符合设计的砂浆。浇筑高度超过 3 m 时采用串筒或溜槽，以防混凝土离析。混凝土振捣用的振捣棒插入间距不大于作用半径的 1.5 倍。棒不能直接接触模板，且距模板不大于 0.5 倍振捣棒作用半径，每层混凝土振捣插入下层混凝土 50 mm 即可。混凝土振捣棒应快插慢拔，且不能撬动钢筋。浇筑过程中要派出专人负责钢筋、预留孔洞等的复位，而且要安排专人查看模板及支架，一旦发生问题及时解决。当混凝土的浇筑需留施工缝时，应提出制定位置，保证施工缝在梁板跨中的 1/3 处。单向板留置在短边任何位置，且梁缝留为直槎。

(5) 柱、墙混凝土分层浇筑，每浇筑层的厚度根据振捣方法，柱、梁、板结构 150 mm，配筋密的结构 150 mm。浇筑混凝土时，混凝土应不产生离析现象。混凝土自高处倾落时，其自由倾落度不应超过 2 m，当超过 2 m 时，应沿串筒或溜槽下落。

(6) 为了保证结构良好的整体性，浇筑混凝土时，应连续进行。如必须间歇时，间歇时间一般情况下，不应超过 2 h。如超过 2 h 混凝土已初凝，则应待混凝土的抗压强度不小于 1.2 MPa/mm^2 时，才能允许继续浇筑。

(7) 用振捣器振捣混凝土时，不允许碰撞钢筋、模板、水电管线和预埋件。插入式振捣器振捣方法，一种是垂直振捣，即振捣棒与混凝土表面垂直；一种是斜向振捣，即振捣棒与表面成 40°～50° 角。操作时要快插慢拔，在振捣过程中，宜将振捣棒上下略微抽动，以使上下振捣均匀密实。在振捣上一层混凝土时，应插入下一层混凝土中 5 cm 左右，以消除两层之间的接缝，同时在振捣上层混凝土时，要在下层混凝土初凝前进行，插点要排列均匀，可采用"行列式"或"交错式"的次序移动，不应混乱以免漏振，每次移动位置的距离应不大于振捣棒作用半径(一般为 30～40 m) 的 1.5 倍。要掌握好每一插点的振捣时间，时间过短不宜捣实，过长可能引起混凝土产生离析现象。每点振捣时间一般以 20～30 s 为宜，以混凝土表面呈现水平，不再下浮、不再出现气泡，表面浮出灰浆为准。平板式振捣器，是放在混凝土表面上进行振捣，适用于振捣楼板，其有效振捣深度约 20～30 cm，对于过厚的混凝土，需分层浇筑，分层振捣，每层厚度不宜超过 20 cm，平板振捣器的移动方向应顺着电动机转动的方向慢慢向前移动。振捣速度及遍数应根据混凝土的坍落度及浇筑厚度而定，在混凝土停止下沉并往上泛浆或表面已平整，并均匀出现浆液时，即可转移振捣位置。

(8) 浇筑混凝土时，要随时检查模板、钢筋及水电管线、预埋件、预埋孔洞和插铁等有无走动、移位、变形和堵塞等现象，并重点检查楼板负筋的位置是否准确。如发现问题，在已浇筑的混凝土初凝前进行修整，修整完好后再继续施工。

(9) 浇筑柱子混凝土时，应先在底部浇一层 3～5 cm 的水泥浆或与混凝土内成分相同的水泥砂浆，然后分层浇筑混凝土(每层厚度不超过 50 cm)，分层振捣，一气灌至施工缝处，中间不得停歇。当混凝土浇筑将近施工缝时，上面有一层相同厚的水泥砂浆应加入一定数量与原混凝土相同粒径的洁净石子，再进行振捣，要掌握好标高，防止超高。当柱子与梁同时浇筑时，在柱子混凝土浇筑到大梁底时，应停歇 1～2 h，防止柱顶与梁底接缝处的混凝土出现裂缝。

(10) 当浇筑立柱时，在浇筑至一定高度后，可能会积聚大量浆水，造成强度不均匀。因此在浇筑到一定高度时，应适当减少混凝土配比的用水量。

(11) 楼梯段混凝土应自下面向上浇筑，先振实混凝土，达到踏步位置时，再与踏步混凝土一起浇筑，不断连续向上推进，并随时用木抹子将踏步上面抹平。

(12) 梁板的施工缝应留直槎或企口式接槎，不能留坡槎。在梁上施工缝处用木板，在板处应放置与板厚相同的木方，中间均应按照钢筋位置留有切口，以通过钢筋。

(13) 在施工缝处继续浇筑已硬化的槎时，先清除水泥薄膜和松动的石子及软弱的混凝土层，然后充分湿润和冲洗净，再浇筑一层符合设计要求的素水泥浆或水泥砂浆。

(14) 主体框架后浇带的处理：主体混凝土结构较长，后浇带施工是保证结构质量的关键环节，后浇带采用整体支撑、连续支模、整体拆模局部保留的方法进行施工。将后浇带处模板与相邻模板设计成既为整体，又相对独立的体系。浇筑混凝土时模板、架体同时受荷，变形、变位一致。模板拆除时，后浇带处架体不拆，模板不动，保持与相邻混凝土的紧密连接，待龄期满足时，再浇后浇带混凝土，使后浇带混凝土与相邻混凝土接缝严密平整。

(15) 混凝土养护措施：混凝土浇筑后，应及时进行养护。混凝土表面收光后，先在混凝土表面覆盖一层塑料薄膜，气温较高天气，可进行不间断地浇水养护，养护过程设专人负责。养护期不少于 7 d。

4) 砌体工程

(1) 工艺流程：清理施工面放线→剔焊墙拉结筋埋件→试摆砖排模数立皮数杆→砌筑水暖电配合施工→砌筑到设计标高→验收放线、剔墙拉结筋埋件：根据框架施工时所放的 1 m 控制线，与建筑物四角轴线进行验线在符合要求之后放砌体轴线及门窗洞口线，经工长验线合格之后，试摆砖排模数，立皮数杆。

在放线清理施工面的同时，剔墙拉结筋埋件，并且要单面焊 10 d 连接。当墙体埋件位置不准时考虑到剔除柱箍筋会对柱产生不良影响，因此用电锤打眼，浇筑与柱混凝土同等强度等级的素水泥砂浆并用堵严、挤密来处理拉结筋与柱连接的施工方法，拉结筋长度为 1000 mm，上下皮保护层为 15 mm 厚。

(2) 砌筑。

① 准备工作。

a. 砌体在施工时严格浇水湿润，当天气干燥炎热时要提前 1 d 喷水湿润。

b. 皮数杆的设置：结合本工程特点房间开间小皮数杆设置在门窗洞口及墙体交接处。

② 砌筑方法。

a. 首层砌筑时可在负 0.06 m 处做 6 mm 厚的防潮层，采用 1：2.5 水泥砂浆加水泥用量 5%防水粉，并在水泥终凝前抹压 3 次，走光找平，然后方可砌筑。

b. 砌筑时采用随铺灰随砌筑的施工方法。在施工中要遵守"反砌"原则，即混凝土小砌块底面朝上砌于墙体上，并且要上下皮砌块对孔，错缝搭砌。始砌时应从外墙角及定位砌块处开始砌筑，墙体的转角和内处墙交接处要同时砌筑，严禁内外墙分砌。在施工中严禁留直槎，砌体在砌筑时用无齿锯割半头砖保证不破坏砌块的质量。

c. 灰缝的控制：在施工中水平灰缝为 11～15 cm 厚，采用铺灰砌筑。垂直灰缝采用批灰和加灰相结合的砌筑方法。在施工中严禁用水冲浆灌缝，更不得采用石子、木楔等物垫塞灰缝砌筑。砌筑时应随砌随清理灰缝表面，随砌高度不应大于 4 皮砖，勾缝采用原浆压缝与墙面齐平。水平灰缝不得低于 90%，垂直灰缝不得低于 85%，在砌筑中水平与垂直缝不得有瞎缝、裂缝、透明缝等。

d. 施工洞口与临时间断处：砌体的临时间断处采用从墙面砌筑 200 mm 长的凹凸直槎，并沿墙高每隔 600 mm 设 2Φ6 拉结筋，埋入灰缝中从留槎处标算每边为 600 mm。砌体的施工洞口其侧边离交接处的墙面不小于 700 mm，并且在顶部设置墙厚 × 120 mm 高，内放 4Φ12 钢筋混凝土过梁每边离洞口边不得小于 240 mm，并沿洞口高度每 600 mm 设 2Φ6 拉结筋伸入墙内 600 mm，洞口留置宽度为 1000 mm，填砌时所用砂浆强度等级要比原设计要求提高 1 级。

e. 砌体节点处理：砌体第一层砖采用浇筑 C20 细石混凝土或采用烧结普通空心砖砌筑，高度为 150 mm，最上一皮为烧结普通砖斜砌（角度大于 60°）进行后砌并用砂浆堵严塞实。在留洞口与柱交接处尺寸小不合模数采用烧结普通砖与砌块混砌。在门窗洞口侧采用烧结普通砖与砌块组砌，并沿高度上下 400 mm 设木砖，中间均匀设置 2 块并刷防腐漆。

f. 与水电安装队的配合：在施工时，水电队设专人下电线管及水暖管埋件，并标出位置，在水暖埋件处浇筑 C20 细石混凝土振实。

g. 在窗口下皮处考虑窗台板与主体的整体性，在此处做 6 mm 厚内放 Φ6 钢筋网片的钢筋混凝土带。

③ 技术质量措施。

水泥：水泥必须具备三证，即出厂合格证、进场复试单及生产许可证后方可使用。水泥出厂超过 3 个月或对水泥质量有怀疑时，在使用前应进行复试，并按试验结果使用；砖的控制：砖进入现场要有产品试验、检验合格证，并且及时由专职人员进行验收。砖堆放场地平整、坚实，并且设有排水设置。砖到现场后要按规格、强度、等级分别堆放，堆放高度不宜超过 1.6 m，在堆放时设循环道，运输时轻拿轻放，运输高度不得超过车顶面一皮整砖砌块高度；施工过程控制：在施工中砌体轴线由专职放线员进行放线，工长验线合格后方可砌筑。在砌筑中要样板引路，并且要求坚持自检、互检、交接检，在每道工序完成施工并由工队自检后，方可报工长进行检验，合格后报监理验收并且及时将资料归档。砌筑前在检验 50 线合格后，方可砌筑以保证门窗洞口尺寸一致。砌筑前由工长负责向民工队以书面和口头形式进行技术交底并监督实施，质检员指导监督。

砌体在砌完毕后，严禁剔凿，更严禁沿墙体在水平方向及斜向剔凿，以保证砌体的整体性。雨期施工时，混凝土砌块用塑料布或苫布遮盖，而且雨中外墙要停止施工，并采取塑料布遮盖，再次施工时要由质检员复核砌体垂直度，在检验合格后方可再砌筑。砌体在施工时尺寸及位置的允许偏差值应由质检员及工长负责检查及验收。

5）现浇预应力混凝土空心楼盖施工。

(1) 施工工艺流程：现浇预应力混凝土空心楼盖施工工艺流程如图 4-5 所示。

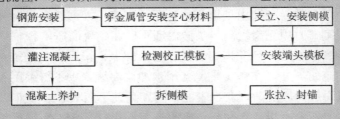

图 4-5　预应力空心板施工工艺流程图

(2) 现浇板空心板钢筋加工及安装：

① 钢筋制作应在钢筋棚中进行配料、下料、对接、弯制、编号、堆码。结构中钢筋采用电弧焊连接。钢筋下料前应对图纸进行核对无误后方可下料。

② 绑扎钢筋时先在模板表面上用粉笔按图画出钢筋的间距及位置，先安装定位钢筋，再安装箍筋，用定位钢筋固定好箍筋后，再穿主筋。然后按图纸要求的间距逐个分开，先绑扎纵向主筋，后绑扎横向钢筋。纵向主筋(通长筋)接头采用电弧焊工艺，焊缝长≥10 d(d 为钢筋直径)。焊接时应先由中间到两边，对称地向两端进行，并应先焊下部后焊上部，每条焊缝一次成形，相邻的焊缝应分区对称地跳焊，不可顺方向连续施焊。焊接接头或绑扎接头应错开布置，对于钢筋采用焊接接头，搭接长度一律为 35 d(d 为钢筋直径)，接头长度区内受力钢筋接头面积不超过 50%该接头断面面积。对于钢筋采用绑扎接头，两接头间距大于 1.3 倍搭接长度，接头长度区内受力钢筋接头面积不超过 25%该接头断面面积。绑扎梁顶面负弯矩钢筋应每个节点均要绑扎，所有主筋(纵向方向)下和腹模、翼缘侧面均应放置塑料垫块，塑料垫块的厚度应满足设计保护层要求。

③ 对于影响下一步施工的钢筋，暂不进行绑扎或安放，待侧模安装好后再装放剩余钢筋。

(3) 浇筑混凝土。

① 施工工艺流程：浇筑混凝土的施工工艺流程如图 4-6 所示。

图 4-6　混凝土浇筑施工工艺流程

② 混凝土的配合比要求。空心板混凝土为高强度混凝土，拌制混凝土时必须严格执行设计配合比，拌制混凝土的原材料必须选择符合规范规定和配合比要求的原材料。空心板混凝土设计为 C30，混凝土配合比设计时考虑如下几点：

a. 水泥：水泥的选用一般考虑其对混凝土结构强度、耐久性和使用条件的影响。对楼板用 C30 混凝土，所选用的水泥不宜超过 550 kg/m³，水泥与混合材料的总重量不超过 2600 kg/m³，外加剂的掺量不宜超水泥重量的 10%。

b. 骨料：骨料含有的泥量、粉屑、有机物质和其它有害物质不得超过设计规定的数值，骨料应具有良好的级配以获得水泥用量低、混凝土强度高、和易性好的组合。根据混凝土结构的要求，选用粗骨料为 5～10 mm 和 10～20 mm 两级配碎石以 1：1 掺配。

c. 温度措施：夏季施工时，采用砂石料降温以控制混凝土的出仓温度，同时对混凝土运输和浇注过程分别采取降温措施，减少混凝土水分的损失。对于夏季施工的板要求避开炎热的中午，施工放在下午以防因温度过高引起收缩裂缝。

③ 板混凝土的一般要求：混凝土缓凝时间：不小于 19 小时。混凝土强度标号：C30。

入模坍落度：12～14 cm。4 天强度达到设计强度 85%以上。7 天强度达到设计强度的 100%。拌制的混凝土应均匀，其流动性、和易性要好。要采用同品牌水泥，使混凝土外观颜色一致。

④ 混凝土入模浇筑。

a. 混凝土浇筑沿板梁方向采用一端向另一端分节分层的阶梯推进浇筑。

b. 混凝土浇筑前准备工作：对模板、钢筋、锚具等进行检查，并作好记录，在符合设计和施工规范要求后方可浇筑。检查混凝土浇筑所用的机具及备用件是否准备齐全，混凝土浇筑施工操作人员是否到位，各组人员应包含布料、砼振捣、砼找平三小组。

c. 混凝土布料振捣：按照预先制定的浇筑顺序，严格按 30～50 cm 分层布料，同时应控制好混凝土的振捣工作。侧面和底面采用 φ30 插入式振捣器振捣，顶面振捣采用 φ50 插入式振捣器。砼振捣注意事项：振捣时插入下层砼 5 cm 左右，不可漏振、欠振或过振，每一处振动完毕后应边振动边缓慢提出振动棒。应避免振动棒碰撞模板和钢筋，严禁碰撞预应力管道，严禁用振捣棒振动钢筋"赶料"和"拖料"。混凝土振捣时，在预应力锚板位置处钢筋密集，要加强砼振捣，使砼密实确保预应力张拉安全。

d. 混凝土标高控制：严格控制标高在规范和设计范围以内，以满足板面铺装层厚度要求，同时也是控制板线形的必要因素。在浇筑砼前，采用钢筋焊设标高控制点。为了良好控制板梁高度情况，在预压测量观测点位置均布设控制点，其中间位置可以用拉线方式或长铝合金刮尺进行控制。

e. 混凝土浇筑后，找平处理应注意下面事项：浇筑混凝土时，混凝土内如有杂质，要及时进行清除并做好收面处理。当浇筑顶板混凝土时，要严格控制板梁顶面标高，将标高严格控制在规范和设计范围以内，以满足桥面铺装层厚度要求。板梁顶混凝土的表面应压实抹平，进行两次"收面"，并在其初凝前作拉毛处理，以便与上层找平层良好连接，并防止表面裂纹的产生。砼浇筑快结束时，复测板梁顶标高，严格控制标高和坡度，不宜出现正误差，使砼顶标高满足规范要求。

⑤ 混凝土养护。采用不褪色的土工布覆盖蓄水养护，使混凝土表面随时保持湿润。养护时间不得少于 7 天，混凝土终凝后即可开始养护。夏季施工时，应加强养护，对成型混凝土遮盖浇水养护。

⑥ 施工注意事项。

a. 混凝土拌制严格按照配合比，由商砼站控制。

b. 搅拌所用机械为强制式搅拌机，搅拌时间按 120 s 控制，搅拌起算时间为加水完成后起算。在搅拌完成后混凝土的拌合物应均匀、颜色一致、和易性好，不得有离析和泌水现象。

c. 对所使用的砂、石原材料进行含水量的检测，及时调整搅拌时的掺水量，确保拌合好的砼符合配合比设计要求。

d. 施工时必须有备用发电机，以防断电引起施工的中断。

e. 振捣时应注意管的位置。

f. 模板固定一定要牢固，防止变形、跑模。

g. 保证外露结构砼表面美观的措施：对整个楼板混凝土结构应采用同厂、同品种、同标号的水泥和相同的配合比，以保证混凝土表面颜色一致。采用性能优秀的外掺剂和外加剂，以及优化混凝土配合比等先进技术消除混凝土表面泛砂、气泡等现象使混凝土表面光洁。模板接缝保持在 2 毫米之内，并保持接缝整齐划一。

h. 混凝土的防裂缝措施：

干缩裂缝：干缩裂缝的产生主要原因是混凝土浇筑后因养护不及时，表面水分散失过快，造成混凝土内外不均匀收缩，从而引起混凝土表面开裂。另外如果使用了含泥量大的粗砂配制的混凝土，也容易产生干缩裂缝。

温度裂缝：温度裂缝是由于混凝土内部和表面温度相差较大而引起，深进和贯穿的温度裂缝多是由于结构降温过快，内外温差较大，混凝土受到外界的约束而出现裂缝。

i. 预应力筋张拉时严格按照双控指标进行控制，张拉所用的千斤顶和油表必须是经具备相关资质部门标定过的，必须配套使用。

6）屋面防水卷材工程

(1) 施工工艺流程。

施工工艺：基层清理→聚氨酯底胶配制→涂刷聚氯脂底胶→特殊部位进行增补处理(附加层)→卷材粘贴面涂胶→卷材晾胶→基层表面涂胶→晾胶→铺贴防水卷材→排气压实、接收头处理→做保护层

(2) 技术要点。

① 卷材施工前必须在施工位置上放置 0.5h 以上，使卷材放松，消除任何原因产生的应力痕迹。

② 粘贴时应彻底排除与基层之间的空气，使其粘结牢固。

③ 铺贴平面与立面相连的卷材时，应先铺贴平面，然后由下向上铺贴，并使卷材紧贴阴角，不允许有空鼓的现象存在。同时应避免卷材在阴阳角处接缝，卷材的接缝必须离开阴阳角 200 mm 以上。

④ 卷材接缝边缘必须做密封处理，所有卷材收头部位必须做密封处理。

⑤ 伸缩缝处施工应断开以免产生防水层撕裂。

⑥ 接槎应粘贴牢固、不松动，卷材搭接应符合规范要求。

(3) 操作工艺。

① 基层清理：施工前将验收不合格的基层上杂物、尘土清扫干净。

② 聚氨酯底胶配制：聚氨酯材料按甲：乙 = 1：3(重量比)的比例配合，搅拌均匀即可进行涂刷施工。

③ 涂刷聚氨酯底胶：在大面积涂刷施工前，先在阴角、管根等复杂部位均匀涂刷一遍，然后用长把滚刷大面积顺序涂刷。涂刷底胶厚度要均匀一致，不得有露底现象，涂刷的底胶经 4 h 干燥，手摸不粘时，即可进行下道工序。

(4) 特殊部位增强处理。

① 增补剂涂膜：聚氨酯涂膜防水材料分甲、乙两组分，按甲：乙 = 1：1.5 的重量比配合搅拌均匀，即可在地面、墙体的管根、伸缩缝、阴阳角部位，均匀地涂刷一层聚氨酯涂膜，作为特殊防水薄弱部位的附加层。在管根、阴阳角两侧涂刷宽度不小于 200 mm，待涂膜固化后即可进行下一工序。

② 附加层施工：对设计要求的特殊部位如阴阳角、管根，可用三元乙丙卷材铺贴一层

处理。在管根、阴阳角两侧铺贴宽度不小于 200 mm。

(5) 铺贴卷材防水层。

① 铺贴前在基层面上排尺弹线，作为掌握铺贴的标准线，使其铺设平直。

② 卷材粘贴面涂胶：将卷材铺展在干净的基层上，用长把滚刷蘸 CX－404 胶涂匀，并留出搭接部位不涂胶。胶晾至基本干燥不粘手。

③ 基层表面涂胶：底胶干燥后，在清理干净的基层面上，用长把滚刷蘸 CX－404 胶均匀地涂刷，涂刷面不易过大，然后晾胶。

④ 卷材粘贴：在基层面及卷材粘贴面已涂刷好 CX－404 胶的前提下，将卷材用 Φ30 mm，长 1.5 m 的圆芯棒(圆木、或塑料管)卷好，由两人抬至铺设端头，注意用线控制，位置要正确，并粘结固定端头。然后沿弹好的标准线向另一端铺贴，操作时卷材不要拉得太紧，并注意方向沿标准线进行，以保证卷材搭接宽度。同时应立即滚压排气。

在卷材粘贴时还应注意以下问题：

a. 操作中排气：每铺完一张卷材，应立即用干净的滚刷从卷材的一端开始横向用力滚压一遍，以便将空气排出。

b. 滚压：排除空气后，为使卷材粘结牢固，应用外包橡皮的铁辊再滚压一遍。

c. 卷材不得在阴阳角处接头，接头处应间隔错开。

d. 接头处理：卷材搭接的长边与端头的短边 100 mm 范围，用丁基胶粘剂粘结，粘结时将甲、乙组分料按 1∶1 重量比配合搅拌均匀，用毛刷蘸丁基胶粘剂，涂于搭接卷材的两个面，待其干燥 15～30 min 即可进行压合，挤出空气，不许有皱折，然后再用铁辊滚压一遍。凡遇有卷材重叠三层的部位，必须用聚氨酯嵌缝膏填密封严。

e. 收头处理：防水层周边应用聚氨酯嵌缝，并在其上涂刷一层聚氨酯涂膜。

⑤ 保护层：防水层做完成后，应按设计要求做好保护层。一般平面为水泥砂浆或细石混凝土保护层；立面为砌筑保护墙或抹水泥砂浆保护层。外做防水层的也可用贴有一定厚度的板块做保护层。抹砂浆的保护层应在卷材铺贴时，在表面涂刷聚氨酯涂膜并稀撒石碴，以利于保护砂浆层粘结。防水层施工不得在雨、风天气进行，施工的环境温度不得低于 5℃。

7) 脚手架工程

外墙采用双排脚手架，内墙支模采用满堂脚手架，内墙砌筑采用单排脚手架，中庭共享空间采用双排脚手架挂立网。

(1) 工艺流程：基础处理→打白灰线→按线铺板→摆管→立杆→架体搭设→拉锚固点→挂安全网。

(2) 搭设方法。

① 脚手架所使用工具：脚手管使用外径为 48 mm、壁厚 3.5 mm 的高频焊接钢管，材质为 A3 钢。钢管不许使用气焊、电焊切割，不许打孔。脚手架节点的连接使用直角扣件、旋转扣件及对接扣件。

② 脚手架搭设前先将地面平整夯实，然后在地面上通常铺设厚木板(或脚手板)，脚手架立杆为单立柱，立柱下装有底座。

③ 脚手架的搭设。

a. 脚手架基础完成后可搭设脚手架。脚手架的步距为 1.5 m，离地面 200 mm 处设置大小横杆一道，立杆行距 1.5 m，排距为 1.2 m， 立柱交叉间隔用不同长度的钢管，相邻立柱的对接接头位于不同高度上。脚手架超过 30 m 时，脚手架底部设立双立柱，双立柱用旋转扣件连接形成整体共同受力。 脚手架的搭设是先立立柱，立柱架搭设应先立里侧立柱，后立外侧立柱。立立柱时，应做临时固定，立柱立好后应立即架设大小横杆， 当第一部大小横杆架设完毕后，做好固定再搭设第二部脚手架，同时，在立柱外侧的规定位置及时设置剪力撑，剪力撑的设置应与脚手架的向上架设同步进行。

b. 脚手架的小横杆，上下步交叉设置于立杆的不同侧面， 立柱的接长用对接扣件，大小横杆与立柱连接采用直角扣件，剪刀撑和斜撑与立杆和大横杆的连接，采用旋转扣件，剪刀撑的纵向连接采用旋转扣件， 不用对接扣件。所有扣件的紧固都要符和要求，用力矩扳手实测要达到 40～70 N·m，安装扣件时所有扣件的开口都要朝外。

c. 搭设脚手架时，每完成一步都要及时校正立柱的垂直度，以及大小横杆的标度和水平度，使脚手架的步距、行距、排距上下始终保持一致。

④ 脚手架与建筑物结构的连接，节点的处理。

a. 锚固点的位置设置：水平方向每 4～5 m 设置一点， 垂直方向每层建筑物均设置。

b. 锚固点的做法：连接杆使用 φ48 钢管，长度为 1000 mm 左右，一端用直脚扣件与脚手架内侧立杆锁紧， 另一端亦用直角扣件与埋入建筑物结构内的一段长约 40 mm 的 φ48 铜管扣紧。

c. 连接点尽量位于立杆与大小横杆的连接处附近。

4.3.3 装饰装修工程施工方案

1. 基本知识

(1) 按用途可划分为：

① 保护性装饰：保护性装饰主要用来保护结构，它设于建筑结构外层，保护建筑构件免遭大气、有害介质的侵蚀和人为的污染。

② 功能装饰：可对建筑物起保温、隔声(吸音)、防火、防潮、防腐等作用。

③ 饰面装饰：起美化建筑的作用，用于改善人类工作、生活的环境。

④ 空间利用装饰：通过安置各种隔板、壁柜、吊柜等充分利用空间，为工作生活创造方便。

(2) 按装饰部位划分，可分为外墙装饰、内墙装饰、楼地面装饰和顶棚装饰。

(3) 按所用材料划分，可分为水泥、石灰、石膏类装饰，陶瓷类装饰、玻璃类装饰、涂料类装饰、塑料类装饰、木材类装饰、金属类装饰等。

2. 装饰工程施工顺序

装饰工程可分为室外装饰(外墙抹灰、勒脚、散水、台阶、明沟、水落管等)和室内装饰(顶棚、墙面、地面、楼梯抹灰，门窗扇安装、油漆，门窗安玻璃，油漆墙裙，做踢脚线等)。室内、外装饰工程的施工顺序通常有先内后外、先外后内和内外同时进行三种顺序，具体确定采用哪一种顺序应视施工条件和工期要求而定。

室内装饰工程可与屋面工程、室外装饰工程平行搭接施工。对于同一层的室内抹灰施工顺序是先地面，后顶棚、墙面，还是先顶棚、墙面，后地面，也应考究。底层地面应在楼层抹灰完毕后进行。楼梯间和踏步因施工期间易遭损坏，要在整个抹灰完毕后自上而下地进行，并且要对其封闭养护到规定强度。门窗扇和玻璃、油漆的施工一般应在抹灰工程完工后安排。

室外装饰通常应避开雨期或冬期，由上而下逐层进行，并随着拆除该层的脚手架。

3. 装饰工程相关技术与规范

编制装饰工程施工方案需要掌握抹灰工程施工技术，墙面及轻质隔墙工程施工技术，地面工程施工技术，玻璃幕墙工程施工技术，涂饰工程施工技术。同时也要熟悉相应的规范如：《屋面工程质量验收规范》、《建筑地面工程施工质量验收规范》、《建筑装饰装修工程质量验收规范》、《住宅装饰装修工程施工规范》、《玻璃幕墙工程技术规范》、《金属与石材幕墙工程技术规范》。通过对施工技术的掌握能够确定工艺流程和施工方法，再依据验收规范确定所达到的标准，以此来保证施工质量。

练习　通过对装饰装修工程施工内容的学习，根据工程实例编制装饰装修工程施工方案。

工程实例情景 5(装饰装修工程施工方案)

1. 内墙抹灰

(1) 工艺流程：墙面清理→局部钉钢板网→墙面浇水湿润→刷水泥界面剂→吊垂直找方打点冲筋→抹底子灰→抹面层。

(2) 施工准备：

① 材料选用：除对进场的材料质量进行严格把关外，双控材料还应有复试资料。(只有复试合格后方可使用)

② 机具选用：对操作人员所使用的阴阳角工具要求应一致。

③ 进行内墙面作业应在屋面及上层地面已经完工，并且门窗垂直、方正调整完毕，以及穿墙管、暗装电线盒等施工完毕后方可施工。

(3) 操作要点：

① 墙面清理：抹灰前清理掉墙面上所有污物、灰皮、浮石、灰尘等，并在主梁及柱混凝土土墙处钉钢板网一道，要求钢板网牢固平整。

② 墙面浇水：抹底子灰的前一天，要对墙面进行浇水湿润，并刷水泥界面剂浆一道，以保证粘结牢固。

③ 吊垂直、找方：在靠近门口阴阳角等外采用 2 m 靠尺板吊垂直度套方，打点抹灰，采用"日"字冲筋法冲筋，保证墙面垂直度、平整度满足规范要求。

④ 底子灰：打底子灰采用聚丙烯抗裂砂浆打底扫毛，从上而下进行，抹成的灰应比两边的标筋稍厚，然后用刮杠靠住两边的标筋，由下向上刮平，再用木抹子补灰搓平，门口护角外包 20 mm 水泥砂浆护角(护角使用统一工具)。

⑤ 抹面层：待找平层 6～7 成干时，浇水湿润，抹混合砂浆罩面，压实赶光，厚度不应大于 2 mm。

(4) 质量措施：

① 由施工工长进行检查控制，在内层抹灰前，对施工人员进行书面技术交底。由工长、质检员组织操作人员提前做好样板间，实行样板间实物交底，从基层处理到工艺标准及施工质量要求都应统一。

② 组织操作人员按规范及交底内容进行自检、互检并做记录，然后工长对此要求逐项进行检查，由质检员进行过程控制，经检查合格后方可进行下一道工序的施工。

③ 对关键部位的要求：由工长及质检员共同把关检查，具体的检查内容如下：

a. "日"字型冲筋：从楼地面向上返 20 cm 冲横筋一道，从楼屋顶向下返 20 cm 冲横筋一道，上下两道之间再冲一横筋，冲筋宽度 5 cm，阴阳角两侧 20 cm 处各冲竖筋一道，使每一面墙的筋形成一个"日"字型。

b. 窗框与缝隙：组织施工人员确定专人对缝隙进行堵塞处理，由质检员进行过程控制，确保框口缝隙填塞密实，不能出现裂缝，其中包含电气方面，对孔洞盒槽部位的控制，确保盒槽的位置尺寸准确一致，边缘光滑整洁，穿墙套管的墙面尺寸统一，且偏差保证为"零"(出墙尺寸定为 5 cm 且应在抹灰前必须下好不得事后补下)。

c. 门口两侧处的垂直要求：由工长及质检员共同把关，严格操作工艺，确保此处垂直度检查为"零"，同时检查包含门护角做法，护角采用 1：2 水泥砂浆做护角，护角宽度 2 cm。

2. 顶棚抹灰

(1) 工艺流程：弹水平线→浇水湿润→刷结合层→抹底子灰→抹纸筋灰面层。

(2) 施工准备：同内檐抹灰。在内檐抹灰及屋面防水层，楼板地面所有剔凿活及地面水暖电套管下齐完工后进行顶棚抹灰。

(3) 操作要点：

① 弹水平线：按抹灰层厚度用粉线包在四周墙上弹出水平线，作为控制抹灰层厚度的基准线，立墙与顶棚的阴角线。

② 浇水湿润：在已处理好的基层上提前一天浇水湿润，要求水要浇透。

③ 刷结合层：在已湿润好的基层上刷一层 TG 胶素浆，要求刷匀、刷满。

④ 抹底子灰：在刷满结合层面上，随即抹 13.5 mm 厚 1：1：6 水泥砂浆打底找平，操作上用力抹压，使底子灰与结合层粘结牢固，然后拉线找平，木抹子补灰找平，搓麻。

⑤ 抹纸筋灰面层：待底灰找平层 6～7 层干时，先检查其平整度，待合格后再罩面。两遍交活，要求薄而平，不应超过 2 mm 厚。

(4) 质量措施：

① 此项工程由主管工长与质检员共同把关，由工长向操作人员进行技术交底。

② 严格控制砂浆配合比。砂浆采用统一搅拌配制，明确砂浆配合比，对原材料应进行复试，检查不符合规范要求的材料一律不准使用。对所有计量器具定期送检，保证其准确性，从而保证砂浆配比的准确。

③ 对结合层的要求：由质检员进行过程控制，做到结合层刷的均匀一致，没有漏刷，各抹灰层之间及抹灰层与基层之间的粘结牢固，无脱层、空鼓，面层无爆灰和开裂等缺陷，若发现不合格处应立即铲除返工。

④ 严格控制顶棚抹灰的平均厚度，保证控制在 15 mm 以内，并控制电气孔口平面尺

寸的准确。

⑤ 顶棚抹灰允许的偏差与检验方法，同内墙抹灰一样由项目工长与质检员共同把关检查。

⑥ 顶棚交活后严禁在楼面凿洞，顶棚上的预埋件不得随意敲动、挪位和损坏。

3. 楼地面瓷砖施工

(1) 工艺流程：清理基层→刷水泥素浆结合层→冲筋→装档→弹线→铺砖→拨缝→灌缝→养护。

(2) 操作要点：

① 将基层清理干净，把表面灰浆皮铲掉、扫净后均匀洒水，然后用扫帚均匀洒水泥素浆(水灰比为 0.5)。

② 找方正时，在当日抹好的找平层上拉控制线(在完全硬化的找平层上弹控制线)。

③ 在水泥浆尚未初凝时即铺瓷砖，从里向外沿控制线进行，铺好后在瓷砖上垫木板，人站在木板上修理四周的边脚。

④ 地漏、管沟等处周围的瓷砖要预先试铺，做到与管口镶嵌吻合。瓷砖面层要整间一次镶铺连续操作。

(3) 质量措施：

① 镶铺瓷砖时要按水平线镶铺，严格控制标高。

② 在同一房间使用长宽相同、颜色一致的瓷砖。

③ 铺瓷砖前刮的水泥浆防止风干，薄厚均匀。

④ 厕浴间地面的防水层在施工时注意保护，穿楼板的管洞要堵实并加套管。

4. 地面花岗岩、大理石

(1) 工艺流程：试拼→弹线→试排→基层处理→铺砂浆→铺花岗岩→灌浆、擦缝→打蜡。

(2) 操作要点：正式铺设前，对每一房间的花岗岩板块按图案、颜色、纹理试拼。试拼后按两个方向编号排列，然后按编号码放整齐。

在房间的主要部位弹互相垂直的控制十字线，用以检查和控制板块的位置。然后在房间的两个相互垂直的方向铺两条干砂，其宽度大于板块，厚度不小于 3 cm。

根据图纸要求将板块试排好。正式铺设时，根据水平线，定出地面找平层厚度，拉十字线，铺找平层水泥砂浆。砂浆从里往门口处摊铺，铺好后刮大杠、拍实。用抹子找平，其厚度适当高出根据水平线定的找平层厚度。铺前将板块预先浸湿且阴干后备用，铺设时先里后外，即先从远离门口的一边开始，按照试拼编号依次铺砌，逐步退至门口。在铺好的干硬性水泥砂浆上先试铺合适后，翻开石板，在水泥砂浆上浇一层水灰比为 0.5 的素水泥浆，然后正式镶铺。

在铺砌后 1~2 昼夜进行灌浆、擦缝。灌浆 1~2 h 后用棉丝团蘸原稀水泥浆擦缝，与地面擦平。

(3) 质量措施：

① 混凝土垫层表面用钢丝刷清扫干净，浇水湿润扫一遍素水泥浆，找平层最薄处不得少于 2 cm。

② 在房间抹灰前必须找方后冲筋，并且在花岗岩地面相互沟通的房间按同一互相垂直的基准线找方，严格按控制线铺砌。

③ 平整偏差大于±0.5 mm 的花岗岩剔出不予使用。

④ 在工序安排上，花岗岩地面以外的房间地面先完成。过门处花岗岩板与地面同时铺砌。

⑤ 在镶贴踢脚板时要拉线加以控制。

5. 内墙刮大白

(1) 工艺流程：基层清理→刷、喷胶水→填补缝隙局部刮腻子→墙面裂缝处理布→满刮腻子。

(2) 基本要求：

① 施工环境应清洁干净，待大装修工程完工后再进行涂料施工，且温度不低于+10℃，相对湿度大于 60%。

② 涂刷前，涂刷表面必须干燥。

③ 遇有大风、雨、雾等情况不可施工。

④ 腻子要牢固，不可粉化、起皮、裂纹，腻子干燥后，应打磨平整光滑，外墙、厨、厕应使用耐水性能的腻子。

(3) 基层清理：混凝土及抹灰表面的浮砂、尘土、疙瘩要清扫干净，粘附着的油污处应用脱胶剂彻底清除，老旧墙面的涂料、腻子清理掉后，用清水冲刷干净。

(4) 刷(喷)建筑胶水或清漆：混凝土墙面在刮腻子前应先刷(喷)一道胶水或清漆封底，以增强腻子与基层表面的粘结力。刷(喷)时应均匀，不得有遗漏。乳胶水重量配合比为清水：乳胶 = 5∶1。

(5) 填补缝隙，局部刮腻子：用石膏腻子将缝隙及坑洼不平处找平。应将腻子填实抹平，并把多余腻子收净，待腻子干后用砂纸磨平，并及时把浮尘扫净。如还有坑洼不平处，应重新用腻子补平。石膏腻子配合比为石膏粉：乳胶液：纤维素水溶液=100∶45∶60，其中纤维素水溶液浓度为 3.5%。

(6) 墙面裂缝处理：裂缝处应用嵌缝腻子填平，上糊一层玻璃网格布或绸布条，用乳液将布条粘在裂缝上，粘条时应把布拉直、糊平。刮腻子时要盖过布的宽度。

(7) 满刮腻子：对于中级刷(喷)浆可满刮大白腻子(普通喷浆没有此道工序)，高级刷(喷)浆可满刮二到三遍大白腻子。操作时要往返刮平，注意上下左右接槎，两刮板间刮净，不能留有腻子。每遍腻子干燥后用砂纸打光磨平，慢磨慢打，线角分明，磨完后应将浮尘扫净。如涂刷带颜色的浆，则要在腻子中掺入适量的颜料。腻子可用成品的防潮腻子。施涂前应将基层的缺棱掉角处用 1∶3 水泥砂浆修补，表面的麻面及缝隙用腻子填补齐平。

① 先进行刮腻子打磨，使墙面颜色一致。

② 同一墙面应用同一批号，每遍涂料不宜过厚，涂层应均匀，颜色一致。

6. 吊顶安装工程

(1) 工艺流程：基层处理→弹线定位→安装吊杆及吊挂→安装边龙骨→安装主龙骨→安装次龙骨→龙骨调整→安装罩面板。

(2) 施工准备。

① 材料准备：根据设计要求组织材料进场。

② 施工工具准备：铝材切割机、无齿切割机、电锤、正反手电钻、电线盘、水平尺、墨斗、壁纸刀。

(3) 施工工艺。

① 基层处理：吊顶工程进行前，墙面应施工完成，边龙骨安装部位应平整光滑，楼底板顶部，应没有结构缺陷。如有问题应及时处理，处理完毕后方可开始吊顶工程。

② 弹线定位：根据设计要求，将龙骨及吊点位置弹在楼面上，把龙骨标高弹在墙上，龙骨标高用水准仪找平，根据结构 1 m 线进行。依据设计本工程吊点布置为 Φ8 吊杆间距 1200 双向。

③ 安装吊杆及吊挂：将市场所售的 Φ8 膨胀螺栓打入吊点洞中上紧拧牢，再将事先预制的一端带 Φ8 丝扣孔的角钢吊杆放入拧牢固。丝扣一端上好吊卡以备挂龙骨。

④ 安装边龙骨：根据已弹好的标高线安装边龙骨。边龙骨用 Φ6 塑料涨管固定于结构墙面，其间距为 500 mm。

⑤ 安装主龙骨(U 型、T 型)：吊杆及吊挂安装好后，再安装主龙骨。安装主龙骨时，接头处用接件连接牢固，相邻两个主龙骨接头要错开。

⑥ 安装次龙骨(U 型、T 型)：根据罩面板的类型、规格、尺寸进行定尺截取，安装时用模规、米尺控制龙骨间距。

安装方法：对于 U 型龙骨，在分段截开的次龙骨上用薄钢板剪，剪出连接耳，在连接耳上打孔 Φ3.2，安装时，将连接耳弯成 90° 角。在主龙骨上相同部位钻同口径小孔，用 Φ3.2×8 铝拉铆钉固定；对于 T 型龙骨，依据饰面板规格尺寸，选定承插式次龙骨。

⑦ 龙骨调整。吊顶龙骨的骨形成后，用拉线调整的方法将龙骨调整在设计标高的位置，中间按要求 0.5% 走拱，以保证水平。检查各连接部件是否牢固，经检查合格后进入下一道工序。

⑧ 安装罩面板。对于普通石膏板及水泥加压板，采用自攻螺钉攻入石膏板与龙骨连接，自攻螺钉攻入板面 2 mm，饰面装修时用腻子刮平，并强调接缝处理；矿棉吸声板、防水石膏板等块材采用平安法；其他类型罩面板依据详细设计确定。

7. 铝合金门窗

(1) 工艺流程：弹线找规矩→确定墙厚方向的安装位置→安装铝合金窗拔水→防腐→就位和临时固定→与墙体固定→嵌缝→安装五金配件。

(2) 操作要点：

① 确定墙厚方向安装位置时，如外墙厚度有偏差，原则上要以同层房间的窗台板外露宽度一致为准，窗台板伸入铝合金窗下 5 mm 为宜。

② 根据找好的规矩，安装铝合金窗，并及时将其吊直找平，同时检查其安装位置是否正确，无问题后，用木楔临时固定。 与墙体固定时，铁角至窗角的距离不大于 180 mm，铁角间距小于 600 mm。

(3) 质量措施。

① 保证项目。

a. 铝合金门窗及其附件质量必须符合设计要求和有关标准规定， 按抽样订货后对门窗做封样以备验收，进货时如与样品不符坚决退货不予验收。

b. 铝合金门窗安装的位置、开启方向必须符合设计要求。

c. 铝合金门窗安装必须牢固。预埋件的数量、位置、埋设连接方法必须符合设计要求。

d. 铝合金窗框与非不锈钢紧固件接触面之间必须做防腐处理，严禁用水泥砂浆作为门窗框与墙体之间的填塞材料。

8. 外墙喷涂涂料

(1) 工艺流程： 基层处理→配料→面层涂料施工。

(2) 操作要点：

① 对已抹好水泥砂浆的基层表面，认真检查有无空鼓、裂缝，对空鼓、裂缝必须剔凿修补好，在干燥后方可喷涂。

② 配料：将若干桶涂料倒在一个特制的大槽内，将其拌合均匀，根据喷涂面积的大小随拌合随使用。

③ 面层涂料的施工(喷涂法)。喷涂时空压机的压力应保持在 0.5～0.8 MPa。 将涂料装入专用的喷斗内，喷涂时以喷成雾状为好，要连续均匀地喷涂，不漏喷、不流坠。 涂层不应过厚，以盖底色为好，喷涂二遍成活。

9. 外墙贴砖

(1) 工艺流程：基层处理→吊垂直、套方、找规矩→贴灰饼→抹底层砂浆→弹线分格→排砖→浸砖→镶贴面砖→面砖勾缝与擦缝。

(2) 作业条件：

① 外架子(高层多用吊篮或吊架)应提前支搭和安设好，多层房屋最好选用双排架子或桥架，其横竖杆及拉杆等应离开墙面和门窗口角 150～200 mm。架子的步高和支搭要符合施工要求和安全操作规程。

② 阳台栏杆、预留孔洞及排水管等应处理完毕，门窗框扇要固定好，并用 1:3 水泥砂浆将缝隙塞严实，铝合金门窗框边缝所用嵌塞材料应符合设计要求，且应塞堵密实，并事先粘贴好保护膜。

③ 按面砖的尺寸、颜色进行选砖，并分类存放备用。

④ 大面积施工前应先放大样，并做出样板墙，确定施工工艺及操作要求，并向施工人员做好交底工作。样板墙完成后必须经质检部门鉴定合格后，同时还要经过设计、甲方和施工单位共同认定，方可组织施工。

(3) 基层为混凝土墙面时的操作方法。

① 基层处理：首先将凸出墙面的混凝土剔平，对大钢模施工的混凝土墙面应先凿毛，并用钢线刷满刷一遍，再浇水湿润。如果基层混凝土表面很光滑时，亦可采取如下的"毛化处理"办法，即先将表面尘土、污垢清扫干净，用 10%的火碱水将板面的油污刷掉，随之用净水将碱液冲净、晾干，然后用在 1:1 水泥细砂浆内掺水重 20%的 107 胶，喷或用笤帚将砂浆甩到墙上，其甩点要均匀，待其终凝后浇水养护，直至水泥砂浆疙瘩全部粘到混凝土光面上，并有较高的强度(用手掰不动)为止。

② 吊垂直、套方、找规矩、贴灰饼：若建筑物为高层时，应在四大角和门窗口边用经纬仪打垂直线找直；如果建筑物为多层时，可从顶层开始用特制的大线坠绷铁丝吊垂直，

然后根据面砖的规格尺寸分层设点、做灰饼。横线则以楼层为水平基准线交圈控制，竖向线则以四周大角和通天柱或垛子为基准线控制，应全部是整砖。每层打底时则以此灰饼作为基准点进行冲筋，使其底层灰做到横平竖直。同时要注意找好突出檐口、腰线、窗台、雨篷等饰面的流水坡度和滴水线(槽)。

③ 抹底层砂浆：先刷一道掺水重 10% 的 107 胶水泥素浆，紧跟着分层、分遍抹底层砂浆(常温时采用配合比为 1：3 水泥砂浆)。第一遍厚度宜为 5 mm，抹后用木抹子搓平，隔天浇水养护。待第一遍六至七成干时，即可抹第二遍，厚度约 8～12 mm，随即用木杠刮平、木抹子搓毛，隔天浇水养护。若需要抹第三遍时，其操作方法同第二遍，直至把底层砂浆抹平为止。

④ 弹线分格：待基层灰六至七成干时，即可按图纸要求进行分段分格弹线，同时亦可进行面层贴标准点的工作，以控制面层出墙尺寸及垂直、平整。

⑤ 排砖：根据大样图及墙面尺寸进行横竖向排砖，以保证面砖缝隙均匀，符合设计图纸要求。注意大墙面、通天柱子和垛子要排整砖，以及在同一墙面上的横竖排列，均不得有一行以上的非整砖。非整砖行应排在次要部位，如窗间墙或阴角处等。但亦要注意一致和对称。如遇有突出的卡件，应用整砖套割吻合，不得用非整砖随意拼凑镶贴。

⑥ 浸砖：釉面砖和外墙面砖镶贴前，首先要将面砖清扫干净，放入净水中浸泡 2 h 以上，取出待表面晾干或擦干净后方可使用。

⑦ 镶贴面砖：镶贴应自上而下进行。高层建筑在采取措施后，可分段进行。在每一分段或分块内的面砖，均为自下而上镶贴。从最下一层砖下皮的位置线先稳好靠尺，以此托住第一皮面砖。在面砖外皮上口拉水平通线，作为镶贴的标准。

在面砖背面宜采用 1：2 水泥砂浆或 1：0.2：2＝水泥：白灰膏：砂的混合砂浆镶贴。砂浆厚度为 6～10 mm，贴上后用灰铲柄轻轻敲打使之附线，再用钢片开刀调整竖缝，并用小框通过标准点调整平面和垂直度。

另外一种做法是，用 1：1 水泥砂浆加水重 20% 的 107 胶，在砖背面抹 3～4 mm 厚粘贴即可。但此种做法其基层灰必须抹得平整，而且砂子必须用窗纱筛后使用。还可用胶粉来粘贴面砖，其厚度为 2～3 mm，用此种做法其基层灰必须更平整。

如要求釉面砖拉缝镶贴时，面砖之间的水平缝宽度用米厘条控制。米厘条用贴砖用的砂浆与中层灰临时镶贴，米厘条贴在已镶贴好的面砖上口，为保证其平整，可临时加垫小木楔。

当女儿墙压顶、窗台、腰线等部位的平面也要镶贴面砖时，除流水坡度符合设计要求外，应采取顶面面砖压立面面砖的做法，以预防向内渗水，引起空裂。同时还应采取立面中最末一排面砖必须压底平面面砖，并低出底平面面砖 3～5 mm 的做法，起到让其超滴水线(槽)的作用，防止尿檐而引起空裂。

⑧ 面砖勾缝与擦缝：面砖铺贴拉缝时，用 1：1 水泥砂浆勾缝。先勾水平缝再勾竖缝，勾好后要求凹进面砖外表面 2～3 mm。若横竖缝为干挤缝或小于 3 mm 者，应用白水泥配颜料进行擦缝处理。面砖缝子勾完后，用布或棉丝蘸稀盐酸擦洗干净。

(4) 基层为砖墙面时的操作方法。

① 抹灰前，墙面必须清扫干净，浇水湿润。

② 大墙面和四角、门窗口边弹线找规矩，必须由顶层到底一次进行，弹出垂直线，并

决定面砖出墙尺寸，分层设点、做灰饼。横线则以楼层为水平基线交圈控制，竖向线则以四周大角和通天垛、柱子为基准线控制。每层打底时则以此灰饼作为基准点进行冲筋，使基底层灰做到横平竖直。同时要注意找好突出檐口、腰线、窗台、雨篷等饰面的流水坡度。

③ 抹底层砂浆：先把墙面浇水湿润，然后用 1∶3 水泥砂浆刮约 6 mm 厚的一道，紧跟着用同强度等级的灰与所冲的筋抹平，随即用木杠刮平，木抹搓毛，隔天浇水养护。

其余的操作方法同基层为混凝土墙面做法一致。

9. 玻璃幕

(1) 工艺流程：弹分格轴线→立柱安装→横梁安装→其他主要附件安装→玻璃幕安装。

(2) 操作要点：

① 立柱先与连接件连接，然后连接件再与主体预埋件连接，并进行调整固定。

② 同一层的横梁安装由下向上进行。安装完一层高度时，应进行检查、调整、校正、固定，使其符合质量要求。

③ 每块玻璃下部设不少于二块弹性定位垫块。玻璃幕墙四周与主体结构之间的缝隙，采用防火的保温材料填塞。内外表面用密封胶连续封闭，接缝严密不漏水。

(3) 质量标准：

① 观感检验：

a. 明框幕墙框料应竖直横平；单元式幕墙的单元拼缝或隐框幕墙分格玻璃拼缝应竖直横平，缝宽均匀，并符合防火设计要求。

b. 玻璃的品种、规格、颜色与设计相符，整幅幕墙玻璃的色泽均匀，不应有析碱、发霉和镀膜脱落等现象。

c. 玻璃的安装方向应正确。

d. 幕墙材料的色彩与设计相符并均匀，铝合金料不应有脱膜现象。

e. 装饰压板表面平整，没有肉眼可察觉的变形、波纹或局部压砸等缺陷。

f. 幕墙的上下边及侧边封口、沉降缝、伸缩缝、防震缝的处理及防雷体系应符合设计要求。

g. 幕墙隐蔽节点的遮封装修应整齐美观。

h. 幕墙不得渗漏。

② 抽样检验：

a. 铝合金料及玻璃表面不应有铝屑、毛刺、油斑和其他污垢。

b. 玻璃应安装或粘结牢固，橡胶条和密封胶应镶嵌密实，填充平整。

c. 钢化玻璃表面不得有伤痕。

4.3.4 水暖电安装工程施工方案

1. 基本知识

水暖电安装工程可分为以下几类。

(1) 建筑管道工程。可分为室内给水系统，室内排水系统，室内热水供应系统，卫生器具安装，室内采暖系统，室外给水、排水供热管网，建筑中水系统及游泳池系统等。

(2) 建筑电气工程。可分为电气装置、布线系统、用电设备。

(3) 建筑智能化工程。可分为通信网络、办公自动化、建筑设备监控、火灾报警及消防联动、安全防范、综合布线、智能化集成和住宅智能化系统。

(4) 通风与空调工程。可分为送、排风系统，防、排烟系统，除尘系统，空调系统，净化空调系统，制冷系统和空调水系统。

(5) 消防工程。可分为灭火系统、火灾报警系统、火灾事故广播及通讯系统、疏散指示标志及应急照明系统、机械防排烟系统等。

(6) 电梯工程。可分为乘客电梯、客货两用电梯、病床电梯、载货电梯、杂物电梯、其他电梯。

2. 水、暖、电、卫工程施工顺序

水、暖、电、卫工程一般应与土建工程中有关分部、分项工程之间密切配合、交叉施工。在基础工程施工时，应将相应的上、下水管沟等垫层、管沟墙做好，然后回填土。在主体工程施工中，在砌墙或浇筑混凝土墙板时，应按设计要求预留各种管道孔、电线孔槽和预埋木砖或其他预埋件。在装饰工程施工前，安设相应的各种管道和电气照明用的附墙暗管、接线盒等。水、暖、电、卫其他设备安装均穿插在地面或墙面抹灰的前后进行。设备安装好做好系统调试并与外网相连接。

3. 水、暖、电、卫工程相关技术与规范

编制水、暖、电、卫工程施工方案需要掌握建筑管道工程施工程序，高层建筑管道施工技术要求，电气工程施工程序，电气工程施工技术要求，通风与空调工程的施工程序，风管系统的施工技术要求，净化空调系统施工要求，建筑智能化工程的施工要求，建筑智能化工程的调试检测要求，建筑消防工程安装施工要求，电梯工程的施工程序及安装要求。同时也要熟悉相应的规范，如《建筑给水排水及采暖工程施工质量验收规范》、《通风与空调工程质量验收规范》、《建筑电气工程施工质量验收规范》、《电梯工程施工质量验收规范》、《智能建筑工程施工质量验收规范》、《综合布线系统工程验收规范》等。通过对施工技术的掌握能够确定工艺流程和施工方法，再依据验收规范确定所达到的标准，以此来保证施工效果安全、经济、可靠。

练习　通过对水暖电安装工程内容的学习，根据工程实例编制水暖电安装工程施工方案。

工程实例情景 6(水暖电安装工程施工方案)

1. 上水工程

(1) 工艺流程：安装准备→预制加工→给水引入管安装→管道试压→管道防腐保温→立管安装→支管安装→管道试压→管道防腐保温→管道冲洗。

(2) 施工方法：

① 根据设计图纸注明的管道位置放线，开挖和疏通管沟至设计深度。如设计无要求时，室外进户埋深大于 0.7 m，并顺通预留孔洞和进行套管安装。

② 沿管跨走向逐一标出各节点中心，实测各管段长度，绘制实测小样，按小样进行管

道预制。

③ 管子的切割宜采用手锯或砂轮锯,切割长度应根据实测小样图并结合各连接件的具体尺寸确定。

④ 用手锯锯管时,锯口应平整并锯到管底,不能扭断或折断,管口断面不得变形;用砂轮锯断管时,管子断面处的飞边、毛刺应进行清除。

⑤ 管子套丝应根据管子不同的管径分2～3次套制完成, 螺纹应清楚,表面不得有毛刺或乱丝。断扣的总长度不得大于全长的10%。

⑥ 柱形和锥形管子螺纹的中心线,应与管子的中心线相重合。但对连接各设备、器具和对坡度、几何尺寸要求严格的部位,管子螺纹中心线允许有一个不大于 3°的夹角,但在基面螺纹顶峰处的管壁减薄,不得大于管子壁厚的15%。镀锌管在套定丝头后,应马上清除丝头上的铁屑,并擦净套丝头时的机油,然后在丝头部位刷一遍防锈漆防止丝头锈蚀。

⑦ 套好丝扣后将所需零件带入丝扣试松紧(一般带入3扣左右为宜)。在丝扣处抹填料并用手带上零件,然后用管钳将零件上至松紧适度且外露丝扣2～3扣。清除丝头填料并擦净,然后进行编号放到适当位置等待调直。

⑧ 镀锌管不得焊接,也不准使用黑料。

⑨ 在上好零件管段的丝扣处抹铅油,连接两段或数段。连接时不能只顾甩口方向,而要照顾到管子的弯曲度并相互找偏,然后再将未调管段上的甩口方向转至合适的部位并保持正直。

⑩ 管段连接后在调直前,必须按施工草图复核管径、甩口方向和变径位置是否正确。

⑪ 管道调直要放在调直架上或调管平台上,一般两人操作,一人在管道的端头用目测法观看弯曲部位,一人在弯曲部位用手锤敲打,边敲边观看直到调直为止。

⑫ 有阀门连接的管段,调直时应先把阀门盖卸下来。将阀门处垫头再敲打,以防震裂。

⑬ 镀锌管不得加热调直。

⑭ 调直时一般不得将管道打成坑瘪,如有坑瘪时,其程度不能超过管外径的5%预制后管道,其节点误差不得大于 5 mm。

(3) 操作要点:

① 预制完的管道严格按图纸进行防腐处理。当设计无要求时,埋地镀锌管道一般为三油二布五层做法。

② 进行水压试验。当设计无规定时,室内给水管道试验压力不应小于 0.6 MPa,生活饮用水和生产、消防合用的管道,试验的压力应为工作压力的 1.5 倍, 但不能超过 1 MPa。在 10 min 内压力下降不大于 0.05 MPa,然后将试验压力降到工作压力无渗漏为合格。

③ 水压试验合格后及时修补管道连接处的防腐。

④ 填堵内隔墙基础的管子孔洞并覆土夯实管沟。

⑤ 连接各层间立管并随时稳装穿楼板套管和立管卡具,管道套管应比管径大 2 号。一般房间立管穿楼板时,钢套管底部应与粉饰后的楼板相平,底部应高出地面 10 mm,并应封堵管道与套管间隙,要求环缝均匀。管道穿过厨房、卫生间易积水的房间楼板,顶部应高出地面 30 mm,钢套管内壁应做防腐处理。立管卡具安装应随立管随做随装,管道卡具安装前必须做防腐处理,给水立管管卡安装层高小于或等于 5 m,每层必须安装一个,层

高大于 5 m，每层不得少于 2 个管卡，安装高度距地面 1.5～1.8 m。2 个以上管卡应匀称安装，同一幢号管卡安装必须一致。

⑥ 支管安装应在土建底子灰抹完成后进行，沿管道小样图走向、高度依次稳装支管卡具。卡具要布置合理，尽量放在支管返弯处，连接各支管并随时封堵各甩口，并固定支管。一般卫生器具给水配件的安装高度，除设计明确规定外一般均按规范要求施工。

(4) 质量措施：

① 镀锌管丝头松紧要适度，上好管件后丝头应外露 2～3 扣。

② 镀锌立管穿卫生间、浴室、楼板处套管应高出地面 3 cm，并形成馒头状阻水圈。

③ 室内给水镀锌管安装应符合《采暖与卫生工程施工及验收规定》。

④ 各敞露管口需装临时管堵。

⑤ 管道安装后应及时稳装支架，并将临时支撑或钢丝清除。

⑥ 管道安装后应及时封堵预留孔洞，防止管道移位或杂物由上层落下污染管道。

(5) 与土建配合：向土建有关施工人员详细了解建筑结构情况，以及有关建筑尺寸、标高、施工程序和施工方法，确定给水工程与土建工程施工的具体配合措施。

2. 下水工程(PVC)

(1) 工艺流程：安装准备→预制加工→下水排水管道安装→闭水试验→立管安装→支管安装→闭水试验。

(2) 施工方法：

① 锯管长度应根据实测并结合各连接件的尺寸逐层确定，锯管工具宜选用细齿锯和割管机等工具。断口应平整垂直于轴线，断面处不得有任何变形，接口处应用中号板锉锉成 15°～30° 坡口，坡口厚度宜为管壁厚度的 1/3～1/2 长度，一般不得小于 3 mm。坡口锉完成后应将残屑清除干净。

② 管材或管件在粘合前应用棉纱或干布将承口内侧和插口外侧擦干净，使被粘结面保持清洁，无尘砂与水弯，当表面沾有油污时须用棉纱蘸丙酮等清洁剂擦净。

③ 配管时应将管材与管件承口试插一次，在其表面划出标记，管端插入承口的深度不得小于规定要求。

④ 用油刷蘸胶粘剂刷被粘接插口外侧及粘接承口内侧时，应轴向涂刷，动作要迅速，涂刷均匀，且涂刷的胶粘剂应适量，不得漏涂或涂抹过厚。涂刷胶粘剂时应先涂刷承口，后涂刷插口。

⑤ 承插口涂刷胶粘剂后，应立即找正方向将管子插入承口，使其准直。再加挤压，使管端插入深度符合所划标记，并保证承插口的直度和接口位置，同时还应保持静待 2～3 min，防止接口滑脱，预制管段节点间误差不大于 5 mm。

(3) 操作要点：

① 当埋地管为铸铁管时，底层塑料管插入其承口部分的外侧，应先用砂纸打毛，在插入后用麻丝填嵌均匀，以石棉水泥粘口，不得用水泥砂浆，操作时应注意防止塑料管变形。

② PVC 排水管道安装一般应自下而上进行，先安装立管后安装横管。

③ 立管安装：按设计要求设置固定支架或支撑件后，再进行立管吊装。当设计无要求时，立管外径为 50 mm 的应不大于 1.5 m，外径为 75 mm 及以上的应不大于 2 m。安装立

管时一般先将管段吊正，再安装伸缩节，安装伸缩节必须按设计要求的位置和数量进行安装。当设计无要求时，层高不大于 4 m 时应每层安装一个伸缩节，当层高大于 4 m 时应根据设计伸缩量的要求进行安装。安装伸缩节时，在管端插入部位做好标记后平直插入伸缩节承口橡胶圈中，用力应均匀，不可摇挤，避免橡胶圈顶歪，安装完毕后随即将立管固定。

④ 横管安装：一般应先将预留好的管段用钢丝临时吊挂，查看无误后再进行粘接，粘接后应迅速摆正位置，按规定校正坡度，用木楔卡牢接口并牢紧。在拆除临时钢丝时，横管支撑件的间距要准确。

(4) 质量标准：

① PVC 排水管安装必须加装伸缩节。

② PVC 排水管道在安装过程中甩口部位应加临时封堵。

③ PVC 排水管道安装应在土建抹灰后进行施工。

④ PVC 排水管道安装应符合《建筑排水硬聚乙烯管道施工及验收规程》。

(5) 与土建配合：管道穿越楼板孔洞、土建补洞时应严密捣实，立管周围应做高出原墙 10～20 mm 的阻水圈，严禁接合部位发生渗水现象。

3. 下水(铸铁)

(1) 工艺流程：安装准备→管道预制→下水排水管安装→闭水试验→灌水试验。

(2) 操作工艺：按设计图纸注明的管道位置放线，挖和疏通管道沟至设计深度，并核实预留孔洞位置和进行有特殊要求的套管安装。

凡穿过基础的现浇混凝土楼板、墙、现浇混凝土墙管部位的管孔，均需在土建施工时配合预留。

管道安装前要进行防腐处理。当直埋下水铸铁管设计无特殊要求时，应刷沥青或沥青漆两遍，明装的排水铸铁管应刷防锈漆两遍，涂刷要均匀无遗漏。

按实测的小样图配管，承插下水铸铁管接口采用水泥接口。水泥接口是以麻绳、硅酸盐水泥为材料，在承插接口内填塞打实，保证接口严密，并具有一定弧度的一种连接方法。

① 承插铸铁管对口前，应清除承口内杂物。对口时应留 1～2 mm 伸缩间隙，承口的环形间隙要求均匀一致。

② 将麻绳拧成麻股，用捻凿塞入接口内，麻股长要超过管子的 1/5，麻股的直径应视环隙大小而定。通常要求各圈的麻股接头互相搭接，然后用手搓和捻凿将麻股打实，打完麻的深度一般为承口深度的 1/3。

③ 麻打好后，将水泥和好。水泥强度等级不能低于 32.5 号，水泥和水的重量比一般为 9：1，应随用随和，和好的湿灰放置时间不应超过 1 h。

④ 水泥和好后分层填入接口，并分层用手锤和捻凿打实。打实程度可视砂表面发黑灰色或感到手锤对捻口的反弹力增大而确定，打灰层数一般为 4～6 层，承口周围间隙应均匀，灰口表面低于承口外沿 3～5 mm。

⑤ 再次检查并清理管腔后进行铺管，并依次连接管口。安装后的排水干管应有坡度，管道坡度应符合有关规定。

⑥ 埋地排出横管一般接至基础外 1 m，如有台阶或其他建筑物应接出台阶外 300 mm，排水排出管穿出基础处管顶上部净高不小于 150 mm。

⑦ 排水管、横管及排出管端部的连接必须采用 2 个 45°弯头或弯曲半径不小于 4 d 的 90°弯头。

⑧ 埋地管道安装后，应用管堵堵塞排水系统总出口，向系统注入清水至排水口上平，作隐蔽工程闭水试验。当满水 15 min 后见降补灌后静置 5 min，液面无下降且各接口无渗漏现象即为合格，用水试验合格后可还土。

⑨ 管沟回填土，管顶上部 500 mm 以内不得回填直径大于 100 mm 的块石和冻土；500 mm 以上部分回填块石和冻土不得集中。用机械回填，机械不得在管沟上行走，管沟回填土应分层夯实，机械夯实分层不大于 300 mm，人工夯实每层不大于 200 mm，管子工作坑的回填必须仔细夯实。

⑩ 排水管道的吊卡或管头应固定在承重结构上，横管固定间距不得大于 2 m，民用住宅管长度等于或大于 60 mm 时必须安装固定件一个。排水立管应安装固定卡具，立管固定间距为 3 m，层高小于或等于 4 m 时立管可安一个固定卡具。立管底部的弯管处应设置支墩，管卡安装高度距地面 1.5～1.8 m，2 个以上管卡应匀称安装，同一幢号管卡安装高度必须一致。

(3) 质量措施：

① 打口所用的素灰湿度要适中，不能过湿或过干。

② 排水铸铁管安装工程中，甩口部位应临时封堵。

③ 管道安装后应及时稳装支架，并将临时支撑或钢丝清除。

④ 管道安装应及时封堵预留孔洞，防止管道位移或杂物由上层落下污染。

⑤ 室内排水铸铁管安装应符合《采暖与卫生工程施工及验收规范》。

(4) 与土建配合问题：了解建筑尺寸、标高、施工程序和方法，并确定排水工程与土建工程施工的配合措施，留好孔洞。

4. 消防

(1) 工艺流程：安装准备→预制加工→消防导管安装→立管安装→支管安装→消火栓箱安装→管道试压→管道防腐→管道冲洗。

(2) 施工方法：

① 按设计要求安装消防用水管道。

② 埋地管道应做防腐处理。

③ 按实测小样图配管并进行安装。

④ 消防栓之间的距离应在保证两个消防水枪充实水柱的同时，可达到室内任何一点。消防栓通常安装在消防箱内，消防栓安装高度为栓口中心距地面 1.20 m，栓口出水方向朝外，与设置消防箱的墙面相互垂直成 45°，消防栓中心距消防箱侧面为 140 mm，距离内表面为 100 mm。(栓口中心也可距地面 1.10 m，按设计要求)

(3) 操作要点：

① 室内消防栓系统与地下给水管连接前必须将室外地下给水管冲洗干净，其冲洗水量应达到消防时的最大设计流量。

② 室内消防栓系统在交付前应将室内管道冲洗干净，其冲洗量应达到消防时的最大设计流量。

③ 进行水压试验时，最低不小于 1.4 MPa，其压力保持 2 h 无明显压力降为合格。

(4) 质量措施：

① 敞露管口须装临时管堵。

② 管道安装后应及时稳装支架，并将临时支撑或钢丝清除。

③ 管道安装后应及时封堵预留孔洞，防止管道位移或杂物由上层落下污染管道。

④ 消防管道安装应符合《采暖与卫生工程施工及验收规范》。

(5) 与土建配合：了解建筑结构情况，确定消防管道与土建施工的配合措施，并留好孔洞。

5. 电气安装及调试工程

(1) 工艺流程：穿代线→扫管→放线→穿线→接头→摇测→通电调试。

(2) 施工方法：

① 扫管：穿线前应使用带布清扫简单异物将管内清扫干净。其方法是将钢丝(带线)穿通后在管一端把布条固定在钢丝上，由另一端拉出，往返清扫数次，干净为止。

② 穿线：穿线时要检查管口护口是否齐全，缺则补齐。然后查看导线型号、规格、绝缘等级是否与设计相符，无误后将导线放开抻顺，在导线端部削去绝缘层，再把线芯绑在钢丝上，从另一端拉出，逐管进行。然后进行线头压接，接头选用定型压接帽压接。

③ 线路摇测：线路在未接设备及负荷前进行摇测。摇测前对该摇测线路的分支端部进行绝缘包扎，检查线路接线必须正确，在确认线路导电体无对地现象后方可摇测。

④ 通电调试：线路绝缘摇测合格后，做通电调试工作。通常在正常的工作电压下进行线路调试，使用试灯检查线路是否正确，开关控制线路是否正确，以确定线路能够正常工作。

⑤ 线色使用：三相电 ABC 线色对应黄色、绿色、红色；"N"为零线，线色对应淡蓝色；"PE"保护零线线色对应黄绿双色线；过线为白色。

(3) 质量措施：

① 不同回路、不同电压和直流与交流的导线，不能穿在同一根管道内。

② 管内穿线不允许有接头、背扣、拧花现象。

③ 保护零线不得串接，必须压接后才能使用。(有汇流排除外)

(4) 本专业与土建配合：

① 穿线施工不得损坏抹灰后的墙面。

② 接头后可将线接头盘入盒内，并用纸封堵，防止脏污损坏。

③ 开关的安装及要求：照明开关按钮向下为开，向上为关，有标志的应向下。接线牢固可靠，安装时应将预埋墙内的盒、箱用毛刷清扫干净，不得留有杂物，导线不得剪得太短，应留有一定的富余量，便于检修及更换，一般不短于 12～15 cm。如有两个以上的开关在相线的联接时应用压接帽或开关固定联接。

④ 插座安装：安装前应用毛刷将盒内清扫干净。接线顺序为左火右零，上为接地，相线为黄、绿、红，零线为淡蓝，PE 为黄绿双色。

⑤ 灯具安装：一般要求高度低于 2.5 m 的应加保护地线。

a. 嵌入式日光灯的安装方法：灯具的长度应根据吊顶的结构做相应的调整，使用灯具的长度能与顶板模数一致达到美观，每条日光灯固定于吊顶。

b. 皮管长度不能超过 1.5 m，如过长应用明管卡子固定，嵌入式灯带的安装方法同样如此，吊点应每隔四套灯加一吊点固定。明装日光灯带长度为 10 m，应在两端及每隔四套灯具处加一防晃支架，防晃支架应用不小于 L30×3 的角钢制作。成排成行的日光灯带除设计有要求外应与桥架固定成一体，在桥架内应敷设一条专用 PE 线，使每套灯都能各自接地。

c. 运行：a)送电前的检查及摇测。外观应检查有无破折及拆改迹象，低压绝缘部位是否完整，导电接触面连接必须紧密，接线及相序排列是否正确，固定螺钉牢固，垫片与螺杆应合理。摇测绝缘阻、质线、绝缘及相绝缘。b) 标志位置并注明回路编号、线径动向。

d. 试灯：顺序为先支路再回路拆摇测，无误后方可送电试灯。全部试灯完毕后应进行 24 h 连续亮灯，以检测接头绝缘及整定值的匹配和产品的质量。

e. 附属设备安装：其他设备根据产品说明和设计图纸，要求基本操作平稳、牢固。

6. 采暖管道安装

由于管径较大，要求先布置托吊卡，宜采用靠墙用槽钢做托架，锅炉房中要根据具体环境用梁做吊点，用槽钢做龙门架，距地管道做短脚支架，间距合理。为了保证焊接质量，焊接的管口必须切坡口。施焊时两管口间要留一定的间距，一般是管厚度的 30%，焊肉底不超过管壁内表面，更不允许在内表面产生焊瘤。

检查时焊缝处无纵横裂纹、气孔、夹渣，外表面无残渣、弧坑和明显焊瘤。焊缝宽度盖过坡口约 2 mm。

(1) 试压：按照设计要求进行管道打压，要求管道焊缝、法兰连接处严密，无渗漏。

(2) 清洗：在设备勾头前，待管道打压合格后，对管道进行全面清洗。一端与自来水相连后，开启循环泵，在管壁最低点泄水，直至出水洁净为止，用棉纱布擦抹无杂质。

(3) 调试运转：首先对系统冲水，通过软水器将自来水软化后注入全系统，调整定压膨胀缸，并由接点压力表确定系统压力。开启循环泵(在调试前对水泵应填满填料，对阀门加油润滑)注意叶轮旋转方向，叶轮与泵壳不应相碰。在管道给水循环一段时间后，在有经验的专业人员操作下点炉，温度由低向高缓慢冲温，直至达到设计温度。

(4) 管道防腐保温：管道及支架要防锈并刷防锈漆两遍，保温要求管道美观、平直、厚度均匀，弯头处光滑无棱角，缠两遍塑料布，缠绕结实压均匀整齐。

(5) 质量标准：施工全过程按照 ISO9002 国家标准执行，质量按国优标准执行。

① 采暖管道工艺流程：①钢套管预埋→楼板孔洞预留→②主干管安装→检查甩口位置→主干管打压、冲洗→③拉垂线预埋穿楼板套管、卡具→排管安装→检查甩口标高及封堵→④暖气片组对、打压→暖气片就位→⑤锁活→⑥系统打压→降压充水保护→供热运行。

② 采暖管道的孔洞预留。

a. 根据设计图纸绘制预埋、预留小样图，交给建设单位、监理，在设计审签后，由专业人员指导施工队伍分层、分部完成。

b. 地下进出户管室外甩口要严格进行封堵，避免管内进入泥砂，并在室外做好甩口标记。

c. 穿梁、剪力墙钢套管预埋，要以土建给定的平线或 500 线为依据，在梁底垫块放好后再进行。套管要与梁筋点焊牢固，保证钢套管的中心线一致。预埋套管的坡度，要与将来的管道坡面一致。

d. 楼板预留孔要严格按小样图施工，纵向的孔洞按参照物保证中心线要一致。拔预留孔洞套管的时间要掌握好。

③ 采暖管道的安装：

a. 采暖管道采用的管要同质连接。焊接管安装前先刷一道防锈漆。

b. 丝扣连接要扣数合理，不乱扣。无齿锯断管后要洗口，丝头填料采用刷一道底漆，再上麻线铅油，填料要饱满，上料松紧度要适宜，外露丝扣要符合规范要求。

c. 导管、立管安装，采用预制方法。管道配管调直后做好标记，把配件拆下重新上牢固并编号、打捆，以便于快速安装。立排管按楼层实际标高测量。

d. 立管安装为保证垂直度，采取拉垂线先装稳卡具，后装管道的方法进行。

e. 穿楼板套管要保持整体性，按实际楼板加地面装修高度配制，要与楼板筋点焊牢固，套管与管之间要填充油麻。卫生间套管安装后距地面 3 cm，并做水泥馒头墩。穿墙套管按抹灰墙面的厚度配制，并从中间断开便于墙面找平。

f. 各类卡具在安装前要先刷一道防锈漆，采暖导管采用吊卡(吊棍要穿楼板)或角钢托卡，暖排管采用单双排定型卡具，距地标高一致。

g. 按图纸设计要求压力的 1.5 倍，分部进行水压试验和管道冲洗，并做好试验报告资料。

h. 暖气片安装。按规范要求安装炉钩或炉卡，保证统一的距墙尺寸，要装稳并协调牢固。在装稳前应对明露部分刷防锈银粉各一道，灯叉弯锁活，上下支管要煨制一致，保持支管与灯叉弯的水平度一致。

4.4　施　工　措　施

施工措施是施工组织设计的必要组成部分。它是根据工程特点和施工条件、招标文件或施工合同，以及施工方案和进展计划而采取的具体施工措施。其目的在于确保工程施工顺利进行，全面完成既定目标。它主要是在质量、安全、工期、降低成本、季节施工和现场文明施工等方面所采取的措施。

4.4.1　技术质量控制措施

工程质量是建筑工程施工的核心问题，是业主和施工企业所追求的主要目标。因此，在单位工程施工组织设计中，必须遵照国家的施工技术规范、规程、标准，针对拟建工程的特点、施工条件、施工方法、施工机械和技术要求，提出具体的保证质量的技术组织措施。其主要方面和内容有：

(1) 质量保证体系的建立，包括组织机构及各自职责。

(2) 质量通病的防治。保证质量的关键是对拟建工程对象经常发生的质量通病制订防治措施，用全面质量管理的方法把措施定到实处。

(3) 对采用的新工艺、新材料、新技术和新结构，须制定有针对性的技术措施。

(4) 保证拟建工程定位、放线、轴线控制、标高控制等准确无误的措施。

(5) 基槽(坑)保护措施，包括边坡稳定和支护、深度控制等。

(6) 保证地基基础，特别是复杂、特殊的地基基础质量措施。

(7) 保证主体承重结构各主要施工过程的质量措施，以及保证主体结构中关键部位的质量措施。

(8) 混凝土质量保证措施，及构件制作、焊接、安装措施，构件运输堆放措施。

(9) 屋面及地下防水工程、装修装饰工程各主要施工过程的质量保证措施。

(10) 各种建筑材料、半成品、砂浆、混凝土、构配件等检验制度、质量标准、保管方法及使用要求。

(11) 建筑成品的保护措施。

(12) 强调执行施工质量的技术交底、检查、验收制度，对各分部、分项工程质量检验评定提出本工程的实施计划；对隐蔽工程验收、混凝土试块、砂浆试块及其他试验项目的管理提出本工程的实施计划。

　　练习　通过对技术质量控制措施内容的学习，根据工程实例编制技术质量保证措施。

工程实例情景 7(技术质量保证措施)

1. 技术管理措施

(1) 测量放线技术措施：根据规划部门给定的红线及总平面图、施工图进行放线。放线前认真审核图纸，并根据实地情况做详细的放线方案，然后按放线方案实施。放线由专职测量员进行，放线仪器必须经检定合格并有标识。

① 为便于施工，应对测量放线定位用的轴线定位桩进行保护控制(钢筋头、钢钉或木桩定位)。先用经纬仪、钢尺定出建筑物的轴线桩，再引测出轴线的控制桩，绘制出放线测量的平面布置图，并做记录，将定好的控制桩点用混凝土浇筑，为防止碰撞和丢失，应用短铁管圈挡并做好明显标记。放线完毕后，经工长、项目经理进行自检和复验，做放线记录。会同建设单位、监理单位报规划部门进行复验，在复验合格后进入下道工序施工。

② 水准点的引测及水准桩的留设：根据图纸提供的水准点数据，计算出该建筑物的水准点(及室内±0.00)的数据，并认定规划局所提供的原始水准点的位置，以保证新引测建筑物水准点数据准确。用水准仪塔尺在施工现场引测出施工所用的水准点，由于该建筑物较大可在施工现场设 3 个水准点，但水准点必须在同一水平上，为避免误差尽量使用同一水准点，并保证水准点不发生沉降和位移。水准桩的做法：桩柱 200 mm × 200 mm，桩柱长 L = 2500 mm，地面下埋 1 m，地上留 1.5 m，基础 500 mm × 500 mm × 200 mm(混凝土)，回填 3∶7 灰土，分步夯实，每步 200 mm。水准桩埋完后，在测量时以引测的高程用射钉做标记，并做红色油漆标注、编号、绘图，记录入档。

③ 建筑物的轴线控制和建筑物的整体垂直度控制。在建筑物内每层都要设定垂直控制点，楼角用经纬仪随时观测其垂直度，保证工程主体完成后垂直度在规范要求的允许偏差范围内。

每一结构层在拆除模板后及时在柱子、墙上弹出轴线和+50 线。

④ 建筑物的沉降观测：根据图纸要求，主楼底板浇筑完凝固后，要安设临时观测点

进行第一次观测，以后结构每升高一层，将临时观测点移上一层并进行观测直至±0.00 层。同时再按规定埋设永久观测点，每施工一层，观测一层，直至主体完工。装修时每 2~3 个月进行一次沉降观测。竣工后的观测为第一年测 2~3 次，第二年测 3 次，第三年后每年一次直至下沉稳定(由沉降时间的关系曲线决定)为止。

2. 质量保证体系及措施

1) 质量保证体系及质量规划

(1) 按 GB/T19002－ISO9002 标准模式进行项目管理，建立质量保证体系。

(2) 实行目标管理，编制项目质量计划及质量保证体系运行图(如图 4-7 所示)，将质量目标分解落实到人。

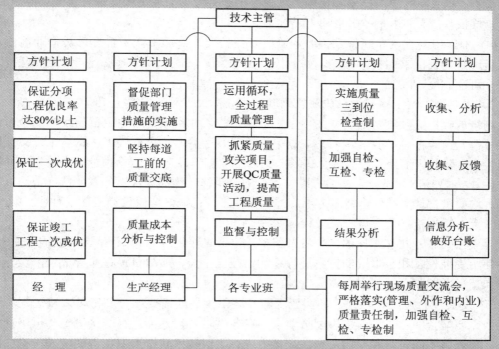

图 4-7 质量保证体系运行图

(3) 坚持自检、互检、交接检"三检制"的优良传统。

(4) 完善质量管理办法，保证质量体系运行正常。由分公司技术质量科与项目工地签订质量达标合同书，做到奖惩分明。由分公司技术质量科派驻工地专职质量检查员。分公司技术质量科定期对项目质量工作进行检查。公司技术质量部不定期对项目质量工作进行抽查。公司、分公司专职质量检查员负责收集、整理和传递质量动态信息。项目经理在质量异常的情况下，及时进行调整纠正偏差，以保证工程质量满足建设单位需要。当公司、分公司两级质量部门，在项目质量管理工作中发现足以影响实现质量目标偏差的倾向时，有权勒令其停工整改，并根据所造成后果的严重程度对项目管理人员及劳务分包队伍进行处罚。

2) 过程控制

(1) 技术交底：目的是使参与项目施工的人员了解施工任务的设计意图、施工特点、技术要求、质量标准，以及应用新技术、新工艺、新材料、新结构的特殊技术要求和质量标准等，从而建立技术负责制、质量责任制，加强施工质量检验、监督及管理。交底的主要要求是：以设计图纸、施工规范、工艺规程和质量检定验评标准为依据，编制技术交底文件，突出交底重点，注重可操作性，以保证质量为目标。

(2) 隐蔽验收：凡被下道过程所掩盖包裹而无法再进行质量检查的工序过程、分项过程，由工长组织隐检，填写隐检报告单交质检员检查验收，并督促其及时完成隐检工作，及时向建设单位(监理)提出隐检报告。一般项目隐检由建设单位、监理单位共同验收，关键项目由公司质量部门、建设单位会同设计院及监督部门共同验收把关。

(3) 重要工序：找出质量关键预控点，指定措施、标准、工艺，按标准先做样板间，进行质量预控，确保工程质量。对特殊过程、关键工序、新工艺操作由公司技术质量科到现场检查、把关，并参与交底和实施，以确保措施有效贯彻使工程质量有保证。特殊工序、关键工序操作工艺应执行公司作业指导书。

(4) 本工程关键工序和特殊工序的确定及监控要点：施工技术管理人员作业前要对作业人员进行详细的书面技术交底，并监控其执行情况，做好监控记录。同时还要坚持下道工序许可证制度。

① 本工程关键工序：测量放线、钢筋工程、模板工程、混凝土工程。

测量放线：必须制定放线方案由工长负责实施，并由项目经理亲自验线，复验后再交建设单位、监理单位验收，最后交规划单位验线签字后才能进行施工。钢筋工程：做好材料的验收，除对钢筋外观检查外，进场的钢筋必须有出厂合格证(物理性能、化学成分检验报告)，并在现场取样试验合格后方准使用。同时钢材、钢筋焊接操作者要持证上岗，每个操作者均要做试件，试件合格者方准施焊。模板工程：搞好模板设计工作，对柱、梁、板、梁柱节点、梁板节点均要做专项设计。

② 特殊工序：特殊工序的操作者及监控人需经过培训考核。只有持合格证的专业人员，才能使用受控设备和经批准的方案进行连续监控。工长、质检员跟踪检查记录，实行超点检查和超标准控制。

(5) 交叉配合施工。当土建之间或土建安装工种之间需要配合施工时，按过程流程进行。由需要配合的工长提前提出配合要求，在条件具备后才能进行交接检查，再进行配合施工。配合施工的过程和交接检查，交接方应在上级技术负责人或工程调度人员参加监督下进行并分别填写检查记录。

3) 检验和试验

本工程现场试验业务受公司中心实验室监督指导。送检试验项目，由现场抽样员取样，建设单位(监理)参加验证试验过程或部位检验和试验的控制。试验业务执行公司质量体系文件中的试验室工作控制程序的有关规定。

(1) 建筑材料试验和施工试验是按程序规定的对建筑材料及施工半成品、成品进行性能测试的工作。试验的目的是检查质量情况，以便做出材料是否可用、施工试验项目是否符合质量要求及是否继续施工的决策。

(2) 按国家规定，建筑材料、设备及构件供应的单位应对供应的产品质量负责。在原材料、成品、半成品进场后，除应检查是否有按国家规范、标准及有关规定进行的试(检)验记录外，还要按规定进行某些材料的复试，对无出厂证明或质量不合格的材料、构配件和设备不得使用。

(3) 进行试验的原材料及制品有：水泥、钢筋、钢结构的钢材及产品、焊条、焊剂及焊药、砖、砂、石、外加剂、防水材料等。

(4) 材料及施工试验按下列程序进行：填报委托单→进行必试项目和要求项目的试验→填写试验记录单→计算与评定→填写试验报告→复核签章→登记建帐→签发试验报告。

4) 检验、试验设备的控制

现场设专职计量员一名，负责对检验、试验设备的检验检定，确保施工过程的各个工序使用合格受控的设备。计量器具配备应有清单及检定证书复印件；仪器要有标识、有标准记录、有动态管理记录；检测器具要有标识。

5) 采购

执行公司发布的物资采购管理程序和设备购置控制程序，由供应科从合格分供方档案中选择能确保履行合同要求的分供方。

6) 产品的标识和可追溯性

材料员负责对验证后的材料、构件成品、半成品进行标识。工长负责隐蔽工程，分项、分部工程的标识、质量验评、签字确认。项目工程师组织有关部门对本工程进行标识。企业技术负责人组织检验评定，经监理工程师核验签字，并将有关评定资料交当地工程质量监督部门核验。对隐蔽工程和重要、特殊的购进及过程产品保证其可追溯性。

7) 不合格品的控制

对工程中采购、进货、过程检验或建设单位发现的不合格品，由项目副经理、项目工程师组织有关部门对其进行标识、隔离、评审和处置，并书面通知操作层人员，防止误用或进入下道工序。

8) 纠正预防措施

对实际或潜在不合格因素，由项目工程师及时提出，项目副经理组织采取纠正和预防措施。

对容易出现质量通病的工序，重点分析所用材料、工艺生产设备、操作规程、操作技术等，按公司相关文件予以预防。

9) 搬运、贮存、包装、防护和交付

(1) 对重要和特殊物资，项目经理在搬运前要对搬运方法、运输装备、性能、运行路线、安全操作规定与相作业人员进行技术交底。

(2) 项目工程师制定竣工验收前已完成工程的保护措施和办法，工长对已完工工序采取措施，设专人对重要工序进行防护，避免后续工序对上道工序的破坏。

(3) 对即将完成或已完成的房间要及时封闭，由专人负责管理钥匙。班组交接时，要对成品情况进行登记，如有损坏要查清责任。

(4) 严格按工序施工，先上后下，先湿后干，先管道试压后吊顶，严格防止漏水污染地面。装修完工后，各工种的高凳架子、台钳等工具原则上不许再进房间。

10) 职工素质保证

(1) 选拔一支重质量、善管理的项目管理队伍。

(2) 坚持先培训后上岗和持证上岗制度。

(3) 坚持干什么学什么，对技术精益求精，使大多数职工一专多能，使技术人员在施工的各工序、各环节发挥骨干作用。

(4) 定期举行技术考核、比武、岗位练兵，鼓励学业务技术。职工素质与工资晋升挂钩，职称晋升与技师考评挂钩。

11) 内部质量审核

对项目质量体系运行效果及产品质量，由公司定期组织审核，为质量体系进一步完善提供依据。

12) 质量记录及工程技术资料

工程技术施工资料是施工中的技术、质量和管理活动记录，也是工程档案的形成过程。按各专业质量检验评定标准的规定及实施细则，全面、科学、准确地记录施工及试(检)验资料，按规定对资料进行积累、计算、整理、归纳，手续必须完备，用以评定单位工程质量等级，并将资料移交建设单位及档案部门，不得有仿造、涂改、后补等现象。

13) 服　务

公司对竣工工程进行 2～3 次回访，听取建设单位意见，对施工安装造成的质量缺陷，由项目经理负责及时进行修缮。对缺陷形成的原因及纠正措施做出记录，为改进积累经验。工程回访、保修、服务应重点对质量通病及特殊过程的质量加强调查研究，制定可行的必要措施。

3. 质量通病预防措施

为了预防质量通病，我们制定下列管理措施和施工操作措施。

1) 健全组织，落实工程创优责任

为实现创优目标，应建立一套以项目管理为轴心、主工长负全责、关键岗位设专人的质量管理组织体系，做到层层分解有措施，人人定岗有制度，具体抓好三个层次：

(1) 实行栋号工长负责制：选取有管理水平、有施工经验的工人担任工长，对工程质量负全责，具体做到"五有、两经常、一及时"。五有即：有对民工的质量技术交底，有质量保证措施，有施工日志，有质量检查记录，有与经济挂钩的质量达标合同书。两经常即：经常到操作面帮助民工解决影响施工质量的疑难问题，经常请驻地监理工程师检查指导工程质量，虚心听取意见。一及时即：发现图纸问题及时与设计人员取得联系，确定解决方案。通过实行主工长负责制，提高了工长责任心，加强了质量管理的自觉性。

(2) 器材管理层落实材料质量验收制：砂、石、钢筋、水泥是构成整个建筑物的基本材料，施工材料的质量直接影响着工程质量。因此工程质量不是简单的业务管理、数字管理，重要的是质量管理。在施工中，要求器材管理人员制定进场材料质量验收制度，对进现场的钢筋、水泥、砌块等按规范标准进行检验。具体做到"四清楚、两不准"。四清楚是：清楚砂子含水率、含泥量；清楚钢材的规格和含碳量；清楚水泥的出厂日期、强度等级；清楚各种材料的检验结果，并将送检时间、送样结果登记入账，随时为工长提供材料使用信息。两不准是：没有质检报告的材料不准发放；质量不合格的材料不准进场。

(3) 抓劳务操作层落实作业岗位责任制：为了保证劳务队伍的操作质量，除加强对操作者进行质量技术交底外，还要建立以分包队、各档档长、关键部位操作者为骨干的质量管理小组，制定落实操作岗位责任制。每个操作者在操作前做到三个知道，即：知道质量标准、知道操作程序、知道检验方法。在操作中做到三定，即：操作工作面实行定人、定岗、定责。由工长确定施工部位和所负责任。完成任务后，各劳务队实行人名、数据、评定结果三上墙制度。

通过抓三层次入手，强化质量管理组织保证体系，使每个参建人员有章可循、有责可尽，杜绝了责任不清现象的发生。

2) 施工操作措施

(1) 确定工程的关键工序与质量控制点共八项：地下工程质量控制、主体工程质量、外墙贴砖、楼地面镶贴施工、装饰细部的特色、屋面工程、水暖电工程。

(2) 在地下及主体工程施工中主要控制混凝土施工。对① 定位放线；② 混凝土制备；③ 钢筋选购(合格分供方)、钢筋加工(焊接)；④ 模板选择；⑤ 架子搭设；⑥ 混凝土浇筑和养护，这六道工序进行逐个分析，制定措施分别控制。

(3) 做到 8 线、5 准、两加强。8 线即：① 绝对标高线；② 结构定位线；③ 模板双道控制线；④ 混凝土墙柱中心线；⑤ 楼梯踏步控制线；⑥ 室内 50 线；⑦ 垂直度控制线；⑧ 门窗套口线。

(4) 5 准：① 定位准；② 预埋、预留准；③ 钢筋位置准；④ 混凝土断面尺寸准；⑤ 层高准。

(5) 在面砖镶贴施工中首先确立质量目标(标准)：

① 粘接牢固，面砖不出块空，无一脱落，无一破砖；

② 排列合理美观，协调统一；

③ 颜色一致，确保建筑风格；

④ 控制措施是：结合建筑物外观造型，用计算机排列布缝。

弹出基准线，将底灰全部做完，依布砖方案，弹出各层各部分的区域控制线，依次施工。针对不同形式门窗、装饰物等绘制排砖图，用以实施。制定施工工艺，制定作业指导书，确定质量标准。针对作业队伍多，操作手法不一，施工部位不同的情况做好培训，统一工艺，统一标准。规定技术评定规则，现场交底、统一制作面砖勾缝专用工具，对所有检验工具进行统一标定和校准。施工中认真贯彻执行"三自"、"三检"制，即自检、自控、自评，自检、互检、交接检。为保证底灰与墙面基层的粘接强度，采用 JU-1 界面剂。从底子灰开始设置变形缝、温度缝，即每一层楼在竖砖处设一断缝，然后用防水塑性砂等充填，面砖镶贴在同部位设温度变形缝。表面仍用同一勾缝法处理，保证面砖在结构变形、温度变化时不起鼓、不脱落且保持外檐整体效果。选砖：设专人在同条件下、同时间内进行规格、颜色的挑选，保证砖的颜色一致、规格准确，保证建筑物外檐面砖的质量和效果。运用我们创造的多种面砖施工方法，即"分隔法"、"冲筋填空法"、"对称法"等施工。具体是：

"分隔法"：即对整体墙面进行区域性分割，把独立性的装饰进行分解单独处理，便于把握区域内的整体效果和质量。对于施工人员也便于管理和控制。

"冲筋填空法"：为保证墙面垂直平整，缝隙均匀统一。在每层镶贴时，先贴竖向砖和柔性缝两侧的砖使之形成"巾"，以此将墙面平整垂直控制在标准内，然后在镶中间。大面砖施工时依"巾"而镶，有效的保证了质量标准。

"对称法"即对于对称形的结构进行双向共同排砖布缝，同时对称施工，解决单向施工易出现的不统一问题。

(6) 楼地面地砖镶贴的控制措施：为保证达到创优标准，第一是从选材入手，在镶贴前对地砖进行颜色、规格的挑选。第二是预排试拼，绘制排布图，编号分类存放，确定质量标准，均上"0"误差控制。第三是精选施工队伍，挑出技术能手，集中做样板间，找出规律。研究对策，制定操作工艺方法和易发生问题的解决办法。

为达到创精品的目标，从底子灰开始控制，由责任工长对每一楼层的水平度进行全面检测，定出控制标高的基准点和基准线，然后分区域进行控制，使底子灰完成后不出现高低差，为镶贴面层打好基础。

镶贴面砖依基准点挂纵横双道线控制，按 0 误差进行把关。施工过程中，工长、质检员共同随时进行检查，实现一点一查(基准板块)、一线一验(镶一条形成筋)、一片一收(一间房完成后立即验收)，形成从点到线、到面、到每层楼的连续性控制，达到拼缝平整顺直，宽窄一致，纹路清晰，颜色均匀，平整度误差 1 mm 的水平，创出石材地面的精品。

(7) 内檐抹灰及细部的做法：内檐工程如有普通抹灰、面砖、石材混装墙面。由于抹灰墙面与外檐瓷砖内贴的相接处不好处理，对此我们采取"区域封闭法"。使用 PVC 塑料条将瓷砖区进行周圈封闭，解决了毛边及裂缝问题，观感效果好形成工程的特色。

一般楼梯底抹灰做出边缘喷头即可，但由于楼梯要清洗免不了用水，容易造成使用污染，影响楼梯间效果。为此采用 PVC 型材做滴水槽，使其上下贯通而且封闭，提高了使用功能水平，美化了楼梯间环境。

管道穿墙也是一个不易解决，而且影响美观的问题。我们采用环形石膏装饰线的办法进行封堵，既美观适用，又以小办法解决了大问题。

(8) 屋面工程做法：

① 选择材料、复试，取得可靠数据。选择有较高资质的专业施工队伍施工。

② 确定了总包单位的监管办法和制度，与施工方签订保证协议，促进双方的责任落实。施工中我们注重九个关键部位的控制：卷材防水层尽端收头，保证严密封闭，不起翘。出入口处、收水口处、檐口做好附加层。管子根、墙根、设备根部做好局部强化处理。涂膜施工，每道工序完成后进行全面检验，对气孔、起泡、破损等现象进行处理，合格后才可进行下道工序。

③ 实现工程做法有特点：根据强制性标准屋面设排气孔，采用 φ40PVC 管，按不大于 36 m² 设置。特别是在屋面边缘处设端位排气孔，使保温层中的气体形成环流系统，从而确实保证其功能。

④ 屋面工程防水做到多道设防、整体封闭、功能完备，实现预期效果屋面无一渗漏。

(9) 机电工程：根据建筑物系统多(共十二个系统)、预留槽道多、各种管道穿墙、板安装多的情况，采取以下措施：

① 认真编制水电专业施工方案，确定关键工序和控制点。

② 按照建筑物形式进行二次设计，绘制布管平面图和局部剖面图，使管线布局更加合理，以指导施工。

③ 在吊顶内管道安装中采用水管道充压保护措施，达到一次成优交验。

④ 做到施工管理资料和质评质保、工程部位三同步，并真实可靠。为做到水电工程万无一失，我们确定土建让位于水电的三不干策略。即：水电不完活，土建先不干；水电不检测完，土建不干；水电不达标，土建不干。给水电、机电工程以充分的时间和充分的工作面，确保土建工程施工后不再有水电返工情况。

4. 新材料、新工艺

(1) 采用电渣压力焊连接粗直径钢筋技术。

(2) 地下及屋面采用新型防水材料。

(3) 推广使用施工管理、预算编制、施工方案编制软件。

(4) 采用竹胶模板、早拆支撑体系支设模板。

(5) 采用新型节能的墙体材料。

(6) 水、电管路采用 PVC 等管材。

5. 成品保护

(1) 现场的标准水准点、基准轴线控制桩浇筑的混凝土墩都应加以保护。

(2) 回填土时，小车避免压撞已埋的排水管道。管道上先回填 200 mm 细砂，以后再用木夯逐层夯实回填。

(3) 搭设临时架子绑扎钢筋时，不准蹬踩钢筋。

(4) 往模板上刷脱模剂时，注意防止污染钢筋。

(5) 混凝土浇筑时不得踩踏楼板、楼梯的弯起筋，不碰动预埋件和插筋。

(6) 注意保护已浇筑的楼板上表面、楼梯踏步的上表面的混凝土，在混凝土强度达到 1.2 MPa 后，才可在面上操作及安装支架和模板。楼梯踏步的侧模要待强度能保证棱角不因拆除模板而受损坏后再拆除。

(7) 木门窗进场后放在防潮处妥善保存，码放时要垫平，靠放时要放正防止变形。抹灰时铝合金门窗保持有保护膜，施工前除去保护膜要轻撕，不可用铲刀铲。铝合金表面有胶状物时，可使用棉丝蘸专用熔剂擦拭干净。

(8) 木门框运输时在小推车车轴高度包薄钢板或胶皮保护，以防止撞坏。

(9) 装饰用外架子严禁以门窗为固定点和拉节点，拆架子时注意关上所有的外檐窗。

(10) 做地面时对地漏、出水口等处加临时堵头，防止砂浆进入地漏等处造成堵塞。

(11) 在水泥地面上使用手推车时，车腿必须包裹。

(12) 地面成活后铺锯末保护。

(13) 楼梯踏步面板安装后，在表面加木板保护。运输各种材料时严禁从楼梯踏步上滚、滑、拉，以防破坏棱角。

(14) 顶棚的吊杆、龙骨不准固定在通风管道及其他设备上，其他专业的吊挂件不得吊于已安装好的龙骨架上。顶棚石膏板在湿作业完成后再挂。水暖设备试压前要对管道的各接口进行严格检查，试压时各层均有人监视，避免水暖系统大量跑水污染其成品。

(15) 水暖等各种穿墙孔洞均在装修抹灰前剔凿，避免后剔破坏成品的现象。

(16) 安装好的管道不得用作支撑或放脚手板，不得踩踏。截门手轮安装时卸下保存，在交工时再统一安装。暖气片禁止踩踏，喷浆时采用措施防止污染。

(17) 洁具搬运、安装时防止磕碰，装稳后要堵好洁具排水口，对镀铬零件要用纸包好。

(18) 灯具、吊扇安装完毕后不得再次喷浆，防止器具污染。

(19) 开关、插座安装时防止碰坏和污染墙面。

(20) 每一道工序完成后，在进入下道工序前要进行交接，并做好记录。上道工序的成品如被污染和破坏应由破坏者承担经济责任。

(21) 装修后期每层设专人看管，无关人员不许进入。

(22) 工地成立成品保护领导小组，全面负责组织实施工地的成品保护制。

4.4.2　降低成本措施

降低成本是施工企业提高市场竞争力和增加利润的有效途径。降低成本的措施应以"两算"(施工图预算和施工预算)对比分析为依据，以项目计划成本为目标进行分门别类的制定。降低成本措施一般包括：

(1) 节约劳动力措施；

(2) 节约材料措施；

(3) 节约机械设备措施；

(4) 提高一次合格率和一次成优率的措施；

(5) 临时设施费、现场管理费、二次搬运费等的节约措施；

(6) 科学合理地安排，保证连续均衡紧凑的施工；

(7) 正确处理成本、质量、工期三者之间的制约关系，体现分部工程或单位工程的综合经济效益。

练习　通过对降低成本措施的学习，根据工程实例编制降低成本措施。

工程实例情景 8(降低成本措施)

(1) 楼板采用早拆支撑、支模，以加快模板周转速度，减少模板购置量。

(2) 采用电渣压力焊施工部分钢筋接头，减少接头钢筋的用量。

(3) 对劳务队采取平方米包干的承包方法，人工费一次包死，限制清工发生。

(4) 机械、大型工具、模板用完及时清退，避免闲置。

(5) 砌墙和抹灰时随干随清，落地灰及时回收利用。

(6) 砌墙时严格控制墙体平整度，减少抹灰找平厚度。

(7) 根据现场和气候条件，在情况允许的条件下可考虑大体积混凝土用蓄水法养护，节约草帘和塑料薄膜。

(8) 备料有计算、有计划、有审批。各种工程变更、增项做好签证。

(9) 现场设粉碎机一台，落地混凝土、落地灰经粉碎后代替砂子抹灰使用。

4.4.3　进度控制措施

(1) 建立进度控制目标体系和进度控制组织系统，落实各层次进度控制人员和工作责任。

(2) 建立进度控制工作制度，如检查时间、方法、协调会议时间、参加人员等。定期召开工程例会，分析研究解决各种问题。

(3) 建立图纸审查、工程变更与设计变更管理制度。

(4) 建立对影响进度的因素分析和预测的管理制度，对影响工期的风险因素有识别管理手法和防范对策。

(5) 组织劳动竞赛，有节奏地掀起几次生产高潮，调动职工积极性，保证进度目标实现。

(6) 组织流水作业。

(7) 季节性施工项目的合理排序。

(8) 采取加快施工进度的施工技术方法。

(9) 规范操作程序，使施工操作能紧张而有序地进行，避免返工和浪费，以加快施工进度。

(10) 采取网络计划技术及其他科学适用的计划方法，并结合电子计算机的应用，对进度实施动态控制。在发生进度延误问题时，能适时调整工作间的逻辑关系，保证进度目标实现。

练习 根据进度控制措施的要求，依据工程实例编制进度控制措施。

工程实例情景 9(进度控制措施)

本工程要按计划、按期完成主体结构封顶，这就需在投入一定劳动力和材料、机械的情况下，采取流水施工和各道工序提前插入施工来确保工期。这就使得本工程要有相应的措施来保证进度计划的完成。

(1) 主导思想。本工程我们将集本公司力量进行组织施工，安排优秀的项目经理作为本工程的总指挥，组织安排几个优秀的项目管理人员，进入现场分区域管理，统筹安排生产计划，周密组织施工生产。坚持每周召开生产调度会，按计划优质、合理地完成施工。

(2) 确保人、料、具供应。集中工具、材料和劳动力投入施工工程，协调内部生产、材料供应、机械、安全、技术、质量、运输等各部门工作，向本工程倾斜，把工程作为重点，协调参建人员施工计划的落实，确保工期按计划实施。

(3) 材料采购确保一次验收合格，大宗材料随购随验，保证工程所需材料一次达到质量标准。

(4) 在施工方法上采用先进的施工方法，增加有效的施工技术措施。

(5) 在工作时间上按常规日夜兼程，空间占满，各工艺穿插施工。

(6) 在管理制度上做到坚持"一会制度"、抓住"七个关键环节"。坚持"一会制度"即：坚持每周召开生产会制度，及时部署和调整施工组织方案。抓住"七个关键环节"即：抓住总体施工布置的编定、分部分项工程计划的编定、制约进度的主要矛盾、工种工序的合理穿插配合、秋收期间劳动力的调整、形象部位的日落实及分包单位承包合同的奖惩兑现等环节。

4.4.4　安全管理措施

施工安全是建筑施工的重要控制内容。在单位工程施工组织设计中，必须贯彻安全技术规范、操作规程、检查标准。根据拟建施工的具体情况，对施工中可能发生安全问题的环节进行预测，提出预防措施。安全措施主要包括以下几个方面：

(1) 预防自然灾害的措施：防台风、防雷击、防洪排水、防暑降温、防冻、防寒、防滑等措施。

(2) 防火、防爆、防触电、防坠落、防坍塌等措施。

(3) 高空作业(包括洞口作业、临边作业、悬空作业)和立体交叉作业的安全防护措施。

(4) 机械设备、脚手架、电梯的稳定和安全措施。

(5) 对于采用的新技术、新结构、新工艺，也须制定有针对性的安全技术措施。

(6) 强调落实安全生产责任制、安全技术交底制度、安全生产检查制度、安全教育制度，提出本工程的实施性计划，以确保施工安全。

练习　根据安全管理措施的要求，依据工程实例编制安全管理措施。

工程实例情景 10(安全管理措施)

1. 施工现场安全管理

(1) 施工现场的项目工程负责人为安全生产的第一责任者，成立以项目经理为主，有主工长、施工员、安全员、班组长等参加的安全生产管理小组并组成安全管理网络。

(2) 建立安全值班制度，检查监督施工现场及班组安全制度的贯彻执行并做好安全值日记录。

(3) 建立健全安全生产责任制，有针对性地进行安全技术交底、安全宣传教育、安全检查，建立安全设施验收和事故报告等管理制度。

(4) 对总分包工程或多单位联合施工工程，总包单位应统一领导和管理安全工作，并成立以总包单位为主，分包单位参加的联合安全生产领导小组统筹协调管理施工现场的安全生产工作。

2. 施工现场的安全要求

(1) 开工前根据该工程的概况特点和施工方法等编制安全技术措施，必须有详细的施工平面布置图，道路临时施工用电线路布置和主要机械设备位置，以及办公、生活设施的安排均符合安全要求。

(2) 工地周围应有与外界隔离的围护设置，出入口处应有工程名称、施工单位名称牌，施工现场平面图和施工现场安全管理规定，使进入该工地的人注意到醒目的安全忠告。

(3) 施工队伍进场必须进行安全教育，即三级教育。安全教育主要包括安全生产思想、知识、技能三个方面教育，通过教育使进场新工人了解安全生产方针、政策和法规。经教育考试合格后方可上岗。从事特种作业人员必须持证上岗，而且必须是经国家规定的有关部门进行安全教育和安全技术培训并经考核合格的操作证者，方可独立作业。

(4) 施工现场不仅要设置安全标识牌，在危险部位还必须悬挂按照安全色(GB2893—82)

和《安全标志》(GB2894—82)规定的标牌，夜间坑洞处应设红灯示警。

(5) 作业班组人员必须按有关安全技术规范进行施工作业。各项安全设施如脚手架、塔吊、安全网施工用电洞口等的搭设及其防护，在设置完成后必须组织验收，合格后方可使用。

(6) 根据建设部颁发的《建筑施工安全检查标准》(JBJ59—99)建立健全安全管理技术资料，提高安全生产工作和文明施工的管理水平。

3. 脚手架工程安全管理

脚手架是建筑施工中必不可少的临时设施，它随工程进度而搭设工程完毕即拆除，因为是临时设施往往忽视搭设质量。脚手架虽是临时设施，但在基础主体、装修以及设备安装等作业都离不开脚手架，所以脚手架搭设的设计是否合理，不但直接影响到建筑工程的总体施工，同时也直接关系着作业人员的生产安全，为此脚手架应满足以下要求。

(1) 有足够的面积满足工人操作材料堆放和运输的需要。

(2) 要坚固稳定，保证施工期间在所规定的荷载作用下或在气候条件影响下不变形、不摇晃和不倾斜，能保证使用安全。

(3) 搭设脚手架前应根据建筑物的平面形式、尺寸高度及施工工艺确定搭设形式，编制搭设方案。

(4) 施工荷载：承重脚手架上的施工荷载不得超过 1500 N/m^2。脚手架搭设完毕投入使用前，应由施工负责人组织架子班长、安技人员和使用班组一起按照脚手架搭设方案进行检查验收，并填写验收记录和发现问题整改后的情况。脚手架搭设前应有交底并按施工需要分段验收。

4. 施工现场临时用电安全技术措施

(1) 用电管理。为实现施工现场用电安全，首先必须加强临时用电的技术管理工作，施工现场临时用电要建立临时用电安全技术档案，对于用电设备在五台及五台以上或用电设备总容量在 50 kW 以上的应编制"临时用电施工组织设计"。施工现场的安装、维修及拆除临时用电设施必须由经过劳动部门培训，考核合格后取得操作证的正式电工来进行操作完成。

(2) 施工现场与周围环境。高压线路下方不得搭设作业棚，建造生活设施或堆放构件架具材料和其他杂物等(含脚手架)的外侧，与外电 1～10 kV 架空线路的最小安全操作距离不应小于 6 m。施工现场的机动车道与外架空线路交叉时，架空线路(1～10 kV)最低点与路面垂直距离不应小于 7 m，塔吊臂杆及被吊物的边缘与 10 kV 以下架空线路水平距离不得小于 2 m，对于达不到以上最小安全距离的要采取防护措施，并悬挂醒目的警告指示牌。

(3) 施工现场临时用电的线路。施工现场采用 TN—S 三相五线供电系统，工作零线和专用保护零线分开设置。在现场的电源首端设置耐火等级不低于三级的配电室，室内设低压开关柜，分成若干回路对现场进行控制。施工现场的电源支、干线采用 BLV 导线穿聚乙稀管和 XLV 电缆埋地敷设，敷设深度应不小于−60 cm。

(4) 配电箱、开关箱。施工现场实行三级控制、二级保护配电系统，设总控制柜→分配电箱→开关箱，在分配电箱和开关箱加装两级漏电保护器。施工现场采用 SL 系列建筑施工现场专用电闸箱，电闸箱安装要端正，牢固移动式电闸箱安装在坚固的支架上，固定式电闸箱安装距地为 1.3~1.5 m，移动式电箱距地 0.6~1.5 m。每台设备要有各自的专用开关箱，必须实行"一机一闸"制，严禁用一个开关直接控制二台及二台以上用电设备，严禁分配电箱内直接控制用电设备。

(5) 照明。民工食堂及宿舍必须采用 36 V 安全电压作为照明电源，照明灯具的金属外壳应做保护接零，单相回路的照明灯具距地面不应低于 3 m，室内照明灯具不得低于 2.4 m。

5. 施工现场防火

1) 施工现场防火要求

(1) 施工现场平面布置图、施工方法和施工技术均应符合消防安全要求。

(2) 施工现场应明确划分用火作业、易燃可燃材料堆放或仓库等区域。

(3) 施工现场道路应畅通无阻，夜间应设照明，并加强值班巡逻。

2) 施工现场的动火作业必须执行审批制度

(1) 一级动火作业由所在班组填写动火申请表和编制安全技术措施方案，经安全部门审查批准后方可动火。

(2) 二级动火作业由所在班组填写动火申请表和编制安全技术方案，报本单位主管部门审查批准后方可动火作业。

(3) 三级动火作业由所在班组填写动火申请表经工地负责人批准后方可动火。

(4) 焊工必须持证上岗，无证者不准进行焊割作业。

3) 建立、健全防火制度

(1) 建立、健全消防组织和检查制度，制定防火岗位责任制。

(2) 项目工地应建立系统消防组织。

(3) 实行定期检查制度，发现隐患必须立即消除。

(4) 加强管理进行专业防火安全知识教育，提高职工防火警惕性。

4) 项目工程治安防火领导小组责任制

(1) 组长(项目经理)：

① 认真执行上级部门的各项治安防火管理制度和措施，明确职责，落实到人。

② 定期主持召开项目工地治安防火领导小组会议，根据施工部位制定治安防火措施，定期组织有关人员进行检查，研究落实隐患整治办法。

③ 指定专人负责明火作业，审批临建搭设，坚持先审批后搭设的原则。

(2) 副组长(工长)：

① 组长不在时履行组长职责。

② 在安排施工的同时，对治安防火进行交底。

③ 负责组织对隐患的整理工作，负责开工前防火交底和新进场人员的治安防火教育。协助保卫部门做好与民工队、外协单位的责任书签订工作。

(3) 组员(保管员)：

① 对易燃易爆及化学危险品的采购、运输、保管、使用要有防火安全管理措施。

② 对易丢失物品要入库管理。

③ 对危险物品的管理要经常进行自查、自改，落实防火措施。

④ 对施工现场的各种工具、建筑材料，按平面图堆放。

(4) 组员(经警)：

① 在保卫部门和项目经理的领导下，参与现场治安防火布局，落实治安防火管理制度。

② 负责对民工队、分包单位进行法制教育及现场治安防火管理制度的宣传。

③ 检查明火作业审批手续的履行及作业措施的落实情况，坚持日自检，发现隐患及时汇报，对一般违纪、违章及时调解处理。

④ 坚守岗位，对出入的各种物品、材料及外来人员进入施工现场要过问。

(5) 组员(班长)：

① 负责教育本班组民工遵纪守法，严格执行各项治安防火管理制度。

② 对招、雇来的人员要有三证，不得乱招乱雇。

③ 负责本队的治安防火工作，发现问题及时上报。发现有闹事苗头要及时调解，杜绝打架及群殴事件的发生，以上职责要认真贯彻、严格执行，确保项目工程安全无事故。

6. 施工项目安全组织管理

(1) 实行"谁主管，谁负责"的安全工作项目经理负责制，并制定项目安全责任制度，项目工程部设专职安全员。

(2) 坚持"安全第一，预防为主"的方针。项目经理部在安全管理上做到：围绕安全管理目标做到目标分解到人，安全领导小组责任到人，经济合同中安全措施落实到人。分项工程技术交底中做到，安全施工交底针对性强，双方签字手续齐全。每月进行一次全面普查，每周进行一次重点部位抽查。做到检查应有如下记录：检查时的施工部位、检查内容、检查时间、参加检查人员、安全隐患内容、整改责任人、整改完成时间、整改结果。

经过三级(分公司、工地、班组)安全教育的操作人员，方可进入本工程内施工。各分部、分项工程施工前，工长均对作业队进行安全技术交底，将书面安全技术交底签字归档。项目工地做到安全标志明确，分布合理。三宝四口按规定使用，做到防护有效。

(3) 特殊工种，如电工、焊工、机械操作工均进行专业培训后持证上岗。

(4) 主体阶段，在建筑物临时入口、竖井进料口上面搭防护棚。

4.4.5　文明施工及环保措施

文明施工是现代施工的特点，是环境保护的需要，是施工企业发展的需要。现场文明施工措施主要包括：

(1) 遵守国家和地方的法令、法规和有关政策，不得擅自侵占道路、砍伐树木、毁坏绿地、停水停电，拟定减少扰民的措施。

(2) 施工现场应按施工平面图的要求布置材料、构件和暂设工程。工地实行围挡封闭施工，工地四周设置不低于 1.8 m 的封闭式围挡，大中城市主要街道、商业区围挡高度不低于 2.5 m，围挡要统一、美观。

(3) 坚持正确、文明的施工顺序和操作步骤，把做好文明施工的责任落实到班组及个人，并加强检查与评比。

(4) 加强"三废"的治理措施，如含有水泥等污物的废水不得直接排出场外或直接排人市政管道，建筑垃圾不能随意乱倒，各种锅炉应有消烟除尘措施，熬制沥青应用无烟沥青锅或尽量采用新型冷作业防水施工。

(5) 施工场地或道路应硬地化或半硬地化，并经常清理场地，保持道路畅通、平整、干净。

(6) 确保暂设工程生活区周围环境卫生安全，实行门前"三包"责任制；现场材料、构件堆放整齐、有序；机具整洁、定点安放。

(7) 工完场清，现场干净。

练习　根据文明施工及环保措施要求，依据工程实例编制文明施工及环保措施。

工程实例情景 11(文明施工及环保措施)

1. 文明施工措施

(1) 宣传形式。现场临街进口一侧搭设门楼。门楼一侧设 4 m×6 m 广告牌。进门处设五牌一图，其中施工现场平面图按施工阶段及时调整，内容标注齐全，布置合理。

现场悬挂标语，内容为企业承诺、企业质量方针、承建单位等。

会议室内悬挂荣誉展牌，悬挂一图十三板。各项管理制度、规范化服务达标标准、职业道德规范明示上墙。办公室清洁整齐，文件图纸归类存放。

(2) 现场围墙。施工现场设置 2 m 高围墙封闭，围墙用小砖砌筑，墙身顺直表面整洁坚固。

(3) 封闭管理。现场出口设大门，门卫室有门卫制度。进入施工现场均佩带工作卡。项目管理人员统一着装，举止文明，礼貌待人，禁止讲粗话、野话。门头设置企业标志。

(4) 施工场地。临建、占道应提前绘图并办理手续。工地办公室、更衣室、宿舍、库房等搭设整齐，风格统一。主要道路、办公、生活区域前做混凝土地面。现场门口设花坛、花盆。现场卫生有专人负责，工地不见常明灯、常流水。

(5) 材料堆放。

① 现场所有料具按平面图规划，分区域、分规格集中码放整齐，并插牌标识。大型工具一头见齐，钢筋垫起，各种料具禁止乱堆乱放。

② 施工现场管理建立明确的区域分项责任制，整个现场经常保证干净整洁。落地灰经粉碎过筛后及时回收使用。工程垃圾堆放整齐，并分类标识集中保管，不乱扔乱放。楼层、道路、建筑物四周无散落的混凝土和砂浆、碎砖等杂物。现场 100 m 以内无污染和垃圾。施工作业层日干日清，完一层净一层。

③ 水泥库高出地面 20 cm 以上，做防潮层，水泥地面压光。

④ 易燃、易爆品分类单独存放。

(6) 治安综合治理。护场人员坚守岗位，加强防范。办公室要随手关门、锁门，水平仪、经纬仪等贵重仪器要妥善保管。

(7) 生活设施。

① 现场设冲水厕所、淋浴间。设有食堂，食堂卫生符合要求，保证有卫生合格的饮用水。生活垃圾设专人负责，及时清理。

② 淋浴间上配热水，下有排水，干净整齐。

③ 食堂灶具、炊具、调料配备齐全，室内勤打扫，保持环境卫生。食堂设排水沟，排水沟用混凝土预制板覆盖，污水经沉淀后一律排入市政下水管道。

(8) 保健急救。现场设保健急救箱，有急救措施和急救器材。医务人员定期巡回医疗，开展宣传活动，培训急救人员。

(9) 社区服务。施工料具的倒运应轻拿轻放，禁止从楼上向下抛掷杂物。不在现场焚烧有毒有害物质。

(10) 设备机具管理。

① 机械设备经常保养，保证技术状况良好，做到漆见本色，铁见光，不带病运转。设备进场办理检验手续，标识、编号应齐全。机械员持证上岗，非机械工不准开动机械。机械棚内做混凝土地面，机械棚周围及施工现场设通畅无淤积的排水沟，排水沟采用砖砌水泥抹面，用混凝土预制板覆盖，混凝土搅拌、刷车等污水一律经沉淀后排入市政管道，做到周围干干净净。

② 平刨、电锯、钢筋机械、电焊机、搅拌机安装后先办理验收合格手续再进行使用。

③ 平刨、电锯、钢筋机械、电焊机、搅拌机、潜水泵均做保护接零，安装漏电保护器。

④ 平刨、电锯分别按有关规定安装护手安全罩、传动保护罩、分料器、防护挡板等。

⑤ 电焊机使用空气开关自动电源；气瓶使用互相间距不小于 5 m，距明火间距不小于 10 m。

⑥ 无证司机不允许驾现场翻斗车，不得载人。

(11) 加强教育。结合工地实际，有针对性地抓好职工的进场教育、安全教育，强化质量意识教育和遵纪守法、主人翁责任感等教育，搞好班组队伍建设，坚持两个文明一起抓。

2. 环保措施

(1) 现场管理措施。

① 工程施工前，要对周边居民进行走访，了解居民意见并提出切实可行的解决措施，确保周边居民的正常工作和生活。

② 将施工现场的临时道路进行硬化，浇筑 150 mm 厚混凝土路面，以防止尘土、泥浆飞溅到场外。

③ 设专人进行现场内及周边道路的清扫、洒水工作，防止灰尘飞扬，保护周边空气清洁。

④ 建立有效的排污系统。

⑤ 合理安排作业时间，将混凝土施工等噪声较大的工序放在白天进行，在夜间避免进行噪声较大的工作，夜晚 10 点以后停止施工。采用低声振捣棒，减少噪声扰民。

⑥ 夜间灯光集中照射，避免灯光干扰周边居民的休息。

⑦ 对散装运输物资，运输车厢须封闭避免遗撒。

⑧ 各种不洁车辆离开现场之前，须对车身进行冲洗。

⑨ 施工现场设封闭垃圾堆放点，并予以定时清运。

⑩ 设置专职保洁人员，保持现场干净清洁。现场的厕所等卫生设施、排水沟及阴暗潮湿地带，要予以定期进行投药、消毒，以防蚊蝇、鼠害滋生。

(2) 降噪声专项措施。

① 在现场内设 3 个降噪声观测点，购买专业噪声测量仪，随时进行噪声测量。

② 对主体工程采用吸声降噪板和密目网进行围挡。

③ 混凝土浇筑采用低噪声振捣设备。

④ 塔吊指挥配套使用对讲机。

⑤ 高噪声设备实行封闭式隔声处理。

⑥ 采用早拆支撑体系，减少因拆装扣件引发的高噪声。监控材料机具的搬运，轻拿轻放。

⑦ 主动与当地政府联系，积极和政府部门配合，处理好噪声污染问题。加强对职工的教育，严禁大声喧哗。

⑧ 应当实现围挡、大门标牌装饰化，材料堆放标准化，生活设施整洁化，职工文明化，做到施工不扰民，现场不扬尘，运输垃圾不遗撒，营造良好的作业环境。

⑨ 现场应保持整洁，并及时清理，要做到施工完一层清理一层，施工垃圾应集中存放并及时运走。

(3) 雨期施工措施。

① 提前做好雨期施工准备工作，备好雨施期间的防雨材料，准备好防雨仓库和防水料台。

② 做好现场排水工作，现场设预制板覆盖的封闭式排水道。排水通道应随时保畅通，并设专人负责，要定期疏通。

③ 现场道路和排水应结合施工总平面图的布置统一安排，现场要保证做到道路循环、通畅和防滑。

④ 水泥按不同品种、强度等级、出厂日期和厂别分类垫高码放。雨期遵守"先收先发，后收后发"的原则，避免久存的水泥受潮。砖、砂石应尽可能大堆码放，四周注意排水。

⑤ 塔吊、室外电梯、竖井架要做好避雷接地。

⑥ 下雨时砌筑砂浆要减小稠度，并加以覆盖。下雨前新砌体和新浇筑的混凝土均应覆盖，以防雨冲。受雨冲刷过的新砌体应翻砌最上面两皮砖，大雨时停止砌砖。

⑦ 雨期施工混凝土时，注意根据砂浆的含水量及时调整加水量。浇筑后如下雨要做适当覆盖，避免大雨淋坏混凝土表面，下雨当中要停止混凝土施工。

⑧ 雨前现浇混凝土应根据结构情况和可能，考虑好施工缝位置，以便大雨来时随时停到一定部位。

⑨ 室内抹灰尽量在做完屋面后进行，装修必须提前的应先做地面，并灌好板缝。沉降缝、留槎及各种洞口要及时封闭，室内顶棚抹灰应在屋面不渗漏的情况下施工。

⑩ 日常注意收听天气预报及查看天气趋势分析，随时做好施工准备。

4.5　施工进度计划和资源配置计划的编制

4.5.1　施工进度计划的编制

单位工程施工进度计划是在施工方案的基础上，根据规定的工期和技术物资供应条件，遵循工程的施工顺序，用图表形式表示各分部、分项工程搭接关系及工程开工、竣工时间的一种计划安排。

1. 单位工程施工进度计划的作用及分类

单位工程施工进度计划是施工组织设计的重要内容，是控制各分部、分项工程施工进程及总工期的主要依据，也是编制施工作业计划及各项资源需要量计划的依据。它的主要作用是：确定各分部、分项工程的施工时间及其相互之间的衔接、穿插、平行搭接、协作配合等关系；确定所需的劳动力、机械、材料等资源用量；指导现场的施工安排，确保施工任务的如期完成。

单位工程施工进度计划根据工程规模的大小、结构的难易程度、工期长短、资源供应情况等因素考虑。根据其作用，一般可分为控制性和指导性进度计划两类。控制性进度计划按分部工程来划分施工过程，控制各分部工程的施工时间及其相互搭接配合关系。它主要适用于工程结构较复杂、规模较大、工期较长而需跨年度施工的工程(如宾馆、体育场、火车站候车大楼等大型公共建筑)，还适用于虽然工程规模不大或结构不复杂但各种资源(劳动力、机械、材料等)不落实的情况，以及建筑结构等可能变化的情况。指导性进度计划按分项工程或施工工序来划分施工过程，具体确定各施工过程的施工时间及其相互搭接、配合关系。它适用于任务具体而明确、施工条件基本落实、各项资源供应正常及施工工期不太长的工程。

2. 单位工程施工进度计划的表达方式及组成

单位工程施工进度计划的表达方式一般有横道图和网络图两种。施工进度计划由两部分组成，一部分反映拟建工程所划分施工过程的工程量、劳动量或台班量、施工人数或机械数、工作班次及工作延续时间等计算内容；另一部分则用图表形式表示各施工过程的起止时间、延续时间及其搭接关系。

3. 单位工程施工进度计划的编制依据

单位工程施工进度计划的编制依据主要包括：施工图、工艺图及有关标准图等技术资料；施工组织总设计对本工程的要求；施工工期要求；施工方案、施工定额以及施工资源供应情况。

4. 单位工程施工进度计划的编制

单位工程施工进度计划的编制步骤及方法如下：

1) 划分施工过程

编制单位工程施工进度计划时，首先必须研究施工过程的划分，再进行有关内容的计算和设计。施工过程划分应考虑下述要求：

(1) 施工过程划分的粗细程度的要求。对于控制性施工进度计划，其施工过程的划分可以粗一些，一般可按分部工程划分施工过程。如：开工前准备、打桩工程、基础工程、主体结构工程等。对于指导性施工进度计划，其施工过程的划分可以细一些，要求每个分部工程所包括的主要分项工程均应一一列出，起到指导施工的作用。

(2) 对施工过程进行适当合并，达到简明清晰的要求。施工过程划分太细，则过程就越多，施工进度图表就会显得繁杂、重点不突出，反而失去指导施工的意义，同时增加了编制施工进度计划的难度。因此，为了使计划简明清晰、突出重点，一些次要的施工过程应合并到主要施工过程中去，如基础防潮层可合并到基础施工过程内。有些虽然重要但工程量不大的施工过程也可与相邻的施工过程合并，如挖土可与垫层施工合并为一项，组织混合班组施工。同一时期由同一工种施工的施工项目也可合并在一起，如墙体砌筑，不分内墙、外墙、隔墙等，而合并为墙体砌筑一项。

（3）施工过程划分的工艺性要求。现浇钢筋混凝土施工，一般可分为支模、绑扎钢筋、浇筑混凝土等施工过程，是合并还是分别列项，应视工程施工组织、工程量、结构性质等因素研究确定。一般现浇钢筋混凝土框架结构的施工应分别列项，而且可分得细一些。如：绑扎柱钢筋、安装柱模板、浇捣柱混凝土，安装梁、板模板，绑扎梁、板钢筋，浇捣梁、板混凝土，养护，拆模等施工过程。但在现浇钢筋混凝土工程量不大的工程对象上，一般不再分细，可合并为一项。如砌体结构工程中的现浇雨篷、圈梁、厕所及盥洗室的现浇楼板等，即可列为一项，由施工班组的各工种互相配合施工。

抹灰工程一般分内、外墙抹灰，外墙抹灰工程可能有若干种装饰抹灰的做法要求，一般情况下合并列为一项，也可分别列项。室内的各种抹灰应按楼地面抹灰、顶棚及墙面抹灰、楼梯间及踏步抹灰等分别列项，以便组织施工和安排进度。

施工过程的划分，应考虑所选择的施工方案。如厂房基础采用敞开式施工方案时，柱基础和设备基础可合并为一个施工过程，而采用封闭式施工方案时，则必须列出柱基础、设备基础这两个施工过程。

住宅建筑的水、暖、煤、卫、电等房屋设备安装是建筑工程的重要组成部分，应单独列项；工业厂房的各种机电等设备安装也要单独列项，但不必细分，可由专业队或设备安装单位单独编制其施工进度计划。土建施工进度计划中应列出设备安装的施工过程，表明其与土建施工的配合关系。

（4）明确施工过程对施工进度的影响程度。根据施工过程对工程进度的影响程度可分为三类。一类为资源驱动的施工过程，这类施工过程直接在拟建工程进行作业、占用时间及资源，对工程的完成与否起着决定性的作用。它在条件允许的情况下，可以缩短或延长工期。第二类为辅助性施工过程，它一般不占用拟建工程的工作面，虽需要一定的时间和消耗一定的资源，但不占用工期，故可不列入施工计划以内。如交通运输，场外构件加工或预制等。第三类施工过程虽直接在拟建工程进行作业，但它的工期不以人的意志为转移，随着客观条件的变化而变化，它应根据具体情况列入施工计划。如混凝土的养护等。

施工过程划分和确定之后，应按前述施工顺序列出施工过程的逻辑联系。

2）计算工程量

当确定了施工过程之后，应计算每个施工过程的工程量。工程量应根据施工图纸、工程量计算规则及相应的施工方法进行计算。实际就是按工程的几何形状进行计算，计算时应注意以下几个问题。

（1）注意工程量的计量单位。每个施工过程的工程量的计量单位应与采用的施工定额的计量单位相一致。如模板工程以平方米为计量单位；绑扎钢筋工程以吨为计量单位；混凝土以立方米为计量单位等。这样，在计算劳动量、材料消耗量及机械台班量时就可直接套用施工定额，不再进行换算。

(2) 注意采用的施工方法。计算工程量时，应与采用的施工方法相一致，以便计算的工程量与施工的实际情况相符合。例如：挖土时是否放坡，是否增加工作面，坡度和工作面尺寸是多少；开挖方式是单独开挖，条形开挖，还是整片开挖等，不同的开挖方式，土方工程量相差是很大的。

(3) 正确取用预算文件中的工程量。如果编制单位工程施工进度计划时，如已编制出预算文件(施工图预算或施工预算)则工程量可从预算文件中抄出并汇总。例如：要确定施工进度计划中列出的"砌筑墙体"这一施工过程的工程量，可先分析它包括哪些施工内容，然后从预算文件中摘出这些施工内容的工程量，再将它们全部汇总即可求得。但是，施工进度计划中某些施工过程与预算文件的内容不同或有出入时(如计量单位、计算规则、采用的定额等)，则应根据施工实际情况加以修改、调整或重新计算。

3) 套用施工定额

确定了施工过程及其工程量之后，即可套用施工定额，以确定劳动量和机械台班量。

在套用国家或当地颁布的定额时，必须注意结合本单位工人的技术等级、实际操作水平、施工机械情况和施工现场条件等因素，确定定额的实际水平，使计算出来的劳动量、机械台班量符合实际需要。

有些采用新技术、新材料、新工艺或特殊施工方法的施工过程，如定额中尚未编入，这时可参考类似施工过程的定额、经验资料，按实际情况确定。

4) 计算劳动量及机械台班量

(1) 劳动量的计算。确定工程量采用的施工定额，即可进行劳动量及机械台班量的计算。其劳动量的计算也称劳动工日数。凡是采用手工操作为主的施工过程，其劳动量均可按下式计算：

$$P_i = Q_i H_i = \frac{Q_i}{S_i} \qquad (4\text{-}1)$$

式中：P_i——某施工过程所需劳动量，工日；

$\quad Q_i$——该施工过程的工程量，m^3、m^2、m、t 等；

$\quad S_i$——该施工过程采用的产量定额，m^3/工日、m^2/工日、m/工日、t/工日等；

$\quad H_i$——该施工过程采用的时间定额，工日/m^3、工日/m^2、工日/m、工日/t 等。

当施工项目由两个或两个以上的施工过程或内容合并组成时，其劳动量按下式计算：

$$P_{总} = \sum P_i = P_1 + P_2 + \cdots + P_n \qquad (4\text{-}2)$$

当合并的施工项目由同一工种的施工过程或内容组成，但施工做法、材料等不相同时，综合产量定额的计算公式：

$$S_i = \frac{\sum Q_i}{\sum P_i} = \frac{Q_1 + Q_2 + \cdots + Q_n}{\dfrac{Q_1}{S_1} + \dfrac{Q_2}{S_2} + \cdots + \dfrac{Q_n}{S_n}} \qquad (4\text{-}3)$$

(2) 机械台班量的确定。

机械台班量按下式确定：

$$P_{机械} = Q_{机械} \times H_{机械} = \frac{Q_{机械}}{S_{机械}} \qquad (4\text{-}4)$$

式中：$P_{机械}$——某施工过程所机械台班数，台班；

$Q_{机械}$——机械完成的工程量，m^3、t、件等；

$S_{机械}$——机械的产量定额，m^3/台班、t/台班等；

$H_{机械}$——机械的时间定额，台班/m^3、台班/t 等。

5) 计算确定施工过程的延续时间

施工过程延续时间的计算方法有定额计算法、倒排计划法和经验估算法。

(1) 定额计算法：

施工过程延续时间定额计算法按下式确定：

$$t_i = \frac{Q_i}{S_i R_i N_i} = \frac{P_i}{R_i N_i} \tag{4-5}$$

$$t_i = \frac{Q_i H_i}{R_i N_i} = \frac{P_i}{R_i N_i} \tag{4-6}$$

式中：t_i——某施工过程在 i 施工段上的流水节拍；

Q_i——某施工过程在 i 施工段上要完成的工程量；

S_i——某施工班组的计划产量定额；

H_i——某施工班组的计划时间定额；

N_i——某专业工作队的工作班次；

P_i——某施工班组在第 i 施工段上的劳动量或机械台班量；

R_i——某施工班组的工作人数或机械台数。

(2) 工期计算法，又称倒排进度法。这种方法根据施工的工期要求，先确定施工过程的延续时间及工作班制，再确定施工班组人数(R)或机械台数($R_{机械}$)。

施工过程延续时间工期计算法按下式确定：

$$R = \frac{P}{B \times T} \tag{4-7}$$

$$R_{机械} = R = \frac{P_{机械}}{B \times T_{机械}} \tag{4-8}$$

(3) 经验估算法：施工过程延续时间经验估算法按下式确定：

$$t = \frac{a + 4c + b}{6} \tag{4-9}$$

式中：t——某施工过程在某施工段上的流水节拍；

a——某施工过程在某施工段上的最短估算时间；

b——某施工过程在某施工段上的最长估算时间；

c——某施工过程在某施工段上的最可能估算时间。

6) 初排施工进度

上述各项计算内容确定之后，以横道图为例见图 4-8 即可编制施工进度计划的初步方案。一般的编制方法有：

编号	工作名称	计划工期	计划开始	计划结束
10	场地平整	2	2011-07-08	2011-07-09
20	定位放线	3	2011-07-10	2011-07-12
30	桩基础工程	20	2011-07-13	2011-08-01
40	基础承台地梁工程	7	2011-08-02	2011-08-08
50	主体混凝土结构工程	70	2011-08-09	2011-10-17
60	主体砌筑工程	29	2011-10-18	2011-11-15
70	冬季停工	121	2011-11-16	2012-03-15
80	门窗框安装	7	2012-03-15	2012-03-21
90	层面工程	7	2012-03-15	2012-03-21
100	内墙抹灰、外墙贴砖粉饰	30	2012-03-22	2012-04-20
110	楼地面工程	40	2012-04-21	2012-05-30
120	室内吊顶、刮大白	21	2012-05-31	2012-06-20
130	水电安装	131	2011-07-08	2011-11-15
140	水电安装	98	2012-03-15	2012-06-20
150	竣工收尾	11	2012-06-20	2012-06-30
编号	工作名称	计划工期	计划开始	计划结束

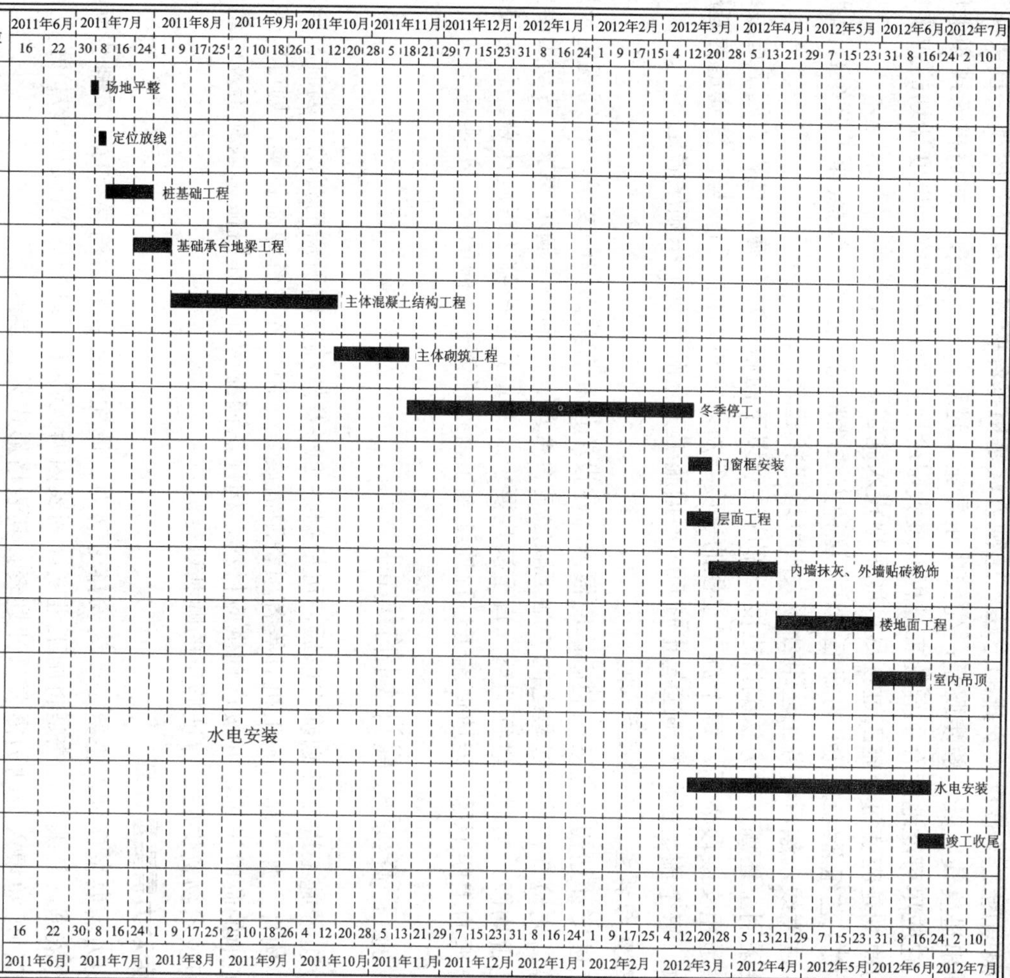

图 4-8 横道图

(1) 根据施工经验直接安排的方法。这种方法是根据经验资料及有关计算，直接在进度表上画出进度线。其一般步骤是：先安排主导施工过程的施工进度，然后再安排其余施工过程。它应尽可能地配合主导施工过程并最大限度地搭接，形成施工进度计划的初步方案。总的原则是应使每个施工过程尽可能早地投入施工。

(2) 按工艺组合组织流水的施工方法。这种方法就是先按各施工过程(即工艺组合流水)初排流水进度线，然后将各工艺组合最大限度地搭接起来。

无论采用上述哪一种方法编排进度，都应注意以下问题：每个施工过程的施工进度线都应用横道粗实线段表示。每个施工过程的进度线所表示的时间(天)应与计算确定的延续时间一致，每个施工过程的施工起止时间应根据施工工艺顺序及组织顺序确定。

7) 检查与调整施工进度计划

施工进度计划初步方案编制后，应根据与建设单位和有关部门的要求、合同规定及施工条件等，先检查各施工过程之间的施工顺序是否合理、工期是否满足要求、劳动力等资源消耗是否均衡，然后再进行调整，直至满足要求，并正式形成施工进度计划。总的要求是：在合理的工期下尽可能地使施工过程连续施工，这样便于资源的合理安排。

4.5.2　施工资源配置计划的编制

单位工程施工进度计划确定以后，可根据各工序及持续时间所需的资源，编制材料、劳动力、构件、加工品、施工机具等各项资源需要量计划。各项资源需要量计划可用来确定建筑工地的临时设施，并按计划供应材料、构件，调配劳动力和机械，以利于及时组织劳动力和技术物资供应，保证施工的顺利进行。

1. 劳动力需要量计划

劳动力需要量计划，主要是作为安排劳动力、调配和衡量劳力消耗指标、安排生活福利设施的依据。其编制方法是将施工进度计划表内所列各施工过程每天(或旬、月)劳动量、人数按工种汇总填入劳动力需要量计划表。其表格形式见表 4-3。

表 4-3　劳动力需要量计划

序号	材料名称	规格	需 要 量		进 场 时 间					备注
			单位	数量	某月			某月		

2. 主要材料需要量计划

主要材料需要量计划，主要作为备料、供料和确定仓库、堆场面积及组织运输的依据。其编制方法是根据施工预算中的工料分析表、施工进度计划表，材料的储备定额和消耗量定额，将施工中需要的材料，按品种、规格、数量、使用时间计算汇总形成的。其表格形式见表4-4。

表 4-4　主要材料需要量计划

序　号	材 料 名 称	规　格	需　要　量		供应时间	备　注
			单　位	数　量		

某些分项工程是由多种材料组成的，应按各种材料分类计算，如混凝土工程应计算出水泥、砂、石、外加剂和水的数量列入表格。

3. 构件和半成品需要量计划

建筑结构构件、配件和其他加工半成品的需要量计划主要用于落实加工订货单位，并按照所需规格、数量、时间组织加工、运输和确定仓库或堆场。它是根据施工图和施工进度计划编制的，其表格形式见表4-5。

4. 施工机械需要量计划

施工机械需要量计划主要用于确定施工机具的类型、数量、进场时间，落实施工机具的来源并组织进场。其编制方法为：将单位工程施工进度表中的每一个施工过程，每天所需要的机械类型、数量，按施工日期进行汇总，即得施工机械需要量计划，其表格形式见表4-6。

表 4-5　构件和半成品需要量计划

序号	构件、半成品名称	规格	图号、型号	需要量		使用部位	加工单位	供应日期	备注
				单位	数量				

表 4-6　施工机械需要量计划

序　号	机械名称	类型、型号	需　要　量		货源	使用起止时间	备　注
			单　位	数　量			

在安排施工机械进场时间时，应考虑某些机械需要铺设轨道、拼装和架设的时间，如塔式起重机、桅杆式起重机等。

4.6 施工现场平面布置

单位工程施工总平面图是将施工机械、临时堆场、仓库、办公室等生产性和非生产性临时设施，按照一定原则，结合拟建工程施工特点和现场的具体条件，所作的合理、适用、经济的平面规划和布置。它是施工组织设计的重要组成部分。

1. 施工平面图的设计的意义与内容

施工平面图设计是工程开工前准备工作的重要内容之一。它是安排和布置施工现场的基本依据，也是实现有组织、有计划和顺利地进行施工的重要条件，还是施工现场文明施工的重要保证。因此，合理地、科学地规划单位工程施工平面图，严格贯彻执行施工平面图并加强督促和管理，不仅可以顺利地完成施工任务，而且还能提高施工效率和效益。

应当指出的是，建筑工程施工由于工程性质、规模、现场条件和环境的不同，所选的施工方案及施工机械的品种、数量也不同。因此，施工现场要规划和布置的内容也有多有少。同时工程施工又是一个复杂多变的过程，它随着工程施工的不断展开，需要规划和布置的内容也逐渐增多；随着工程的逐渐收尾，材料、构件等逐渐消耗，施工机械、施工设施也逐渐退场和拆除。因此，在整个工程的不同施工阶段，施工现场布置的内容也各有侧重且不断变化。所以，对工程规模较大、结构复杂、工期较长的单位工程，应当按不同的施工阶段设计施工平面图，而且还要统筹兼顾：近期的应照顾远期的，土建施工应照顾设备安装，局部的应服从整体的。为此，在整个工程施工中，各协作单位应以土建施工单位为主，共同协商合理布置施工平面，做到各得其所。

单位工程施工平面图(见图 4-9)一般包括以下内容：

(1) 单位工程施工区域范围内，将已建的和拟建的地上的、地下的建筑物及构筑物的平面尺寸、位置标注出来，并标注出河流、湖泊等位置和尺寸以及指北针、风向玫瑰图等；

(2) 拟建工程所需的起重机械、垂直运输设备、搅拌机械及其他机械的布置位置，起重机械开行的线路及方向等；

(3) 施工道路的布置、现场出入口位置等；

(4) 各种预制构件堆放及预制场地所需面积、布置位置，大宗材料堆场的面积、位置确定，仓库的面积和位置确定，装配式结构构件的就位位置确定；

(5) 生产性及非生产性临时设施的名称、面积、位置的确定；

(6) 临时供电、供水、供热等管线的布置，水源、电源、变压器位置的确定，现场排水沟渠及排水方向的考虑；

(7) 土方工程的弃土及取土地点等有关说明；

(8) 劳动保护、安全、防火及防洪设施布置以及其他需要布置的内容。

2. 单位工程施工平面图设计依据和原则

在设计施工平面图之前，必须熟悉施工现场与周围的地理环境；调查研究、收集有关技术经济资料；对拟建工程的工程概况、施工方案、施工进度及有关要求进行分析研究。只有这样，才能使施工平面图设计的内容与施工现场及工程施工的实际情况相符合。

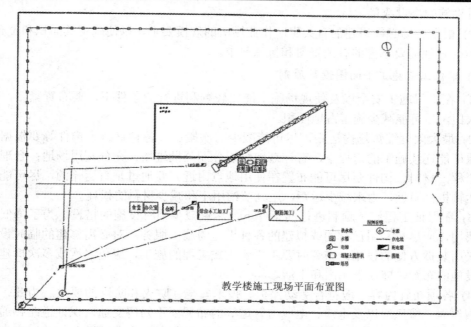

教学楼施工现场平面布置图

图 4-9　单位工程施工平面图布置

1) 单位工程施工平面图设计的主要依据

(1) 自然条件调查资料。如气象、地形、水文及工程地质资料等。其主要用于：布置地面水和地下水的排水沟；确定易燃、易爆、沥青灶、化灰池等有碍人体健康的设施位置；安排冬雨期施工期间所需设施的地点。

(2) 技术经济条件调查资料。如交通运输、水源、电源、物资资源、生产和生活基地状况等资料。主要用于：布置水、电、暖、煤、卫等管线的位置及走向；交通道路、施工现场出入口的走向及位置；确定临时设施搭设数量。

(3) 拟建工程施工图纸及有关资料。建筑总平面图上标明的一切地上、地下的已建工程及拟建工程的位置，这是正确确定临时设施位置、修建临时道路、解决排水等问题所必需的资料，以便考虑是否可以利用已有的房屋为施工服务或者是否拆除。

(4) 一切已有和拟建的地上、地下的管道位置。设计平面布置图时，应考虑是否可以利用这些管道，或者已有的对施工有妨碍而必须拆除或迁移的管道，同时要避免把临时建筑物等设施布置在拟建的管道上面。

(5) 建筑区域的竖向设计资料和土方平衡图。这对于布置水、电管线，安排土方的挖填及确定取土、弃土地点很重要。

(6) 施工方案与进度计划。根据施工方案确定的起重机械、搅拌机械等各种机具的数量，考虑安排它们的位置；根据现场预制构件安排的要求，作出预制场地规划；根据进度计划，了解分阶段布置施工现场的要求，并考虑如何整体布置施工平面。

(7) 根据各种主要原材料、半成品、预制构件加工生产计划、需要量计划及施工进度要求等资料，设计材料堆场、仓库等面积和位置。

(8) 建设单位能提供的已建房屋及其他生活设施的面积等有关情况，以便决定施工现场临时设施的搭设数量。

(9) 根据现场必须搭建的有关生产作业场所的规模要求，以便确定其面积和位置。

(10) 其他需要掌握的有关资料和特殊要求。

2) 单位工程施工平面图设计原则

(1) 在确保施工安全以及使现场施工能比较顺利进行的条件下，要布置紧凑，少占或不占农田，尽可能减少施工占地面积。

(2) 最大限度缩短场内运距，尽可能减少二次搬运。各种材料、构件等要根据施工进度并保证能连续施工的前提下，有计划地组织分期分批进场，充分利用场地；合理地安排生产流程，材料、构件要尽可能布置在使用地点附近。要通过垂直运输的，尽可能布置在垂直运输机具附近，力求减少运距，达到节约用工和减少材料的损耗。

(3) 在保证工程施工顺利进行的条件下，尽量减少临时设施的搭设。为了降低临时设施的费用，应尽量利用已有的或拟建的各种设施为施工服务；对必需修建的临时设施，尽可能采用装拆方便的设施；布置时要不影响正式工程的施工，避免二次或多次拆建；各种临时设施的布置，应便于生产和生活。

(4) 各项布置内容，应符合劳动保护、技术安全、防火和防洪的要求。为此，机械设备的钢丝绳、缆风绳以及电缆、电线与管道等的布置要不妨碍交通，保证道路畅通；各种易燃库、棚(如木工、油毡、油料等)及沥青灶、化灰池应布置在下风向，并远离生活区；炸药、雷管要严格控制并由专人保管；根据工程具体情况，考虑各种劳保、安全、消防设施；在山区雨期施工时，应考虑防洪、排涝等措施，做到有备无患。

根据上述原则及施工现场的实际情况，尽可能进行多方案施工平面图设计。从满足施工要求的程度，施工占地面积及利用率，各种临时设施的数量、面积、所需费用，场内各种主要材料、半成品(混凝土、砂浆等)、构件的运距和运量大小，各种水、电管线的敷设长度，施工道路的长度、宽度，安全及劳动保护是否符合要求等方面进行分析比较，选择出合理、安全、经济、可行的布置方案。

3. 单位工程施工平面设计步骤

1) 确定起重机械的位置

起重机械的位置直接影响仓库、堆场、砂浆和混凝土搅拌站的位置，以及道路和水、电线路的布置等。因此，应予以首先考虑。

布置固定式垂直运输设备，例如井架、龙门架、施工电梯等，主要应根据机械性能、建筑物的平面和大小、施工段的划分、材料进场方向和道路情况而定。其目的是充分发挥起重机械的能力并使地面和楼面上的水平运距最小。一般来说，当建筑物各部位的高度相同时，应布置在施工段的分界线附近；当建筑物各部位的高度不同时，应布置在高低分界线处。这样布置的优点是楼面上各施工段水平运输互不干扰。若有可能，井架、龙门架、施工电梯的位置，应以布置在建筑的窗洞口处为宜，这样可以避免砌墙留槎和减少井架拆除后的修补工作。固定式起重运输设备中卷扬机的位置不应距离起重机过近，以便司机的视线能够看到起重机的整个升降过程。

塔式起重机有行走式和固定式两种，行走式起重机由于其稳定性差已经逐渐淘汰。塔吊的布置除了应注意安全上的问题以外，还应该着重解决布置的位置问题。建筑物的平面应尽可能处于吊臂回转半径之内,以便直接将材料和构件运至任何施工地点,尽量避免出现"死角"。塔式起重机的安装位置,主要取决于建筑物的平面布置、形状、高度和吊装方法等。塔吊离建筑物的距离应该考虑脚手架的宽度、建筑物悬挑部位的宽度、安全距离、回转半径等内容。

2) 确定搅拌站、仓库和材料、构件堆场以及工厂的位置

(1) 搅拌站、仓库和材料、构件堆场的位置应尽量靠近使用地点或在起重机起重能力范围内,并考虑到运输和装卸的方便。

① 门建筑物基础和第一施工层所用的材料,应该布置在建筑物的四周。材料堆放位置应与基槽边缘保持一定的安全距离,以免造成基槽土壁的塌方事故。

② 第二施工层以上所用的材料,应布置在起重机附近。

③ 砂、砾石等大宗材料应尽量布置在搅拌站附近。

④ 当多种材料同时布置时,对大宗的、重大的和先期使用的材料,应尽量布置在起重机附近;少量的、轻的和后期使用的材料,则可布置的稍远一些。

⑤ 根据不同的施工阶段使用不同材料的特点,在同一位置上可先后布置不同的材料。

(2) 根据起重机械的类型、搅拌站、仓库和堆场位置又有以下几种布置方式:

① 当采用固定式垂直运输设备时,须经起重机运送的材料和构件的堆场位置,以及仓库和搅拌站的位置应尽量靠近起重机布置,以缩短运距或减少二次搬运。

② 当采用塔式起重机进行垂直运输时,材料和构件堆场的位置,以及仓库和搅拌站出料口的位置,应布置在塔式起重机的有效起重半径内。

③ 当采用无轨自行式起重机进行水平和垂直运输时,材料和构件的堆场、仓库和搅拌站等应沿起重机运行路线布置,并且其位置应在起重臂的最大外伸长度范围内。

木工棚和钢筋加工棚的位置可考虑布置在建筑物四周以外的地方,但应有一定的场地堆放木材、钢筋和成品。石灰仓库和淋灰池的位置要接近砂浆搅拌站并在下风向。沥青堆场及熬制锅的位置要离开易燃仓库或堆场,并布置在下风向。

3) 运输道路的布置

运输道路的布置主要用于解决运输和消防两个问题。现场主要道路应尽可能利用永久性道路的路面或路基,以节约费用。现场道路布置时要保证行驶畅通,使运输工具有回转的可能性。因此,运输线路最好绕建筑物布置成环形道路,道路宽度大于 3.5 m。

4) 临时设施的布置

(1) 临时设施分类、内容。施工现场的临时设施可分为生产性与非生产性两大类。

生产性临时设施内容包括:在现场加工制作的作业棚,如木工棚、钢筋加工棚、薄钢板加工棚;各种材料库、棚,如水泥库、油料库、卷材库、沥青棚、石灰棚;各种机械操作棚,如搅拌机棚、卷扬机棚、电焊机棚;各种生产性用房,如锅炉房、烘炉房、机修房、水泵房、空气压缩机房等;其他设施,如变压器等。

非生产性临时设施内容包括:各种生产管理办公用房、会议室、文娱室、福利性用房、医务室、宿舍、食堂、浴室、开水房、警卫传达室、厕所等。

(2) 单位工程临时设施的布置。布置临时设施,应遵循使用方便、有利施工、尽量合并搭建、符合防火安全的原则。同时结合现场地形和条件、施工道路的规划等因素分析考

虑它们的布置。各种临时设施均不能布置在拟建工程(或后续开工工程)、拟建地下管沟、取土、弃土等地点。

各种临时设施尽可能采用活动式、装拆式结构或就地取材。施工现场范围应设置临时围墙、围网或围笆。

5) 布置水、电管网

(1) 施工用临时给水管，一般由建设单位的干管或施工用干管接到用水地点，有枝状、环状和混合状等布置方式。在布置时应根据工程实际情况，从经济和保证供水两个方面去考虑其布置方式。根据工程规模由计算确定管径的大小、龙头数目。管道可埋置于地下，也可铺设在地面上，视气温情况和使用期限而定。工地内要设消防栓，消防栓距离建筑物应不小于 5 m，也不应大于 25 m，距离路边不大于 2 m。在条件允许时，可利用城市或建设单位的永久消防设施。有时为了防止供水的意外中断，可在建筑物附近设置简易蓄水池，储存一定数量的生产和消防用水。如果水压不足时，应设置高压水泵。

(2) 为了便于排除地面水和地下水，要及时修通永久性下水道，并结合现场地形，在建筑物四周设置排泄地面水和地下水的沟渠。

(3) 施工中的临时供电，应在全工地性施工总平面图中一并考虑。只有独立的单位工程施工时，才根据计算出的现场用电量选用变压器或由建设单位原有变压器供电。变压器的位置应布置在现场边缘高压线接入处，但不宜布置在交通要道出入口处。现场导线宜采用绝缘线架空或电缆布置。

4.7 暂 设 工 程

为满足工程施工需要，在工程正式开工之前，按照施工准备工作计划的要求建造相应的暂设工程，为工程项目创造良好的施工条件，为施工平面设计图提供依据。暂设工程类型和规模因工程而异，主要内容有：工地加工厂的设置，工地临时仓库的设置，工地交通运输组织，办公、生活临时建筑物的设置，工地临时供水和供电设计等。

4.7.1 工地加工厂的设置

1. 工地加工厂的类型和结构

(1) 工地加工厂的类型。通常工地加工厂的类型主要有钢筋混凝土预制构件加工厂、木材加工厂、粗木加工厂、细木加工厂、钢筋加工厂、金属结构构件加工厂和机械修理厂等。

(2) 工地加工厂的结构。各种加工厂的结构形式，应根据使用期限的长短而定。使用期限较短者采用简易结构，如一般油毡、铁皮、石棉瓦的木(竹)结构；使用期限较长者宜采用瓦屋面的砖木结构、砖石结构或装拆式活动房屋等。

2. 工地加工厂面积的确定

加工厂的建筑面积，主要取决于设备尺寸、工艺过程、设计和安全防火要求，通常可参考有关经验指标等资料来确定。

对于钢筋混凝土构件预制厂、锯木车间、模板加工车间、细木加工车间、钢筋加工车间(棚)等，其建筑面积可按下式计算：

$$F = \frac{KQ}{TS\alpha}$$

(4-10)

式中，F——所需建筑面积，m^2；

K——不均衡系数，取 1.3～1.5；

Q——加工总量，m^3；

T——加工总时间，月；

S——每平方米场地平均加工量定额；

α——场地或建筑面积利用系数，取 0.6～0.7。

常用各种临时加工厂的面积参考指标，见表 4-7 和表 4-8。

表 4-7　临时加工厂所需面积参考指标

序号	加工厂名称	年产量		单位产量 所需建筑总面积	占地总面积/m^2	备　注
		单位	数量			
1	混凝土搅拌站	m^3	3200	0.022 m^2/m^3	按砂石堆场 考虑	400L 搅拌机 2 台
		m^3	4800	0.021 m^2/m^3		400L 搅拌机 3 台
		m^3	6400	0.020 m^2/m^3		400L 搅拌机 4 台
2	临时性混凝土 预制场	m^3	1000	0.25 m^2/m^3	2000	生产屋面板和中 小型梁柱板等，配 有蒸养设施
		m^3	2000	0.20 m^2/m^3	3000	
		m^3	3000	0.15 m^2/m^3	4000	
		m^3	5000	0.125 m^2/m^3	小于 6000	
3	半永久性混凝 土预制场	m^3	3000	0.6 m^2/m^3	9000～12000	
		m^3	5000	0.4 m^2/m^3	12000～15000	
		m^3	10000	0.3 m^2/m^3	15000～20000	
4	木材加工厂	m^3	15000	0.0244 m^2/m^3	1800～3600	进行原木、木方 加工
		m^3	24000	0.0199 m^2/m^3	2200～4800	
		m^3	30000	0.0181 m^2/m^3	3000～5500	
	综合木材 加工厂	m^3	200	0.30 m^2/m^3	100	加工门窗、模板、 地板、屋顶等
		m^3	500	0.25 m^2/m^3	200	
		m^3	1000	0.20 m^2/m^3	300	
		m^3	2000	0.15 m^2/m^3	420	
	粗木加工厂	m^3	5000	0.12 m^2/m^3	1350	加工屋顶、模板
		m^3	10000	0.10 m^2/m^3	2500	
		m^3	15000	0.09 m^2/m^3	3750	
		m^3	20000	0.08 m^2/m^3	4800	
	细木加工厂	m^3	5	0.0140 m^2/m^3	7000	加工门窗、地板
		m^3	10	0.0114 m^2/m^3	10 000	
		m^3	15	0.0106 m^2/m^3	14 000	

续表

序号	加工厂名称	年产量 单位	年产量 数量	单位产量 所需建筑总面积	占地总面积/m²	备　注
	钢筋加工场	t t t t	200 500 1000 2000	0.35 m²/t 0.25 m²/t 0.20 m²/t 0.15 m²/t	280~560 380~750 400~800 450~900	加工、成型、焊接
5	现场钢筋冷拉调直场、卷扬机棚、冷拉场、时效场			所需场地(长×宽) (70~80) m × (3~4) m (40~60) m × (3~4) m (30~40) m × (6~8) m	15~20	包括材料和成品堆放
6	钢筋对焊 对焊场地 对焊棚			所需场地(长×宽) (30~40) m × (4~5) m	15~24	包括材料和成品堆放
7	钢筋冷加工 冷拨、剪断机、 冷轧机			所需场地 40~50 m²/台 30~40 m²/台 50~60 m²/台 60~70 m²/台		按一批加工数量计算
8	金属结构加工 (包括一般 软件)			所需场地 年产 500 t 为 10 m²/t 年产 1000 t 为 8 m²/t 年产 2000 t 为 6 m²/t 年产 3000 t 为 5 m²/t		按一批加工数量计算
9	石灰消化: 储灰池 淋灰池 淋灰槽			5 × 3 = 15 m² 4 × 3 = 12 m² 3 × 2 = 6 m²		每两个储灰池配一个淋灰池

表 4-8　现场作业棚所需面积参考指标

序号	名　称	单位	面积/m²	备　注
1	木工作业棚	m²/人	2	
2	电锯房	m²	80	
3	电锯房	m²	40	
4	钢筋作业棚	m²/人	3	
5	搅拌棚	m²/台	10~18	
6	卷扬机棚	m²/台	6~12	
7	焊工房	m²	20~40	占地为建筑面积2~3倍
8	电工房	m²	15	86~93 cm 圆锯 1 台,小
9	白铁工房	m²	20	圆锯 1 台
10	油漆工房	m²	20	占地为建筑面积3~4倍
11	机、钳工修理房	m²	20	
12	立式锅炉房	m²	5~10	
13	发电机房	m²/kw	0.2~0.3	
14	水泵房	m²/台	3~8	
15	空压机房(移动式) 空压机房(固定式)	m²/台 m²/台	18~30 9~15	

4.7.2 工地临时仓库的设置

临时仓库的设置应在保证工地施工能顺利进行的前提下，尽量使存储的材料最少、存储期最短、装卸和运输费用最省。这样可以减少临时设施投入的资金，避免材料积压、节约周转资金和各种保管费用。

1. 工地仓库类型和结构

(1) 建筑工程施工中所用的工地仓库类型有以下几种。

① 转运仓库。设在车站、码头等地用来转运货物的仓库。

② 中心仓库。是专用来储存整个建筑工地〈或区域型建筑企业)所需的材料、贵重材料及需要整理配套材料的仓库。

③ 现场仓库。是专为某项工程服务的仓库，一般均就近建在现场。

④ 加工厂仓库。专供某加工厂储存原材料和已加工的半成品、构件的仓库。

(2) 工地仓库结构。工地仓库按保管材料的方法不同，可分为以下几种。

① 露天仓库。用于堆放不因自然条件而影响性能、质量的材料。如砖、砌块、砂石、装配式混凝土构件等的堆场。

② 库棚。用于堆放防止阳光雨雪直接侵蚀的材料，如细木构件、油毡、沥青等的半封闭式仓库。

③ 封闭库房。用于储存防止风霜雨雪直接侵蚀变质的物品、贵重材料、五金器具以及容易散失或损坏的材料，如水泥、石膏、五金零件和贵重设备等的库房。

2. 工地临时仓库的规划

临时仓库应尽量利用拟拆迁的建筑物或便于装拆的工具式仓库，以减少临时设施费用。临时仓库的搭设和使用必须遵守防火规范要求，必须要对仓库进行规划。

(1) 确定工地物资储备量。材料的储备一方面要确保工程施工的顺利进行，另一方面还要避免材料的大量积压，以免造成仓库面积过大、增加投资、积压资金。通常储备量要根据现场条件、供应条件和运输条件来确定。

对经常或连续使用的材料，如砖、瓦、砌块、砂石、水泥和钢材等，可按储备期计算：

$$P = T_c = \frac{Q_i K_i}{T} \tag{4-11}$$

式中：P——材料储备量，t 或 m^3 等；

T_c——储存期天数，d；见表 4-9；

Q_i——材料、半成品的总需要量，t 或 m^3 等；

T——有关项目的施工总工作日，d；

K_i——材料使用不均衡系数，详见表 4-9。

表 4-9　计算仓库面积有关系数

序号	材料及半成品名称	单位	储备天数 T_c	不均衡系数 K_i	每平方米储存数量 Q	有效利用系数 K_1	仓库类型	备注
1	水泥	t	30～60	1.3～1.5	1.5～1.9	0.65	封闭式棚	仓高 10～12 m
2	生石灰	t	30	1.4	1.7	0.7		堆高 2 m
3	砂子(人工堆放)	m³	15～30	1.4	1.5	0.7	露天	堆高 1～1.5 m
4	砂子(机械堆放)	m³	15～30	1.4	2.5～3	0.8	露天	堆高 2.5～3 m
5	石子(人工堆放)	m³	15～30	1.5	1.5	0.7	露天	堆高 1～1.5 m
6	石子(机械堆放)	m³	15～30	1.5	2.5～3	0.8	露天	堆高 2.5～3 m
7	块石	m³	15～30	1.5	10	0.7	露天	堆高 0.5 m
8	钢筋(直条)	T	30～60	1.4	2.5	0.6	露天	占全部钢筋的
9	钢筋(盘圆)	T	30～60	1.4				80%,堆高 0.5 m
10	钢筋成品	t	30～60	1.4	0.9	0.6	库或棚	占全部钢筋的
11	型钢	t						20%,堆高 1 m
12	金属结构	t	10～20	1.5	0.07～0.1	0.6	露天	
13	原木	m³	45	1.4	1.5	0.6	露天	堆高 0.5 m
14	成材	m³	30	1.4	0.2～0.3	0.6	露天	
15	废木料	m³	30～60	1.4	1.3～1.5	0.6	露天	堆高 2 m
16	门窗扇	m²	30～45	1.4	0.7～0.8	0.5	露天	堆高 1 m
17	门窗框	m²	15～20	1.2	0.3～0.4	0.5	露天	废木料约占锯木
18	砖	块						量的 10%～15%
19	模板整理	m²	30	1.2	45	0.6	露天	堆高 2 m
20	木模板	m²	30	1.2	20	0.6	露天	堆高 2 m
21	泡沫混凝土制品	m³	15～30	1.2	0.7～0.8	0.6	露天	堆高 1.5～2 m
			10～15	1.2	1.5	0.65	露天	
			10～15	1.4	4～6	0.7	露天	
			30	1.2	1	0.7	露天	堆高 1 m

注: 储备天数根据材料来源、供应季节、运输条件等确定。一般就地供应的材料取表中之低值,外地供应采用铁路运输或水路运输者取高值。现场加工企业供应的成品、半成品的储备天数取低值,独立核算加工企业供应者取高值。

对于露天堆放,经常使用且量大的材料,如砂、石子、砖、砌块等,在运输和供应得到保障的情况下,尽量减少储备量。

对于用量少,不经常使用或储备期较长的材料,如耐火砖、石棉瓦、水泥管、电缆等可按储备量计算(以年度需要量的百分比储备)。

(2) 确定仓库面积。确定某一种建筑材料的仓库面积,与该种建筑材料储备的天数、材料的需要量及仓库每平方米能储存的材料数量等因素有关,具体计算仓库面积的有关系数见表 4-9。而储备天数又与材料的供应情况、运输能力等条件有关,因此应结合具体情况确定最经济的仓库面积。

确定仓库面积时,必须将有效面积和辅助面积同时加以考虑。有效面积是材料本身占用的净面积,它是根据每平方米的存放数量来决定的。辅助面积是考虑仓库所用通道及用以装卸作业所必需的面积。仓库的面积一般按下式计算:

$$F = \frac{P}{QK_1} \tag{4-12}$$

式中：F——仓库面积，m^2；

　　　P——仓库材料储备量；

　　　Q——每平方米仓库面积能存放的材料、半成品和制品的数量；

　　　K_1——仓库面积有效利用系数(考虑人行道和车道所占面积)，见表4-9。

规划仓库面积时，也可用另一种简便的系数计算法，可按表4-10由下式计算：

$$F = \phi m \tag{4-13}$$

式中：ϕ——系数，$m^2/$人或$m^2/$万元等；

　　　m——计算基数(生产工人数或全年计划工作量等)。

表4-10　按系数计算仓库面积表

序号	名　称	计算基础数讯	单位	系数
1	仓库(综合)	按全员(工地)	$m^2/$人	0.7～0.8
2	水泥库	按当年用量的	m^2/t	0.7
3	其他仓库	按当年工作量	m^2/t	2～3
4	五金杂品库计算	按年建安工作量	$m^2/$万元	0.2～0.3
		按在建建筑面积计算	$m^2/100\ m^2$	0.5～1
5	土建工具库	按高峰年(季)平均人数	$m^2/$人	0.1～0.2
6	水暖器材库	按年在建建筑面积计算	$m^2/100\ m^2$	0.2～0.4
7	电器器材库	按年在建建筑面积计算	$m^2/100\ m^2$	0.3～0.5
8	化工油漆危险品库	按年建安工作量计算	$m^2/$万元	0.1～0.15
9	跳板、模板库	按年建安工作量计算	$m^2/$万元	0.5～1

在设计仓库时，还应正确决定仓库的长度和宽度。仓库的长度应满足货物装卸的要求，它必须有一定的装卸前线，装卸前线一般按下式计算：

$$L = nl + \alpha(n+1) \tag{4-14}$$

式中：L——装卸前线长度，m；

　　　l——运输工具长度，m；

　　　α——相邻两个运输工具之间的间距(火车运输时，取 $\alpha = 1$ m；汽车运输时，端卸 $\alpha = 1.5$ m，侧卸 $\alpha = 2.5$ m)；

　　　n——同时卸货的运输工具数目。

4.7.3　工地交通运输组织

建筑产品体积庞大，资源消耗量大，在施工过程中需要调运大量的建筑材料、物资与设备，因此合理选择运输方式，组织交通运输，对节约运费、加快施工速度具有重要意义。

1. 工地运输方式及特点

工地运输方式有：铁路运输、水路运输、汽车运输和马车运输等。

(1) 铁路运输。铁路运输具有运量大、运距长、不受自然条件限制等优点，但其投资大，筑路技术要求高，只有在拟建工程需要铺设永久性铁路专用线或者工地需从国家铁路上运输大量物料(年运输量在20万吨以上者，方可采用铁路运输)。

(2) 水路运输。水路运输是最经济的一种运输方式，在可能条件下应尽量采用水运。

采用水运时应注意与工地内部运输配合，码头上通常要有转运仓库和卸货设备，同时还要考虑洪水、枯水期对运输的影响。

(3) 汽车运输。汽车运输是目前应用最广泛的一种运输方式，其优点是机动性大、操作灵活、行驶速度快，适合各类道路和物料，可直接运到使用地点。汽车运输特别适合于货运量不大，货源分散或地形复杂不宜于铺设轨道以及城市和工业区内的运输。

2. 工地运输组织

(1) 确定运输量。运输总量按工程的实际需要量来确定，同时还应考虑每日的最大运输量以及各种运输工具的最大运输密度。每日的运输量可按下式计算：

$$q = K \frac{\sum Q_i L_i}{T} \tag{4-15}$$

式中：q——日货运量，t·km；

Q_i——每种货物需要总量；

L_i——每种货物从发货地点到储存地点的距离；

T——有关施工项目的施工总工日；

K——运输工作不均衡系数，铁路可取 1.5，汽车运输可取 1.2。

(2) 确定运输方式。工地运输方式有铁路运输、公路运输、水路运输和特种运输等方式。选择运输方式，必须考虑各种因素的影响，如材料的性质、运输量的大小、超重、超高、超大、超宽设备及构件的形状尺寸、运距和期限、现有机械设备、利用永久性道路的可能性、现场及场外道路的地形、地质及水文自然条件。在有几种运输方案可供选择时，应进行全面的技术经济分析比较，确定最合适的运输方式。

(3) 确定运输工具数量。运输方式确定后，就可计算运输工具的需要量。每一工作台班内所需的运输工具数量可按下式计算：

$$n = \frac{q}{cbK_1} \tag{4-16}$$

式中：n——运输工具数量；

q——每日货运量；

c——运输工具的台班生产率；

b——每日的工作班次；

K_1———运输工具使用不均衡系数(包括修理停歇时间，对于 1.5～2 t 汽车运输取 0.6～0.65，3～5 t 汽车运输取 0.7～0.8)。

(4) 确定运输道路。工地运输道路应保证运输通畅，工程进度按期完成。运输道路的设置应按下列原则进行。

① 尽可能利用永久性道路，在施工前先修筑永久性道路路基并铺设简易路面，以减少临时设施的费用。

② 主要道路应布置成环形或纵横交错，次要道路可布置成单行线，在道路端头应有回车场。临时道路要尽量避免与铁路交叉。

③ 应满足工地消防要求，道路宽度不小于 3.5 m，并应保持畅通。

现场内临时道路技术要求和临时路面种类厚度见表 4-11、表 4-12。

表 4-11　简易道路技术要求

指标名称	单　位	技术标准
设计车速	km/h	≤20
路基宽度	m	双车道6～6.5；单车道4.4～5；困难地段3.5
路面宽度	m	双车道5～5.5；单车道3～3.5
平面曲线最小直径	m	平原、丘陵地区20；山区15；回头弯道12
最大坡度	%	平原地区6；丘陵地区8；山区11
纵坡最短长度	m	平原地区100；山区50
桥面宽度	m	木桥4～4.5
桥涵载重等级	t	木桥7.8～10.4(汽–6～汽–8)

表 4-12　临时道路路面种类和厚度

路面种类	特点及其使用条件	路基土	路面厚度/cm	材料配合比(体积分数)
级配砾石路面	雨天照常通车，可通行较多车辆，材料级配要求严格	砂质土	10～15	体积比 黏土：砂：石子=1:0.7:3.5 质量比 面层：黏土13%～15%，砂石料85%～87% 底层：黏土10%，砂石混合料90%
		黏质土或黄土	14～18	
碎(砾)石路面	雨天照常通车，碎(砾)石本身含土较多，不加砂	砂质土	10～18	碎(砾)大于65%，当地土壤含量小于等于35%
		砂质土或黄土	15～20	
炉渣或炉渣路面	可维持雨天通车，通行车辆较少	一般土	10～15	炉渣或矿渣75%，当地土25%
		较松软时	15～30	

4.7.4　办公及生活福利设施

在工程建设期间，必须为施工人员修建一定数量供行政管理与生活福利用的临时建筑物。

1. 办公及生活福利设施类型

(1) 行政管理和生产用房。包括办公室、传达室、车库及辅助性修理车间等。

(2) 居住生活用房。包括家属宿舍、职工单身宿舍、招待所、商店、医务所、浴室等。

(3) 文化生活用房。包括俱乐部、图书室、学校、托儿所等。

2. 办公及生活福利设施规划

(1) 确定建筑工地人数。

① 直接参加建筑施工生产的工人，包括施工过程中装卸与运输的工人；

② 辅助施工生产的工人，包括机械维修工人、运输及仓库管理人员、动力设施管理工人、冬季施工的附加工人等；

③ 行政及技术管理人员；

④ 为建筑工地上居民生活服务的人员；

⑤ 以上各项人员的家属。

上述人员的比例，可按工程实际情况计算。家属人数可按职工人数的一定比例计算，通常占职工人数的 10%～30%。

(2) 确定办公及福利设施建筑面积。建筑工地人数确定后，就可按使用这些房屋的人数确定临时建筑物所需的建筑面积，计算公式如下：

$$F = N\phi_1 \tag{4-17}$$

式中：F——建筑面积，m^2；

N——使用人数；

ϕ_1——建筑面积指标，详见表 4-13。

规划所需要的各种办公及生活用房屋，应尽量利用施工现场及其附近的永久性建筑物，或者提前修建能够利用的永久性建筑，不足部分再修建临时建筑物。临时建筑物修建时，遵循经济适用、装拆方便的原则，按照当地的气候条件，工期长短确定结构类型。通常有帐篷、装拆式房屋或利用地方材料修建的简易房屋等。具体的行政、生活、福利临时建筑面积参考指标见表 4-13。

表 4-13 行政、生活、福利临时建筑物面积参考指标

序号	临时房屋名称	指标使用方法	面积指标 ϕ_1
1	办公室	按使用人数 m^2/人	3～4
2	单层通铺宿舍	按高峰年(季)平均人数 m^2/人	2.5～3
3	双层床宿舍	扣除不在工地住人数 m^2/人	2.0～2.5
4	单层床宿舍	扣除不在工地住人数 m^2/人	3.5～4
5	家属宿舍	m^2/户	16～25
6	食堂	按高峰年平均人数 m^2/人	0.5～0.8
7	开水房		10～40
8	厕所	按工地平均人数 m^2/人	
9	工人休息室	按工地平均认识 m^2/人	0.15
10	浴室	按高峰年(季)平均人数 m^2/人	0.07～0.1
11	医务所	按高峰年(季)平均人数 m^2/人	0.05～0.07
12	其他公共用房	按实际需要确定	0.32～0.51

4.7.5 工地临时供水设计

建筑工地必须有足够的水量和水压来满足生产、生活和消防用水的需要。建筑工地临时供水设计包括：确定用水量、选择水源、设计临时给水系统三部分。

1. 确定用水量

建筑工地临时供水主要包括：生产用水、生活用水和消防用水。生产用水包括工程施工用水、施工机械用水，具体的工程施工用水参考定额和施工机械用水参考定额见表 4-14 和表 4-15。生活用水包括施工现场生活用水和生活区生活用水，具体的生活用水和消防用水参考定额见表 4-16 和表 4-17。

表 4-14 施工用水(N₁)参考定额表

序 号	用水对象	单位	耗水量 N_1/L	备注
1	浇注混凝土全部用水	m³	1700～2400	实测数据
2	搅拌普通混凝土	m³	250	
3	搅拌轻质混凝土	m³	300～350	
4	搅拌泡沫混凝土	m³	300～400	
5	搅拌热混凝土	m³	300～350	
6	混凝土养护(自然养护)	m³	200～400	实测数据
7	混凝土养护(蒸汽养护)	m³	500～700	
8	冲洗模板	m³	5	
9	搅拌机清洗	台班	600	
10	人工冲洗石子	m³	1000	
11	机械冲洗石子	m³	600	
12	洗砂	m³	1000	
13	砌砖工程全部用水	m³	150～250	包括砂浆搅拌
14	砌石工程全部用水	m³	50～80	
15	粉刷工程全部用水	m³	30	
16	砌耐火砖砌体	m³	100～150	
17	洗砖	千块	200～250	
18	洗硅酸盐砌块	m³	300～350	不包括调制用水
19	抹面	m³	4～6	
20	楼地面	m³	190	
21	搅拌砂浆	m³	300	
22	石灰消化	t	3000	

表 4-15 施工机械(N₂)用水参考额定

序号	用水对象	单位	耗水量 N_1/L	备 注
1	内燃挖土机	L/(台·m³)	200～300	以斗容量 m³ 计
2	内燃起重机	L/(台班·t)	15～18	以起重 t 计
3	蒸汽起重机	L/(台班·t)	300～400	以起重 t 计
4	蒸汽打桩机	L/(台班·t)	1000～1200	以垂重 t 计
5	蒸汽压路机	L/(台班·t)	100～150	以压路机 t 计
6	内燃压路机	L/(台班·t)	12～15	以压路机 t 计
7	拖拉机	L/(昼夜·台)	200～300	
8	汽车	L/(昼夜·台)	400～700	
9	标准轨蒸汽机车	L/(昼夜·台)	10000～20000	
10	窄轨蒸汽机车	L/(昼夜·台)	4000～7000	
11	空气压缩机	L/[台班·(m³/min)]	40～80	以压缩空气机排气量 m³/min 计
12	内燃机动力装置(直流水)	L/(台班·马力)	120～300	
13	内燃机动力装置(循环水)	L/(台班·马力)	25～40	
14	锅驼机	L/(台班·马力)	80～160	不利用凝结水
15	锅炉	L/(h·t)	1000	以小时蒸发量计

续表

序号	用水对象	单位	耗水量 N_1/L	备　注
16	锅炉	L/(h·m²)	15～30	以受热面积计
17	点焊机 25 型 50 型 75 型	L/h L/h L/h	100 150～200 250～350	实测数据 实测数据
18	冷拨机	L/h	300	
19	对焊机	L/h	300	
20	凿岩机 01-30(CM-56) 01-45(TN-4) 01-35(KIIM-4) YQ-100	L/min L/min L/min L/min	3 5 8 8～12	

表 4-16　生活用水量 $N_3(N_4)$ 参考额定

序号	用水对象	单　位	耗水量 $N_3(N_4)$	备注
1	工地全部生活用水	L/(人·日)	100～120	
2	生活用水(盥洗生活饮用)	L/(人·日)	25～30	
3	食堂	L/(人·日)	15～20	
4	浴室(淋浴)	L/(人·次)	50	
5	淋浴带大池	L/(人·次)	30～50	
6	洗衣	L/人	30～35	
7	理发室	L/(人·次)	15	
8	小学校	L/(人·日)	12～15	
9	幼儿园托儿所	L/(人·日)	75～90	
10	医院	L/(病床·日)	100～150	

表 4-17　消防用水量

序号	用水名称	火灾同时发生次数	单位	用水量
1	居民区消防用水 5000 人以内 10000 人以内 25000 人以内	 一次 二次 二次	 L/s L/s L/s	 10 10～15 15～20
2	施工现场消防用水 施工现场在 25 ha 以内 每增加 25 ha 递增	 一次	 L/s	 10～15 5

　　根据工地临时供水的设计要求，应对工地临时用水量按以下公式进行估算。估算中所涉及的用水不均衡系数见表 4-18。

表 4-18　施工用水不均衡系数

系数	用水名称	系数	系数	用水名称	系数
K_2	施工工程用水 生产企业用水	1.5 1.25	K_3 K_4	动力设备 施工现场生活用水	1.05～1.10 1.30～1.50
K_3	施工机械运输机械	2.00	K_5	居民区生活用水	2.00～2.50

(1) 工程施工用水量。

$$q_1 = K_1 \sum \frac{Q_1 N_1}{T_1 b} \times \frac{K_2}{8 \times 3600} \tag{4-18}$$

式中：q_1——工程施工用水量，L/s；

　　　K_1——未预见的施工用水系数(1.05～1.15)；

　　　Q_1——年(季)度工程量(以实物计量单位表示)；

　　　N_1——施工用水定额，见表 4-14；

　　　T_1——年季度有效工作日，d；

　　　b——每天工作班次；

　　　K_2——用水不均衡系数，见表 4-18。

(2) 施工机械用水量。

$$q_2 = K_1 \sum Q_2 N_2 \frac{K_3}{8 \times 3600} \tag{4-19}$$

式中：q_2——施工机械用水量，L/s；

　　　K_1——未预见的施工用水系数(1.05～1.15)；

　　　Q_2——同种机械台数，台；

　　　N_2——施工机械用水定额，见表 4-15；

　　　K_3——施工机械用水不均衡系数，见表 4-18。

(3) 施工现场生活用水量。

$$q_3 = \frac{P_1 N_3 K_4}{b \times 8 \times 3600} \tag{4-20}$$

式中：q_3——施工现场生活用水量，L/s；

　　　P_1——施工现场高峰期生活人数，人；

　　　N_3——施工现场生活用水定额，见表 4-16；

　　　K_4——施工现场生活用水不均衡系数，见表 4-18；

　　　b——每天工作班次，班。

(4) 生活区生活用水量。

$$q_4 = \frac{P_2 N_4 K_5}{24 \times 3600} \tag{4-21}$$

式中：q_4——生活区生活用水量，L/s；

　　　P_2——生活区居民人数，人；

　　　N_4——生活区昼夜全部用水定额，见表 4-16；

　　　K_5——生活区用水不均衡系数，见表 4-18。

(5) 消防用水量。

消防用水量(q_5)见表 4-17。

(6) 总用水量 Q。

当 $q_1 + q_2 + q_3 + q_4 \leq q_5$ 时，则

$$Q = q_5 + \frac{1}{2}(q_1 + q_2 + q_3 + q_4) \tag{4-22}$$

当 $q_1 + q_2 + q_3 + q_4 > q_5$ 时，则

$$Q = q_1 + q_2 + q_3 + q_4 \qquad (4-23)$$

当工地面积小于 $5 \times 10^4 m^2$，并且 $q_1 + q_2 + q_3 + q_4 < q_5$ 时，则

$$Q = q_5 \qquad (4-24)$$

最后计算的总用水量，还应增加 10%，以补偿不可避免的水管渗漏损失。

2. 选择水源

建筑工地临时供水水源，有供水管道和天然水源两种。应尽可能利用现场附近已有的供水管道，只有在工地附近没有现成的供水管道或现有供水管道无法使用，以及供水管道供水量难以满足使用要求时，才使用江河、水库、泉水、井水等天然水源。选择水源时应注意下列因素。

(1) 水量充足可靠；

(2) 生活饮用水、生产用水的水质，应符合要求；

(3) 尽量与农业、水利综合利用；

(4) 取水、输水、净水设施要安全、可靠、经济；

(5) 施工、运转、管理和维护方便。

3. 确定临时供水系统

临时供水系统可由取水设施、净水设施、储水构筑物(水塔及蓄水池)、输水管和配水管线综合而成。

(1) 确定取水设施。取水设施一般由进水装置、进水管和水泵组成。取水口距河底(或井底)一般 0.25～0.9 m。给水工程所用水泵有离心泵、隔膜泵及活塞泵三种。所选用的水泵应具有足够的抽水能力和扬程。水泵应具有的扬程，按下列公式计算。

① 将水送至水塔时的扬程为

$$H_p = (Z_t - Z_p) + H_b + \alpha + \sum h + h_s \qquad (4-25)$$

式中：H_p——水泵所需扬程，m；

Z_t——水塔处的地面标高，m；

Z_p——泵轴中线的标高，m；

H_b——水塔高度，m；

α——水塔的水箱高度，m；

$\sum h$——从泵站到水塔间的水头损失，m；

h_s——水泵的吸水高度，m。

② 将水直接送到用户时的扬程为

$$H_p = (Z_y - Z_p) + H_y + \sum h + h_s \qquad (4-26)$$

式中：Z_y——为供水对象的最大标高，m；

H_y——为供水对象最大标高处必须具有的自由水头，一般为 8～10 m。

(2) 确定储水构筑物。储水构筑物一般有水池、水塔或水箱。在临时供水时，如水泵房不能连续抽水，则需设置储水构筑物。其容量以每小时消防用水量确定，但不得少于 10～

20 m^3。储水构筑物(水塔)的高度与供水范围、供水对象的位置及水塔本身的位置有关，可用下式确定。

$$H_p = (Z_y - Z_p) + H_y + \sum h \tag{4-27}$$

式中符号意义同上。

(3) 配水管网的布置。配水管网布置的原则是在保证不间断供水的情况下，管道铺设越短越好，同时还应考虑在施工期间各段管网具有移动的可能性。一般可分为环形管网、枝状管网和混合式管网。临时管网的铺设，可用明管或暗管。在严寒地区，暗管应埋设在冰冻线以下，明管应加保温层。通过道路部分，应考虑地面上重型机械荷载对埋设管的影响。

(4) 确定供水管径。在计算出工地的总需水量后，可计算出供水管径，其计算公式如下。

$$D = \sqrt{\frac{4Q}{\pi v 1000}} \tag{4-28}$$

式中：D——配水管内径，m；

Q——用水量，L/s；

v——管网中水的流速，m/s，见表 4-19。

表 4-19　临时水管经济流速表

管　径	流速/(m/s)	
	正常时间	消防时间
1. 支管 D<0.10 m	2	
2. 生产消防管道 D = 0.1~0.3 m	1.3	>3.0
3. 生产消防管道 D>0.3 m	1.5~1.7	2.5
4. 生产用水管道 D>0.3 m	1.5~2.5	3.0

(5) 选择管材。临时给水管道，应根据管道尺寸和压力大小选择管材，一般干管为钢管或铸铁管，支管为钢管。

4.7.6　工地临时供电设计

建筑工地临时供电设计包括计算用电总量、选择电源、确定变压器、确定导线截面面积并布置配电线路。

1. 工地总用电量计算

施工现场用电量大体上可分为动力用电量和照明用电量两类。在计算用电量时，应考虑以下几点。

(1) 全工地使用的电力机械设备、工具和照明用电的功率；

(2) 施工总进度计划中，施工高峰期同时用电的机械设备最高数量；

(3) 各种电力机械的利用情况。总用电量可按下式计算：

$$P = 1.05 \sim 1.10 \left(K_1 \frac{\sum P_1}{\cos \varphi} + K_2 \sum P_2 + K_3 \sum P_3 + K_4 \sum P_4 \right) \tag{4-29}$$

式中：P——供电设备总需要容量，kW；

P_1——电动机额定功率，kW；

P_2——电焊机额定容量，kW；

P_3——室内照明容量，kW；

P_4——室外照明容量，kW；

$\cos \varphi$——为电动机的平均功率因数(施工现场最高为 0.75～0.78，一般为 0.65～0.75)；

K_1、K_2、K_3、K_4——需要系数，见表 4-20。

单班施工时，最大用电负荷量以动力用电量为准，不考虑照明用电。

常见机械设备电动机额定功率可参考表 4-21 确定。

表 4-20 需要系数 K 值表

用电名称	数量	需要系数		备 注
		K	数 值	
电动机	3～10 台	K_1	0.7	如施工中需要电热时，应将其用电量计算进去，为使结果接近实际，各项动力和照明用电应根据不同工作性质分类计算
	11～30 台		0.6	
	30 台以上		0.5	
加工厂动力设备			0.5	
电焊机	3～10 台	K_2	0.6	
	10 台以上		0.5	
室内照明		K_3	0.8	
室外照明		K_4	1.0	

表 4-21 常用施工机械设备电动机额定功率参考资料表

序号	机械名称、规格	功率/kw	序号	机械名称、规格	功率/kw
1	HW-60 蛙式夯土机	3	13	HPH6 回转式喷射机	7.5
2	ZKL400	40	14	ZX50～70 插入式振动器	1.1～1.5
3	ZKL600	55	15	UJ325 灰浆搅拌机	3
4	ZKL800	90	16	JT1 载货电梯	7.5
5	TQ40(TQ2-6)塔式起重机	48	17	SCD100/100A 建筑施工外用电焊	11
6	TQ60/80 塔式起重机	55.5	18	BX3-500-2 交流电焊机	(38.6)
7	TQ100(自升式)塔式起重机	63	19	BX3-300-2 交流电焊机	(23.4)
8	JJK0.5 卷扬机	3	20	CT6/8 钢筋调直切断机	5.5
9	JJM-5 卷扬机	11	21	QJ40 钢筋切断机	7
10	JD350 自落式混凝土搅拌机	15	22	GW40 钢筋弯曲机	3
11	JW250 强制式混凝土搅拌机	11	23	M106 土木圆锯	5.5
12	HB-15 混凝土输送泵	32.2	24	GC-1 小型砌块成型机	6.7

2. 选择电源

选择建筑工地临时供电电源时应考虑的因素有以下几点。

(1) 建筑工程及设备安装工程的工程量和施工进度；

(2) 各施工阶段的电力需要量；

(3) 施工现场的大小；

(4) 用电设备在建筑工地上的分布情况和距离电源的远近情况；

(5) 现有电器设备的容量情况。

选择临时供电电源，通常有如下几种方案。

(1) 完全由工地附近的电力系统供给；

(2) 工地附近的电力系统只能供给一部分，工地需增设临时电站以补充不足；

(3) 利用附近的高压电网，设临时变电所和配电变压器；

(4) 工地处于新开发地区，没有电力系统，完全由自备临时电站供给。

采取何种方案，应需根据工程实际，经过分析比较后确定。通常将附近的高压电，经设在工地的变压器降压后引入工地。

3. 确定变压器

变压器的功率可由下式计算：

$$W = K\left(\frac{\sum P}{\cos \varphi}\right) \tag{4-30}$$

式中：W——变压器输出功率，kW；

K——功率损失系数，计算变电所容量时，取 $K = 1.05$；计算临时发电站时，$K = 1.1$；

$\sum P$——变压器服务范围内的总用电量，kW；

$\cos \varphi$——功率因数。

根据计算所得容量，从变压器产品目录中选用略大于该功率的变压器。

4. 确定配电导线截面积

配电导线要正常工作，必须具有足够的机械强度，满足耐受电流通过所产生的升温要求，并且使得电压损失在允许范围内，因此，选择配电导线有以下三种方法。

(1) 按机械强度确定。导线必须具有足够的机械强度以防止受拉或机械损伤而折断。导线按机械强度要求所必需的最小截面：

架空：BX = 10 mm^2(BX 为外护套橡皮线)；BLX = 16 mm^2 (BLX 为橡皮铝线)

(2) 按允许电流强度确定。导线必须能承受负载电流长时间通过所引起的温度升高。按安全载流量选择导线截面，其计算电流可按下式计算：

$$I_{js} = K_x \frac{\sum P_{js}}{3U_c \cos \varphi} \tag{4-31}$$

式中：I_{js}——计算电流，A；

K_x——同时系数取(0.7～0.8)；

P_{jx}——有功功率，W；

U_c——线电压，V；

cosφ——功率因数，临时电网取 0.7～0.75。

制造厂家根据导线的允许升温，制定了各类导线在不同的敷设条件下的持续允许电流值(详见有关资料)。选择导线时，导线中的电流不能超过此值。

(3) 按允许电压降确定。导线上引起的电压降必须在一定限度之内。配电导线的截面可用下式确定：

$$S = K_x \frac{\sum(P_e L)}{C_{cu} \Delta U}$$ (4-32)

式中：S——导线截面积，mm^2；

P_e——额定功率，kW；

L——负荷到配电箱的距离，m；

C_{cu}——常数(三相四线制为 77，单相制为 12.8)；

ΔU——允许电压降(即线路的电压损失)(%)，施工用电取−8%，正式电路取−5%。

所选用的导线截面应同时满足以上三项要求，即以求得的三个截面积中最大者为准，从导线的产品目录中选用线芯截面。通常先根据负荷电流的大小选择导线截面，然后再以机械强度和允许电压降进行复核。一般在道路工地和给排水工地作业线比较长，导线截面由电压降选定；在建筑工地配电线路比较短，导线截安定面可由允许电流选定；在小负荷的架空线路中往往以机械强度选定。

📖　能　力　训　练　📖

问答题：

4-1　单位工程施工组织设计的编制依据有哪些？

4-2　单位工程施工组织设计如何分类？

4-3　单位工程施工组织设计的编制包括哪些内容？

4-4　简述单位工程施工组织设计的编制程序。

4-5　工程概况描述与施工部署包括哪些内容？

4-6　确定单位工程施工开展所遵循的程序有哪些？

4-7　什么是施工流向？什么是施工顺序？

4-8　确定单位工程施工流向起点应考虑的因素有哪些？

4-9　简述基础工程、主体工程、装饰工程和水、暖、电、卫工程的施工顺序。

4-10　施工措施包括哪些内容？

4-11　单位工程施工进度计划的编制步骤及方法有哪些？

4-12　单位施工资源配置计划的编制包括哪些内容？

4-13　单位工程施工平面图一般包括哪些内容？

4-14　单位工程施工平面图设计依据和原则有哪些？

4-15　简述单位工程施工平面设计步骤。

实训题：

4-16　某项目占地面积为 15 000 m²，施工现场使用面积为 12 000 m²，总建筑面积 7845 m²，所用混凝土和砂浆均采用现场搅拌，现场拟分生产、生活、消防三路供水，日最大混凝土浇量 400 m³，施工现场高峰人数 180 人，请计算出用水量和选择供水管径。

4-17　施工工地施工机具设备用电量及供电线路布置如图 4-10 所示，试进行施工供电设计。

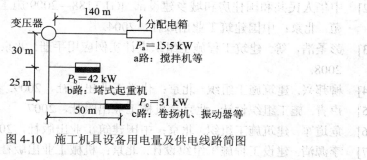

图 4-10　施工机具设备用电量及供电线路简图

参 考 文 献

[1] 中华人民共和国住房和城乡建设部. GB/T50502—2009 建筑施工组织设计规范. 北京：中国建筑工业出版社，2009.

[2] 中华人民共和国住房和城乡建设部. JGJ/T188—2009 施工现场临时建筑物技术规范. 北京：中国建筑工业出版社，2004.

[3] 彭圣浩，等. 建筑工程施工组织设计实例应用手册. 北京：中国建筑工业出版社，2008.

[4] 柳邦兴. 建筑施工组织. 北京：化学工业出版社，2009.

[5] 卢青. 施工组织设计. 北京：机械工业出版社，2007.

[6] 危道军. 建筑施工组织. 北京：中国建筑工业出版社，2008.

[7] 李源清. 建设工程施工组织设计. 北京：机械工业出版社，2011.

[8] 建筑施工手册. 5 版. 编写组. 北京：中国建筑工业出版社，2012.